पर्यावरण अध्ययन

(Environmental Studies)

पर्यावरण अध्ययन

(Environmental Studies)

SECOND EDITION

डा. अनुभा कौशिक
गोल्ड मैडलिस्ट
प्रोफेसर एवं पूर्व डीन, यूनिवर्सिटी स्कूल ऑफ
इन्व्वायरनमेंट मैनेजमेंट
गुरु गोविंद सिंह इंद्रप्रस्थ यूनिवर्सिटी
नई दिल्ली

डा. सी.पी. कौशिक
पूर्व प्रोफेसर डीन और अध्यक्ष
पर्यावरण विज्ञान और
इंजीनियरिंग विभाग, जी जे विज्ञान और
प्रौद्योगिकी विश्वविद्यालय
हिसार

अनुवादक
डॉ. अनिल हरीतस
प्रोफेसर
पर्यावरण इंजीनियरिंग विभाग
दिल्ली टेक्नोलौजिकल यूनिवर्सिटी
दिल्ली

NEW AGE
REFERENCE
An Imprint of
NEW AGE INTERNATIONAL (P) LIMITED, PUBLISHERS
LONDON • NEW DELHI
Bengaluru • Chennai • Cochin • Guwahati • Hyderabad • Kolkata • Mumbai
Visit us at **www.newagepublishers.com**

Published by New Age International (P) Ltd., Publishers
First Edition: 2005
Second Hardbound Edition: 2026

GLOBAL OFFICES

- **New Delhi** **NEW AGE INTERNATIONAL (P) LIMITED, PUBLISHERS**
  7/30 A, Daryaganj, New Delhi-110002, (INDIA), **Tel.:** (011) 23253472, 23253771, **Mob.:** 9315905300
  E-mail: contactus@newagepublishers.com • Visit us at www.newagepublishers.com
- **London** **NEW AGE INTERNATIONAL (UK) LTD.**
  27 Old Gloucester Street, London, WC1N 3AX, UK
  E-mail: info@newacademicscience.co.uk • Visit us at www.newacademicscience.co.uk

BRANCHES

- **Bengaluru** 167, 1st Floor, 11th Cross, Mulkatamma Temple Road,Near Rajiv Gandhi Sports Complex, Vittal Nagar
  Bengaluru – 560026, **Tel.:** (080) 26756823, **Mob.:** 9315905288
  E-mail: bangalore@newagepublishers.com
- **Chennai** 26, Damodaran Street, T. Nagar, Chennai-600 017, **Tel.:** (044) 24353401, **Mob.:** 9315905309
  E-mail: chennai@newagepublishers.com
- **Cochin** CC-39/1016, Carrier Station Road, Ernakulam South, Cochin-682 016
  Tel.: (0484) 4051304, **Mob.:** 9315905289, **E-mail: cochin@newagepublishers.com**
- **Guwahati** Hemsen Complex, Mohd. Shah Road, Paltan Bazar, Near Starline Hotel
  Guwahati-781 008, **Tel.:** (0361) 2513881, **Mob.:** 9315905296
  E-mail: guwahati@newagepublishers.com
- **Hyderabad** 105, 1st Floor, Madhiray Kaveri Tower, 3-2-19, Azam Jahi Road, Near Kumar Theater
  Nimboliadda Kachiguda, Hyderabad-500 027, **Tel.:** (040) 24652456, **Mob.:** 9315905326
  E-mail: hyderabad@newagepublishers.com
- **Kolkata** RDB Chambers (Formerly Lotus Cinema) 106A, 1st Floor, S N Banerjee Road
  Kolkata-700 014, **Tel.:** (033) 22273773, **Mob.:** 9315905319
  E-mail: kolkata@newagepublishers.com
- **Mumbai** 142C, Victor House, Ground Floor, N.M. Joshi Marg, Lower Parel, Mumbai-400 013
  Tel.: (022) 24927869, 24915415, **Mob.:** 9315905282, **E-mail: mumbai@newagepublishers.com**
- **New Delhi** 22, Golden House, Daryaganj, New Delhi-110 002, **Tel.:** (011) 23262368, 23262370
  Mob.: 9315905300, **E-mail: sales@newagepublishers.com**

C-26-01-15274

Printed in India at Glorious Printers, Delhi.
Typeset at In-house, Delhi.

NEW AGE INTERNATIONAL (P) LIMITED, PUBLISHERS
7/30 A, Daryaganj, New Delhi - 110002
Visit us at **www.newagepublishers.com**
(CIN: U74899DL1966PTC004618)

स्व० प्रोफेसर ए०के० सिन्हा

व

स्व० श्रीमती आशा कौशिक

को समर्पित

प्रस्तावना

पृथ्वी पर जीवन के निर्वाह के लिए एक स्वस्थ जीवन-रक्षक प्रणाली की आवश्यकता होती है। यद्यपि यह तथ्य मनुष्य को सदियों से ज्ञात है, परन्तु वह अपने लाभ और लालच के लिए प्रकृति और प्राकृतिक संसाधनों का अंधाधुंध दोहन करता रहा है। पिछले कुछ दशकों में इस ग्रह पर जीवन-खतरों में वृद्धि करने वाली घटनाओं को देखा गया है। हालाँकि, इनका मुकाबला करने के लिए तथा रणनीतियों और नीतियों को लागू करने के लिए बहुत कम प्रयास किए गए हैं।

यह महसूस करते हुए कि हमारी युवा पीढ़ी को शिक्षित किए बिना पर्यावरण संरक्षण हासिल नहीं किया जा सकता, माननीय सर्वोच्च न्यायालय ने यूजीसी को हर जगह कॉलेज शिक्षास्तर पर पर्यावरण में बुनियादी पाठ्यक्रम शुरू करने का निर्देश दिया। तद्नुसार, यूजीसी ने छह महीने के पर्यावरण अध्ययन में अनिवार्य कोर मॉड्यूल पाठ्यक्रम की शुरूआत की। युवा पीढ़ी को एहसास कराया कि सतत विकास तभी संभव है जब वर्तमान पीढ़ी पर्यावरण को बिगड़ने से बचाए और प्रकृति तथा प्राकृतिक संसाधनों की रक्षा करे। अब दुनियाभर में युवा पीढ़ी पृथ्वी के प्रकार, जो उन्हें विरासत में मिलेगा, को लेकर चिंतित है। प्रदर्शनों के माध्यम से युवाओं का विद्रोह और वैश्विक स्तर पर विरोध इन दिनों काफी स्पष्ट है। छात्रों को पर्यावरण के प्रति जागरूक करने के लिए छह माह का स्नातक पर्यावरण अध्ययन मॉड्यूल पाठ्यक्रम इसी सदी की शुरूआत में पेश किया गया था।

पिछले संस्करण के मौजूदा अध्यायों में नवीनतम जानकारी को शामिल करके पूरी तरह से संशोधित किया गया है। पाठकों द्वारा उत्कृष्ट समीक्षा और इस पुस्तक का उद्धारण भारतीय और विदेशी लेखकों के शोध-पत्रों से संकेत मिलता है कि पुस्तक को शिक्षाविदों द्वारा अच्छी तरह से पढ़ा जाता है। यह अत्यधिक संतुष्टि देता है और तेजी से बदलती पर्यावरणीय घटनाओं के बारे में नवीनतम जानकारी शामिल करने और समय पर संशोधन के लिए लेखकों को प्रोत्साहित करता है।

हमारे स्नातक छात्रों के अलावा यह पुस्तक विभिन्न परीक्षाओं में शामिल होने वाले प्रतियोगी, शिक्षाविद् और नीति निर्माता, जो इस विषय में रुचि रखते हैं, उन सभी के लिए भी उपयोगी है। हालाँकि नवीनतम जानकारी को शामिल करने के लिए अत्यधिक सावधानी बरती गई है, फिर भी लेखक पुस्तक में सुधार के लिए रचनात्मक आलोचना और सुझाव चाहते हैं।

लेखक, न्यू ऐज इंटरनेशनल (प्रा०) लिमिटेड पब्लिशर्स और उनकी संपादकीय टीम को इस संस्करण को समय पर तथा एक आकर्षक रूप में प्रस्तुत करने के लिए धन्यवाद देते हैं।

अनुभा कौशिक • सी०पी० कौशिक

CORE MODULE SYLLABUS FOR ENVIRONMENTAL STUDIES FOR UNDERGRADUATE COURSES OF ALL BRANCHES OF HIGHER EDUCATION

Unit 1 : The Multidisciplinary Nature of Environmental Studies

Definition, scope and importance (2 Lectures)
Need for public awareness.

Unit : 2 : Natural Resources

Renewable and non-renewable resources :

Natural resources and associated problems.

(a) **Forest resources :** Use and over-exploitation, deforestation, case studies. Timber extraction, mining, dams and their effects on forests and tribal people.

(b) **Water resources :** Use and over-utilization of surface and ground water, floods, drought, conflicts over water, dams-benefits and problems.

(c) **Mineral resources :** Use and exploitation, environmental effects of extracting and using mineral resources, case studies.

(d) **Food resources :** World food problems, changes caused by agriculture and over-grazing, effects of modern agriculture, fertilizer-pesticide problems, water logging, salinity, case studies.

(e) **Energy resources :** Growing energy needs, renewable and non-renewable energy sources, use of alternate energy sources, Case studies.

(f) **Land resources :** Land as a resource, land degradation, man induced landslides, soil erosion and desertification.

- Role of an individual in conservation of natural resources.
- Equitable use of resources for sustainable life styles.

(8 Lectures)

Unit 3 : Ecosystems

- Concept of an ecosystem.
- Structure and function of an ecosystem.
- Producers, consumers and decomposers.
- Energy flow in the ecosystem.
- Ecological succession.
- Food chains, food webs and ecological pyramids.

- Introduction, types, characteristic features, structure and function of the following ecosystem :
  - (a) Forest ecosystem
  - (b) Grassland ecosystem
  - (c) Desert ecosystem
  - (d) Aquatic ecosystem (ponds, streams, lakes, rivers, oceans, estuaries). (6 Lectures)

Unit 4 : Bio-diversity and its Conservation

- Introduction-Definition : genetic, species and ecosystem diversity.
- Biogeographical classification of India.
- Value of biodiversity : consumptive use, productive use, social, ethical, aesthetic and option values.
- Biodiversity at global, national and local levels.
- India as a maga-diversity nation.
- Hot-spots of biodiversity.
- Threats to biodiversity : habitat loss, poaching of wildlife, man-wildlife conflicts.
- Endangered and endemic species of India.
- Conservation of biodiversity : In-situ and Ex-situ conservation of biodiversity. (8 Lectures)

Unit 5 : Environmental Pollution Definition

- Causes, effects and control measures of :
  - *(a)* Air pollution
  - *(b)* Water pollution
  - *(c)* Soil pollution
  - *(d)* Marine pollution
  - *(e)* Noise pollution
  - *(f)* Thermal pollution
  - *(g)* Nuclear hazards.
- Solid waste management : Causes, effects and control measures of urban and industrial wastes.
- Role of an individual in prevention of pollution.
- Pollution case studies.
- Disaster management : floods, earthquake, cyclone and landslides. (8 Lectures)

Unit 6 : Social Issues and the Environment

- From Unsustainable to Sustainable development.
- Urban problems related to energy.
- Water conservation, rain water harvesting, watershed management.
- Resettlement and rehabilitation of people: its problems and concerns. Case studies.
- Environmental ethics: Issues and possible solutions.
- Climate change, global warming, acid rain, ozone layer depletion, nuclear accidents and holocaust. Case studies.
- Wasteland reclamation.
- Consumerism and waste products.
- Environment Protection Act.
- Air (Prevention and Control of Pollution) Act.
- Water (Prevention and Control of Pollution) Act.
- Wildlife Protection Act.
- Forest Conservation Act.
- Issues involved in enforcement of environmental legislation.
- Public awareness. (7 Lectures)

Unit 7 : Human Population and Environment

- Population growth, variation among nations.
- Population explosion-Family Welfare Programme.
- Environment and human health.
- Human Rights.
- Value Education.
- HIV/AIDS.
- Women and Child Welfare.
- Role of Information Technology in Environment and human health.
- Case Studies. (6 Lectures)

Unit 8 : Field Work

- Visit to a local area to document environmental assets-river, forest grassland/hill/mountain.
- Visit to a local polluted site-Urban/Rural/Industrial/Agricultural.
- Study of common plants, insects and birds.
- Study of simple ecosystems-pond, river, hill slopes etc. (Field work Equal to 5 lecture hours) (5 Lectures)

Unit 6: Social Issues and the Environment

- From Unsustainable to Sustainable development
- Urban problems related to energy
- Water conservation, rain water harvesting, watershed management
- Resettlement and rehabilitation of people; its problems and concerns. Case studies.
- Environmental ethics: Issues and possible solutions.
- Climate change, global warming, acid rain, ozone layer depletion, nuclear accidents and holocaust. Case studies.
- Wasteland reclamation.
- Consumerism and waste products.
- Environment Protection Act.
- Air (Prevention and Control of Pollution) Act.
- Water (Prevention and Control of Pollution) Act
- Wildlife Protection Act
- Forest Conservation Act
- Issues involved in enforcement of environmental legislation.
- Public awareness. (7 lectures)

Unit 7: Human Population and the Environment

- Population growth, variation among nations.
- Population explosion—Family Welfare Programme.
- Environment and human health.
- Human Rights.
- Value Education.
- HIV/AIDS.
- Women and Child Welfare.
- Role of Information Technology in Environment and human health.
- Case Studies. (6 lectures)

Unit 8: Field Work

- Visit to a local area to document environmental assets river/forest/grassland/hill/mountain.
- Visit to a local polluted site—Urban/Rural/Industrial/Agricultural.
- Study of common plants, insects and birds.
- Study of simple ecosystems—pond, river, hill slopes, etc. (Field work Equal to 5 lecture hours)

विषय सूची

इकाई 1

पर्यावरण अध्ययन–एक बहुविषयक विषय

Environmental Studies—A Multidisciplinary Subject

पर्यावरण (Environment) शब्द का उद्भव फ्रेंच भाषा के Environner शब्द से हुआ है जिसका अर्थ है 'घेरना'। अत: इसमें किसी जीव के चारों ओर उपस्थित समस्त जैविक तथा अजैविक पदार्थों को पर्यावरण के अन्तर्गत सम्मिलित किया जाता है। इस प्रकार जल, वायु, भूमि उनके पारस्परिक सम्बन्ध, अन्य वस्तुओं जैसे जीवों, सम्पत्ति तथा मनुष्य के आपसी सम्बन्धों को मिलाकर ही पर्यावरण का निर्माण होता है। पर्यावरण (संरक्षण) अधिनियम 1986 के अनुसार ''पर्यावरण के अन्तर्गत सभी भौतिक तथा जैविक पदार्थों और उनके आपसी सम्बन्धों को सम्मिलित किया जाता है।

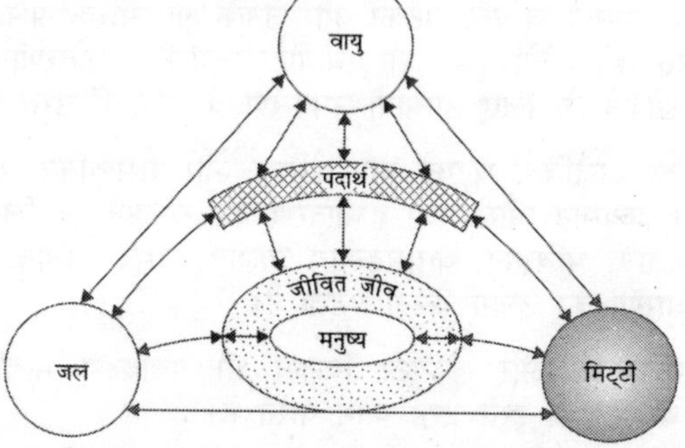

चित्र 1.1. पर्यावरण की अवधारणा : वायु, जल, मिट्टी, जीवित जीव और हमारे आस-पास की सामग्री एवं उनकी परस्पर क्रिया मिलकर हमारे पर्यावरण का निर्माण करते हैं।

इस प्रकार व्यक्ति को पर्यावरण का अध्ययन करने के लिए इससे संबंधित विभिन्न विषयों की जानकारी होना अत्यन्त आवश्यक है। वनस्पति विज्ञान, जीव विज्ञान, सूक्ष्मजीवी विज्ञान, अनुवांशिकी, जैव रसायन तथा जैव प्रौद्योगिकी आदि जीवन सम्बन्धी विज्ञान की जानकारी पर्यावरण के जैविक संघटकों तथा उसके आपसी सम्बन्धों को समझने में सहायक होती है। अजैविक संघटकों की भौतिक तथा रासायनिक संरचना, ऊर्जा स्थानान्तरण तथा ऊर्जा प्रवाह आदि को भौतिक विज्ञान, रसायन विज्ञान, भूगर्भ विज्ञान, वायुमण्डलीय विज्ञान, समुद्र विज्ञान तथा भौगोलिक विज्ञान आदि के मूल सिद्धान्तों के ज्ञान के आधार पर समझा जा सकता है। गणित, सांख्यिकी तथा कम्प्यूटर विज्ञान पर्यावरण के प्रबन्धन तथा इसका प्रतिरूप बनाने में सहायक होती है। पर्यावरण के विभिन्न विकास कार्यक्रमों से जुड़े इसके सामाजिक तथा आर्थिक पहलुओं की जानकारी समाज-शास्त्र तथा जनसंचार के माध्यम से प्राप्त की जाती है। पर्यावरणीय अभियान्त्रिकी, सिविल अभियान्त्रिकी तथा रसायन अभियान्त्रिकी के माध्यम से पर्यावरणीय प्रदूषण की रोकथाम, कूड़ा-करकट का निस्तारण तथा स्वच्छ

तकनीकी आदि का विकास तथा पर्यावरण का संरक्षण संभव है। पर्यावरण के निर्धारित नियम तथा कानून इसके उचित प्रबन्धन तथा संरक्षण के लिए उपयुक्त व्यवस्था प्रदान करते हैं। इस प्रकार हम देखते हैं कि पर्यावरण का अध्ययन एक बहुशिक्षात्मक विषय है जिसके अन्तर्गत इसके विभिन्न पहलुओं का तुलनात्मक अध्ययन किया जाता है।

पर्यावरण अध्ययन-एक बहुविषयक विषय

पर्यावरण जटिल है और इसके विविध पहलू हैं-

पर्यावरण अध्ययन पृथ्वी के कार्य, उसके जीवन-समर्थन से संबंधित सिस्टम, परस्पर क्रिया, प्रभाव, इसकी समस्याएँ और समाधान को समझने में मदद करता है।

पर्यावरण, ज्ञान और सूचना की जटिल प्रकृति को देखते हुए विज्ञान, सामाजिक विज्ञान, कानून और इंजीनियरिंग के विभिन्न विषयों से इसे समझने के लिए उनका पर्यावरण अध्ययन में पूरी तरह शामिल होना बहुत जरूरी है। चित्र 1.2 पर्यावरण की बहु-विषयक प्रकृति को दर्शाता है।

- जीव विज्ञान, वनस्पति विज्ञान, प्राणी विज्ञान, सूक्ष्म जीव विज्ञान, अनुवांशिकी सहित जैव रसायन जैविक घटकों और उनके पारस्परिक प्रभाव को समझने में मदद करते हैं। जेनेटिक्स और बायोटेक्नोलॉजी पर्यावरणीय समस्याओं के समाधान खोजने के लिए उपयोगी उपकरण के रूप में उभर रहे हैं।
- पर्यावरण के अजैविक घटकों की भौतिक और रासायनिक संरचना को और साथ-साथ द्रव्यमान और ऊर्जा हस्तांतरण को समझने के लिए हमें भौतिकी, रसायन विज्ञान, भूविज्ञान, वायुमंडलीय विज्ञान, समुद्र विज्ञान और भूगोल की मूल अवधारणा का उपोग करना पड़ता है।
- गणित, सांख्यिकी और कंप्यूटर विज्ञान भी पर्यावरण मॉडलिंग में प्रभावी उपकरण के रूप में इसी तरह काम करते हैं।

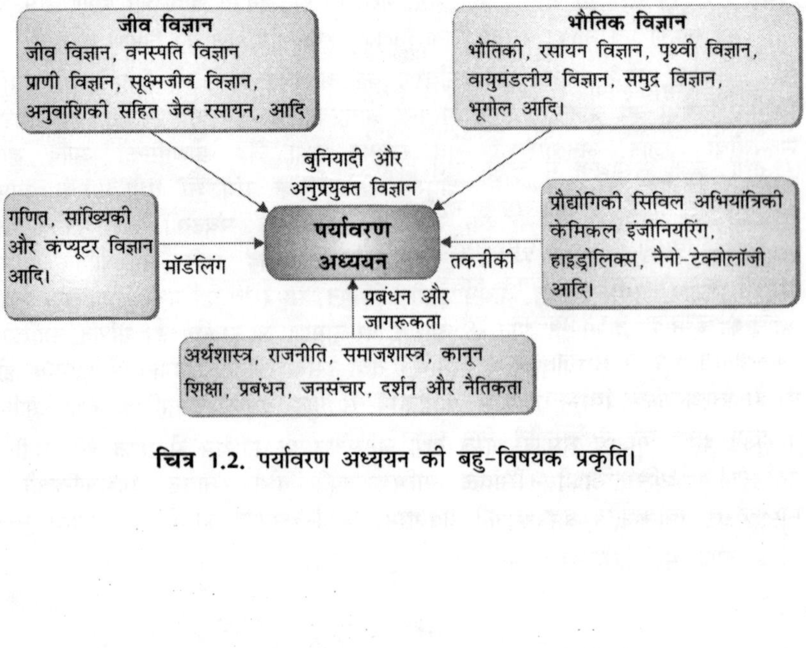

चित्र 1.2. पर्यावरण अध्ययन की बहु-विषयक प्रकृति।

दायरा और महत्व (Scope and Importance)

पर्यावरण अध्ययन का क्षेत्र अत्यन्त विशाल है। इसके अन्तर्गत निम्न क्षेत्रों को सम्मिलित किया जाता है-

- प्राकृतिक संसाधन-संरक्षण तथा प्रबन्धन
- पारिस्थितिकी तथा जैव विविधता।
- वातावरणीय प्रदूषण तथा इसकी रोकथाम
- विकास तथा वातावरण सम्बन्धी सामाजिक विषय
- मानव जनसंख्या और पर्यावरण

ये पर्यावरण अध्ययन के मूल विषय हैं जिनका समाज के प्रत्येक वर्ग से सीधा सम्बन्ध है। पर्यावरण अध्ययन अति विशिष्ट भी हो सकता है। पर्यावरण विज्ञान, पर्यावरण अभियान्त्रिकी, पर्यावरण प्रबन्धन, पर्यावरण जैव-प्रौद्योगिकी जैसे अत्यन्त तकनीकी विषयों पर केन्द्रित हो सकता है।

पर्यावरण का सभी से सम्बद्ध है तथा सभी के लिए आवश्यक भी। कोई व्यक्ति चाहे किसी भी व्यवसाय से सम्बन्धित हो तथा किसी भी आयु का हो, पर्यावरण से समान रूप से प्रभावित होता है तथा अपने कार्यों के द्वारा वह पर्यावरण को भी प्रभावित करता है। इस प्रकार पर्यावरण एक ऐसा विषय है जिसका स्वभाव वास्तव में सार्वभौमिक है। उदाहरण हेतु - वायुमण्डल की कोई सीमारेखा नहीं है और किसी एक स्थान पर उत्पन्न होने वाले प्रदूषक तत्व आसानी से अन्य स्थानों तक पहुँच सकते हैं। किसी स्थान पर शहरों अथवा कारखानों के गंदे पानी द्वारा दूषित की गई नदी के जल का प्रभाव इसके निचले भागों में उपस्थित जल जीवन को अवश्य ही प्रभावित करता है। इसी प्रकार पहाड़ों पर स्थित वनों की क्षति, केवल पहाड़ों को ही नहीं वरन् दूर-दूर तक स्थित मैदानी भागों को भी समान रूप से प्रभावित करती है। ऐसा इसलिए होता है क्योंकि पर्यावरण विभिन्न अवयवों तथा उनके कार्यकलापों से बना जटिल तंत्र है। वैसे तो पर्यावरण सम्बन्धी अनेकों क्षेत्रीय समस्याएँ हैं परन्तु भूमंडलीय ताप का बढ़ना, ओज़ोन परत में क्षति, वनों तथा ऊर्जा संसाधनों में कमी, जैव-विविधता का लोप आदि कुछ अति महत्त्वपूर्ण समस्याएँ भी हैं जो कि समस्त मानव जाति को प्रभावित करने वाली समस्याएँ और इनके निवारण के लिए हम सभी को विश्व स्तर पर एक साथ सोच-विचार करने की आवश्यकता है। खनन अथवा जल विद्युत परियोजनाओं का प्रभाव, ठोस कूड़े-करकट का प्रबन्धन इत्यादि स्थानीय समस्याओं से निपटने के लिए हमें स्थानीय रूप से सोचना पड़ता है और उसके निदान के लिए वही कार्य करना पड़ता है। पर्यावरण के विभिन्न महत्त्वपूर्ण विषयों के बारे में लोगों को जागरूक बनाने के लिए सभी को पर्यावरणीय ज्ञान प्रदान करना अति आवश्यक है।

पर्यावरण अध्ययन अति आवश्यक विषय है क्योंकि यह स्वच्छ एवं सुरक्षित पेयजल, स्वास्थ्यपूर्ण जीवनोपयोगी अवस्थाएँ, साफ एवं स्वच्छ वायु, उपजाऊ भूमि, स्वास्थ्यवर्धक भोजन तथा विकास आदि विषयों से सम्बन्धित है।

पर्यावरणीय समस्याओं से निपटने के लिए प्रत्येक स्तर पर प्रशिक्षित मानव शक्ति की आवश्यकता है। पर्यावरणीय नियम, व्यवसाय प्रबन्धन तथा पर्यावरण प्रौद्योगिकी आदि पर्यावरण के बचाव तथा प्रबन्धन के क्षेत्र में नवीन रोजगार के अवसर के रूप में उभरकर सामने आ रहे हैं जो की निम्न प्रकार है–

(*i*) पर्यावरण में अनुसंधान और विकास (R & D)– प्रदूषण नियन्त्रण के नियम कठोर होने के कारण उद्योगों को अपने मलबे के निस्तारण में काफी परेशानियों का सामना करना पड़ रहा है। अब अनेकों कम्पनियाँ अत्यधिक खर्च तथा विवादों से बचने के लिए हरित प्रौद्योगिकी को अपनाने की कोशिश कर रही हैं जिससे प्रदूषण को कम किया जा सकेगा। प्रदूषण नियन्त्रण प्रौद्योगिकी पर खर्च करने से प्रदूषण तो कम होगा ही, साथ ही यह गंदे बहाव के उपचार पर होने वाले खर्च को भी कम कर देगा। प्रदूषण नियन्त्रण प्रौद्योगिकी की आज सम्पूर्ण संसार में अत्यधिक माँग है। कम्पनियों तथा कारखानों में उत्पन्न व्यर्थ पदार्थों के निस्तारण का बाजार भी अच्छा है। अमेरिका में प्रतिवर्ष इस क्षेत्र का व्यापार 100 बिलियन डॉलर के लगभग रहता है। पिछले कई वर्षों से कठोर नियमों को अपनाकर जर्मनी तथा जापान व्यर्थ पदार्थों के प्रवाह को नियन्त्रित करने में अत्यंत अनुभवी हो चुके हैं। अकेले प्राचीन पूर्वी जर्मनी की सफाई के लिए आज भी इस क्षेत्र में लगभग 200 बिलियन डॉलर का बाजार है। भारत में भी प्रदूषण नियन्त्रण परिषद नियन्त्रण के नियमों का कड़ाई से पालन करने तथा व्यर्थ पदार्थों के जमीन अथवा पानी में छोड़ने से पूर्व मानक स्तर पर लाने के लिए उनके उत्थान पर जोर दे रहे हैं। ऐसी कई कम्पनियों को या तो बन्द कर दिया गया है या फिर उन्हें स्थानान्तरित करने का आदेश दे दिया गया है जो इन नियमों के अनुरूप कार्य नहीं कर रही हैं। यदि हम एक साफ, स्वच्छ, सुन्दर तथा सुरक्षित वातावरण में जीना चाहते हैं और अपनी आने वाली पीढ़ियों को स्वच्छ तथा सुरक्षित पृथ्वी प्रदान करना चाहते हैं तो ऐसा करना अति आवश्यक है।

(*ii*) हरित वकालत (Green advocacy) – पर्यावरण से संबंधित विभिन्न अधिनियमों और कानूनों को क्रियान्वयन करने के बढ़ते जोर के साथ पर्यावरण वकील, जो जल और वायु प्रदूषण, वन, वन्य जीवन आदि से संबंधित मामले याचना करने में सक्षम हों, की आवश्यकता बढ़ गई है।

(*iii*) हरित विपणन (Green marketing) – उत्पादों की गुणवत्ता आई.एस.ओ. मार्क (ISO Mark) के साथ सुनिश्चित करते हुए इस पर जोर दिया जा रहा है। विपणन सामान जो पर्यावरण के अनुकूल हैं। ऐसे उत्पाद ईकोमार्क या आई.एस.ओ. 14000 प्रमाणन हैं। पर्यावरण लेखा परीक्षक और पर्यावरण प्रबंधक महान होंगे आने वाले वर्षों में माँग और बढ़ेगी।

(*iv*) ग्रीन मीडिया (Green media) – पर्यावरण जागरूकता फैलाई जा सकती है। टेलीविजन, रेडियो जैसे जनसंचार माध्यमों के माध्यम से जनता के बीच समाचार पत्र, पत्रिकाएँ, होर्डिंग्स, विज्ञापन आदि के लिए जो पर्यावरण से शिक्षित व्यक्तियों की आवश्यकता है।

(*v*) पर्यावरण परामर्श (Environment consultancy) – कई गैर-सरकारी संगठन (एनजीओ), उद्योग और सरकारी निकाय हैं। व्यवस्थित रूप से पर्यावरण सलाहकारों को शामिल करना पर्यावरण से संबंधित समस्याओं का अध्ययन और समाधान।

जन चेतना की आवश्यकता (Need for Public Awareness)

1992 में रियो-डि-जेनेरो में पर्यावरण तथा विकास पर हुए संयुक्त राष्ट्र के सम्मेलन जिसे 'अर्थ समिट' के नाम से जाना जाता है तथा उसके 10 वर्ष बाद सन् 2002 में जोहन्सबर्ग में निरन्तर विकास पर हुए विश्व शिखर सम्मेलन ने प्रमुख भूमंडलीय पर्यावरणीय समस्याओं को उजागर किया है तथा जनसामान्य का ध्यान पर्यावरणीय क्षय की ओर आकर्षित किया है। जनता के सहयोग के बिना कोई भी सरकार निरन्तर विकास की गति को प्राप्त करने में सफल नहीं हो सकती और जनता का सहयोग तभी प्राप्त हो सकता है, जब लोगों को विभिन्न पारिस्थितिकीय तथा पर्यावरणीय समस्याओं के बारे में जानकारी होगी। सरकार द्वारा पॉलिथीन के प्रयोग पर प्रतिबन्ध लगाना तब तक सार्थक नहीं हो सकता जब तक कि लोग इसके पर्यावरणीय कुप्रभावों को नहीं समझते। अतः हमें लोगों को जानकारी देनी होगी कि पर्यावरण को दूषित करके हम स्वयं को ही हानि पहुँचाते रहते हैं। ऐसा इसलिए है क्योंकि हम स्वयं भी पर्यावरण के जटिल तंत्र के एक छोटे से अवयव हैं तथा इसके अन्य अवयवों से किसी न किसी माध्यम से जुड़े हैं। लोगों को इस बारे में शिक्षित करना और भी अधिक आवश्यक है कि कभी-कभी पर्यावरण के दुष्प्रभावों का तब तक पता नहीं चलता है जब तक कि हम किसी भयंकर समस्या से प्रभावित नहीं हो जाते। इस प्रकार अचेतना (अज्ञानता) के कारण हम विपत्तियों का शिकार बन जाते हैं।

यहाँ एक चीनी युक्ति उपयुक्त बैठती है जिसके अनुसार 'यदि आप एक वर्ष के लिए सोचते हैं तो धान की फसल उगाओ, यदि आप 10 वर्ष के लिए सोचते हैं तो वृक्ष लगाओ और यदि आप 100 वर्ष के लिए सोचते हैं तो लोगों को शिक्षित करो'। यदि हम अपने गृह 'पृथ्वी' को बचाए रखना चाहते हैं तो हमें लोगों को पर्यावरण के बारे में शिक्षित करना आवश्यक है।

सन् 1991 में हमारे देश के सर्वोच्च न्यायालय ने शिक्षा के हर स्तर पर सभी पाठ्यक्रमों को पर्यावरण अनुरूप बनाने के लिए दिशानिर्देश जारी किए थे।

वास्तव में ये दिशा निर्देश एम०सी० मेहता द्वारा भारत सरकार के विरुद्ध दायर पब्लिक इंटरेस्ट लिटिगेशन (पी०आई०एल०) 1988 के परिप्रेक्ष्य में जारी किए गये थे जिसमें सर्वोच्च न्यायालय से भारत के नागरिकों के अन्दर पर्यावरणीय चेतना उत्पन्न करने के लिए आदेश पारित करने का आग्रह किया गया था।

आज लगभग सभी लोग पर्यावरण के बारे में बातचीत करते हैं लेकिन केवल कुछ ही लोग ऐसे हैं जो यह जानते हैं कि क्या करने की आवश्यकता है तथा कुछ लोग ऐसे भी हैं जिनको अभी इस क्षेत्र में वास्तविक अनुभव प्राप्त करना है। यह हमारा दुर्भाग्य ही है कि पर्यावरण चेतना अभियान को वास्तविक रूप में लोगों को शिक्षित करने के स्थान पर राजनीतिक लाभ के लिए अधिक प्रयोग किया गया। लगभग सभी वर्ग के लोगों ने पर्यावरण को वास्तविक जीवन की आवश्यकता न मानकर इसे फैशन के रूप में स्वीकार कर लिया है जबकि इसके दुरुपयोग से हमारे जीवन तथा सुरक्षा दोनों को ही खतरा है। हैनरी डी० थोरू ने सत्य ही कहा है–''एक उपयुक्त ग्रह की अनुपस्थिति में एक सुन्दर घर की क्या उपयोगिता है''। यदि हम आज इस दिशा में कोई कदम उठाते हैं तो इसका परिणाम हमें अगले 40-50 वर्षों में देखने को मिलेगा।

पर्यावरण कैलेंडर

विश्व वेटलैंड दिवस	2 फरवरी
विश्व वन्यजीव दिवस	3 मार्च
विश्व वन दिवस	21 मार्च
जल के लिए विश्व दिवस	22 मार्च
विश्व मौसम विज्ञान दिवस	23 मार्च
पृथ्वी दिवस	22 अप्रैल
जैव-विविधता के लिए अंतर्राष्ट्रीय दिवस	22 मई
तंबाकू विरोधी दिवस	31 मई
विश्व पर्यावरण दिवस	5 जून
विश्व महासागर दिवस	8 जून
विश्व जनसंख्या दिवस	11 जुलाई
विश्व प्रकृति संरक्षण दिवस	28 जुलाई
विश्व जैव ईंधन दिवस	10 अगस्त
नीले आसमान के लिए क्लियर हवा का अंतर्राष्ट्रीय दिवस	7 सितम्बर
ओजोन दिवस	16 सितम्बर
विश्व कार-मुक्त दिवस	22 सितम्बर
हरित उपभोक्ता दिवस	28 सितम्बर
विश्व कृषि पशु दिवस	2 अक्टूबर
विश्व पर्यावास दिवस	अक्टूबर का पहला सोमवार
विश्व पशु कल्याण दिवस	4 अक्टूबर
वन्यजीव सप्ताह (भारत)	1-7 अक्टूबर
आपदा न्यूनीकरण के लिए अंतर्राष्ट्रीय दिवस	अक्टूबर का दूसरा बुधवार
विश्व संरक्षण दिवस	24 अक्टूबर

प्रश्न-अभ्यास

1. पर्यावरणीय संबंधी मुद्दों का अध्ययन क्यों आवश्यक है?
2. पर्यावरण शिक्षा का क्या महत्व है?
3. पर्यावरणीय चेतना पर्यावरण के संरक्षण में किस प्रकार उपयोगी है?

वस्तुनिष्ठ प्रश्न

(क) खाली स्थान भरो–

1. पर्यावरण शब्द फ्रेंच भाषा के शब्द .... से उद्धृत किया गया है जिसका अर्थ है घेराव करना।
2. पर्यावरण एवं विकास पर संयुक्त राष्ट्र संगोष्ठी (पृथ्वी सम्मेलन) का आयोजन वर्ष .... में .... में हुआ।
3. सतत विकास पर विश्व शिखर सम्मेलन वर्ष .... में .... में हुआ।
4. भारत के .... न्यायालय ने सभी पाठ्यक्रमों को पर्यावरण-केंद्रित करने के निर्देश दिए हैं।
5. श्री .... ने भारत के नागरिकों में पर्यावरण के प्रति जागरूकता पैदा करने के लिए जनहित याचिका दायर की।

(ख) सही विकल्प चुनिए–

1. पर्यावरण संरक्षण अधिनियम कब पास हुआ–

   (*i*) 1947 (*ii*) 1972 (*iii*) 1984 (*iv*) 1986

2. **यू.एन. ने पर्यावरण पर सम्मेलन 1972 कहाँ किया?**

   (*i*) जेनेवा (*ii*) रियो डि जेनरियो

   (*iii*) स्टोकहोम (*iv*) जोहानिस्बर्ग

3. **नोबेल पुरस्कार 2004 किसको मिला**

   (*i*) ए.एल. गरे (*ii*) वांगरी मैथी

   (*iii*) आर. के पचौरी (*iv*) सी.वी. रमन

4. **विश्व जनसंख्या दिवस मनाया जाता है?**

   (*i*) 21 मार्च को (*ii*) 22 अप्रैल को

   (*iii*) 11 जुलाई को (*iv*) 28 सितंबर को

इकाई

2 प्राकृतिक संसाधन
Natural Resources

पृथ्वी पर प्राणियों का जीवन प्रकृति के विभिन्न उपहारों व इसकी सेवाओं के कारण ही संभव हुआ है। ये उपहार हमें जल, वायु, खनिज, कोयला, वन, खेती व वन्य प्राणियों के रूप में उपलब्ध हैं जिन्हें हम प्राकृतिक संसाधन की संज्ञा भी देते हैं। सभी घटक जो जीवन के लिए आवश्यक हैं, प्राकृतिक संसाधन कहलाते हैं। प्राकृतिक संसाधनों को उपलब्धता के आधार पर दो भागों में विभक्त किया गया है–

- नवीकरणीय स्रोत (Renewable resources) वे हैं जिनके भंडार संतृप्त हैं और जिन्हें निश्चित समय में पुनः विकसित किया जा सकता है। उदाहरणार्थ–जंगल, वन्य-जीवन, पवन-ऊर्जा, बायोमास (जैव-भार ऊर्जा), सौर-ऊर्जा इत्यादि नवीकरणीय प्राकृतिक संसाधन व ऊर्जा के स्रोत हैं।
- अनवीकरणीय स्रोत (Non-renewable resources) वे हैं जिनके भंडार सीमित हैं। इन भंडारों को हम पुनः विकसित नहीं कर सकते। उदाहरणार्थ–कोयला, पेट्रोलियम, खनिज, प्राकृतिक गैस इत्यदि।

अगर ऊर्जा के नवीकरणीय स्रोतों की खपत की दर इनके विकास की दर से कम रहे अर्थात् इनका अत्यधिक दोहन हो तो निश्चित ही ये स्रोत भी शीघ्र ही समाप्त हो जाएँगे। उदाहरण के तौर पर अगर वन्य जीवों का बेरोकटोक शिकार होता रहा तो निश्चित ही इनके अस्तित्व पर प्रश्नचिह्न लग जाएगा। अतः आवश्यक है कि हम प्राकृतिक संसाधनों का बुद्धिमत्ता से प्रयोग करें और इसे पुरखों की धरोहर मानकर इसका संरक्षण करें। इसका तात्पर्य यह नहीं कि हम प्राकृतिक संसाधनों को प्रयोग ही न करें। अपितु, हम इनका प्रयोग इस तरह करें कि हम आने वाली पीढ़ियों को उनका हिस्सा सौंप सकें। इस इकाई में हम निम्नलिखित प्राकृतिक संसाधनों का अध्ययन करेंगे :

1. वन संसाधन
2. जल संसाधन
3. खनिज संसाधन
4. खाद्य संसाधन
5. ऊर्जा संसाधन
6. भूमि संसाधन

2.1 वन संसाधन
(Forest Resources)

वन पृथ्वी के प्रमुख प्राकृतिक संसाधन हैं। पृथ्वी पर उपस्थित हरियाली की यह चादर न केवल लकड़ी, ईंधन और भोजन का स्रोत है, अपितु वन पृथ्वी पर स्वस्थ व स्वच्छ पर्यावरण की नींव भी हैं।

पृथ्वी का लगभग एक-तिहाई क्षेत्रफल वनों से ढका हुआ है। परंतु, यह चिंता का विषय है कि पिछले कुछ वर्षों में वन-क्षेत्रों में भारी कमी आई है। सबसे अधिक नुकसान उष्ण-कटिबंधीय एशिया में हुआ है जहाँ लगभग एक-तिहाई वनों का सफाया कर दिया गया है।

■ वनों के उपयोग (Uses of Forests)

आर्थिक लाभ–वनों से हमें लकड़ी, ईंधन, भोजन, रेशे, तेल, रबड़, बाँस, चारा, औषधियाँ व अन्य उत्पाद मिलते हैं जिनका राष्ट्र की अर्थव्यवस्था में महत्वपूर्ण योगदान है। वनों से हमें प्रति वर्ष लगभग 30 अरब डॉलर मूल्य के उत्पाद प्राप्त होते हैं। वनों से प्राप्त लकड़ी का लगभग 50% भाग ईंधन के रूप में प्रयोग होता है। लगभग 1/3 लकड़ी का उपयोग इमारती लकड़ी के रूप में होता है और 1/6 हिस्सा गुद्दा में परिवर्तित करके कागज बनाने के लिए प्रयोग किया जाता है। इसके अलावा वनों का उपयोग खनन, कृषि, चरागाह, मनोरंजन व बाँध इत्यादि बनाने के लिए भी होता है।

पर्यावरणीय लाभ–जहाँ एक पेड़ लगभग 590 डॉलर का आर्थिक लाभ प्रदान करता है, वहीं इससे होने वाले पर्यावरणीय लाभ का अनुमान लगभग 1,9,6250 डॉलर है। पर्यावरण की दृष्टि से वनों की उपयोगिता निम्नलिखित है–

- **ऑक्सीजन का उत्पादन**–वनों को 'पृथ्वी के फेफड़ों' की संज्ञा भी दी गई है। पेड़ प्रकाश-संश्लेषण प्रक्रिया (Photosynthesis) के माध्यम से ऑक्सीजन का उत्पादन करते हैं जो जीवन के लिए उपयोगी घटक हैं।
- **ग्रीनहाउस प्रभाव (Greenhouse effect) में कमी**– पौधे कार्बन-डाईआक्साइड गैस को भोजन बनाने के लिए प्रकाश-संश्लेषण क्रिया में प्रयोग करते हैं। इस प्रकार पौधे हरित-गृह प्रभाव की दर को कम करते हैं और पृथ्वी के तापमान में वृद्धि को नियंत्रित रखते हैं।
- **वन्य जीवों का आश्रय**–वन जंगली जीवों का एकमात्र आश्रय है। एक अनुमान के अनुसार केवल उष्ण कटिबंधीय वनों में लगभग 70 लाख प्रजातियाँ पाई जाती हैं।
- **जल-चक्रण में सहायक**–वन वर्षा के जल को बहने से रोकते हैं और संचित किए हुए जल से धीरे-धीरे नदियों तथा झरनों को सींचते हैं। उष्ण-कटिबंधीय

वनों में होने वाली वर्षा का 50–80% भाग वनों द्वारा वाष्पोत्सर्जन से निकले जल से बना है।

- **मृदा-संरक्षण**–वृक्षों की जड़ें मृदा के कणों को बाँधने में महत्वपूर्ण भूमिका निभाती हैं, जिससे जल व वायु द्वारा होने वाली मृदा-अपरदन की दर कम रहती है।
- **प्रदूषण की रोकथाम**–वृक्ष पर्यावरण में उपस्थित जहरीली गैसों को सोखकर वायु को शुद्ध रखने में सहायक हैं। वृक्ष ध्वनि प्रदूषण की तीव्रता को कम करने में भी सहायक हैं।
- **ऊर्जा प्रवाह और पोषक चक्रण**– उनका विशाल बायोमास और विशाल जैविक और जैव रासायनिक विविधता ऊर्जा प्रवाह और पोषक चक्रण को समर्थन करना।

■ वनों का अतिशय शोषण (Over Exploitation of Forests)

मानव माँगों को पूरा करने के लिए वनों का शोषण निम्नलिखित तरीके से किया गया है-

- लकड़ी काटने और कच्चे माल जैसे लकड़ी, लकड़ी की लुगदी, ईंधन की लकड़ी आदि के लिए बड़े पैमाने पर लॉगिंग के कारण।
- सड़क निर्माण के कारण वनों की कटाई।
- बढ़ती जनसंख्या की खाद्य माँग पूरी करने के लिए अधिक कृषि योग्य भूमि बनाने के लिए वनों की सफाई।
- वनों के अतिक्रमण से लगभग 1.36 मिलियन हैक्टेयर वन का विनाश (2002)।
- लगभग 78 प्रतिशत वन क्षेत्र भारी चराई के अधीन है।
- खनन गतिविधियों से वनों की सफाई होती है।
- बड़ी जलविद्युत योजनाओं के परिणामस्वरूप बड़े पैमाने पर जंगल का विनाश होता है। शोषण के परिणामस्वरूप, भारत में उष्ण-कटिबंधीय वन आच्छादन (89,500 किमी^{2}) अब केवल तटीय पश्चिमी घाट तक सिमट कर रह गया है।

पूर्वोत्तर भारत और भी गिरावट का सामना कर रहा है। बहुत कम भारतीय वन प्राचीन हैं। भारत में, संयुक्त वन प्रबंधन सामुदायिक भागीदारी को शामिल करने वाला दृष्टिकोण, एक अभिनव अर्थव्यवस्था के रूप में सामने आया है ताकि ग्रामीण सार्वजनिक भागीदारी के माध्यम से वन संसाधनों का संरक्षण किया जाता है।

■ जंगलों की कटाई (Deforestation)

वर्ष 1900 में विश्व में लगभग 7,000 मिलियन हैक्टेयर भूमि पर वन थे, वर्ष 1975 में यह आँकड़ा घटकर केवल 2890 मिलियन हैक्टेयर रह गया और वर्ष 2000 में यह

क्षेत्र 2300 मिलियन हैक्टेयर दर्ज किया गया है। जंगलों की कटाई की दर सम जलवायु क्षेत्रों की अपेक्षा उष्ण-कटिबंधीय क्षेत्रों में अधिक पाई गई है। एक अनुमान के अनुसार अगर जंगलों की कटाई समान दर से चलती रही तो लगभग 60 साल बाद वनों का केवल 10% भाग ही शेष बचेगा।

भारत में वर्ष 1982 के बाद वन-क्षेत्र में स्थिरता आई है। 1982–90 के बीच जंगलों की कटाई की दर में 0.04% की कमी दर्ज की गई है। भोजन एवं कृषि संगठन के आँकड़ों के अनुसार (1983), भारत में इस दौरान लगभग 1.44 मिलियन हैक्टेयर भूमि पर वृक्षारोपण किया गया जिससे यह स्थिरता आई है। अधिक जनसंख्या व प्रतिव्यक्ति वन-क्षेत्र (0.075 हैक्टेयर प्रतिव्यक्ति) कम होने के बावजूद भारत में जंगलों की कटाई की दर प्रमुख उष्ण-कटिबंधीय क्षेत्रों की तुलना में न्यूनतम है। फिर भी हमारी राष्ट्रीय वन नीति द्वारा सुझाए गए 33% वन भूमि के आँकड़े के लक्ष्य से हम कोसों दूर हैं। उपग्रह से प्राप्त जानकारी के अनुसार भारत में केवल 19.27% (63.38 मिलियन हैक्टेयर) भाग पर ही वन हैं।

भारतीय वन सांख्यिकी (2019)

कुल भौगोलिक क्षेत्र	32,87,469 किमी
कुल वन क्षेत्र	7,12,249 वर्ग किमी
(कुल क्षेत्रफल का	**21.67 प्रतिशत)**

वन वर्ग:

क्र.सं.	*श्रेणी क्षेत्र (किमी²)*	*प्रतिशत*
1. बहुत घना	99,278	3.02
2. मध्यम सघन	308,472	9.39
3. खुले जंगल	304,459	9.26
4. स्क्रब लैंड	46,297	1.41
5. गैर वन	25,28,923	76.92

स्रोत: भारत वन राज्य रिपोर्ट, 2019
पर्यावरण, वन और जलवायु परिवर्तन मंत्रालय, भारत सरकार।

- वनों के महत्व के बारे में बढ़ती जागरूकता के बावजूद वनों की कटाई दरों में वृद्धि जारी है।
- हर दिन लगभग 32,300 हैक्टेयर जंगल पृथ्वी से गायब हो जाता है और वन का एक समान क्षेत्र निम्नीकरण का शिकार होता है।
- 2000–2005 के दौरान, उष्ण-कटिबंधीय वनों की कटाई दर में 1990 की वनों की कटाई दर की तुलना में 8.5 प्रतिशत वृद्धि हुई।
- प्राथमिक वनों के नुकसान में 25 प्रतिशत की खतरनाक वृद्धि हुई है।
- इसके अलावा, प्राथमिक वनों को बहुत कम जैव-विविधता वाले वृक्षारोपण द्वारा प्रतिस्थापित किया जा रहा है।

जंगलों की कटाई के प्रमुख कारण (Major Causes of Deforestation)

***(i)* झूम कृषि**–विश्व में लगभग 3 अरब लोग झूम कृषि पर निर्भर हैं। ये लोग प्रतिवर्ष, लगभग 5 लाख हैक्टेयर भूमि से वनों को जलाकर उनका सफाया कर देते हैं ताकि वहाँ कृषि कर सकें। भारत में उत्तर-पूर्वी राज्यों और बिहार, आंध्र प्रदेश एवं मध्य प्रदेश के कुछ भागों में झूम कृषि की जाती है जो वनों के ह्रास में लगभग 50% योगदान करती है।

***(ii)* ईंधन की आवश्यकता**–जनसंख्या वृद्धि के साथ-साथ ईंधन की माँग भी बढ़ी है। स्वतन्त्रता के बाद भारत में ईंधन की माँग 65 मिलियन टन से बढ़कर वर्ष 2001 तक 300-500 मिलियन टन हो गई है जिसका सीधा प्रभाव वनों पर पड़ा है।

***(iii)* उद्योगों के लिए कच्चा माल**–लकड़ी के डिब्बे, फर्नीचर, रेल की सीटें, प्लाईवुड व कागज की बढ़ती माँग के कारण वनों पर दबाव और भी बढ़ा है। आसाम में चाय व जम्मू कश्मीर में सेब के डिब्बों के लिए प्लाईवुड व देवदार के पेड़ों की लकड़ी के प्रयोग ने भी वनों की कटाई को बढ़ावा दिया है।

***(iv)* विकास परियोजनाएँ**–नदी-घाटी परियोजनाओं, बाँधों, सड़कों व खनन के कारण भी वनों की बड़े पैमाने पर कटाई हुई है।

***(v)* भोजन की बढ़ती माँग**–कृषि के लिए भूमि की बढ़ती माँग ने वनों की कटाई को और भी तेज किया है। स्थायी कृषि योग्य भूमि के लिए वनों को निरंतर साफ किया जा रहा है।

***(vi)* अत्यधिक चराई**–वनों को चरागाह के रूप में प्रयोग किया गया है। अत्यधिक चराई और बीजों के कुचले जाने से भी वनों में कमी आई है।

***(vii)* जंगल की आग**–ये प्राकृतिक या मानव निर्मित हो सकती है और भारी वन हानि का कारण बनती है।

वनों की कटाई के प्रभाव (Major Consequences of Deforestation)

वनों की कटाई से सामने आने वाले प्रभाव निम्नलिखित हैं–

(i) जीवों का प्राकृतिक आवास छिन जाने के कारण इनकी संख्या घटी है और इनका अस्तित्व खतरे में आ गया है।

(ii) जैव-विविधता और अनुवांशिक-विविधता का ह्रास हुआ है।

(iii) जल-चक्रण पर इसका प्रभाव पड़ा है और इससे वर्षण प्रभावित हुआ है।

(iv) मृदा-अपरदन और मृदा की उर्वरा शक्ति का ह्रास हुआ है।

(v) पहाड़ी क्षेत्रों में चट्टानों के खिसकने की आवर्ती बढ़ी है।

(vi) वायुमंडल में अधिक कार्बन छोड़ा जाता है और ग्लोबल वार्मिंग में वृद्धि होती है।

विषय अध्ययन (CASE STUDIES)

- **हिमालय का मरुस्थलीकरण**

हिमालय के निचले क्षेत्रों में जंगलों की कटाई और सामुदायिक वानिकी के अन्तर्गत केवल एक ही प्रजाति के पेड़ों लगाने से पारिस्थितिक संतुलन बिगड़ गया है। इसका सीधा प्रभाव मृदा व अन्य जीवों पर पड़ा है। पोषक पदार्थ-चक्रण की दर घटी है, मूल जैव-विविधता और अनुवांशिक-विविधता में कमी आई है और ऐसे में खरपतवारों को बढ़ांवा मिला है। मेघालय में खासी की पहाड़ियाँ और लद्दाख, कुमाऊँ और गढ़वाल में यह समस्या बढ़ती ही जा रही है।

- **छोटा नागपुर के विलुप्त होते चाय बागान**

छोटा नागपुर क्षेत्र में पेड़ों की कटाई के कारण, प्रतिदिन दोपहर को होने वाली वर्षा कम हो गई है। इसका प्रभाव यह हुआ है कि वर्षा पर आश्रित चाय के बागान इस क्षेत्र से लगभग विलुप्त हो चुके हैं। वैज्ञानिक तर्क के अनुसार वर्षा की मात्रा किसी क्षेत्र के वन-क्षेत्र पर निर्भर करती है।

इसी प्रकार ऊटी में 1965–84 के बीच हुई साधारण से कम वर्षा यहाँ पिछले 20 वर्षों में घटे वन-क्षेत्र का ही परिणाम माना जा रहा है।

वनों में प्रमुख गतिविधियाँ (Major Activities in Forests)

- **लकड़ी की कटाई**–इमारती लकड़ी और ईंधन के रूप में प्रयोग की जाने वाली सागवान व महागनी की लकड़ी के लिए केवल बड़े पेड़ों को काटना कठिन है। ऐसे में अनेक छोटे पेड़ जो बड़े पेड़ों से लगभग गुंथे रहते हैं, वे भी चपेट में आ जाते हैं। जंगलों के बीच में सड़कें बनाने के कारण भी वनों को काफी नुकसान पहुँचा है।

चित्र 2.1. जंगलों में कटाई एक प्रमुख गतिविधि है।

- **खनन**–खनिज व कच्चे तेल के दोहन के लिए जंगलों में विस्तृत भूभाग का सफाया कर दिया जाता है। हमारे देश में भू–सतही व भूमिगत खनन के अन्तर्गत लगभग 80,000 हैक्टेयर भूमि है। खनन के दौरान पेड़ों की कटाई और जमीन की खुदाई के कारण भूमि ऊबड़-खाबड़ हो जाती है। देहरादून और मसूरी में लगभग 40 वर्ग किलोमीटर क्षेत्र खनन द्वारा प्रभावित है। इस कारण यहाँ लगभग 33% वन-क्षेत्र घट गया है। परिणामस्वरूप, यहाँ भू-स्खलन की घटनाएँ बढ़ी हैं। वर्ष 1961 के पश्चात् गोवा राज्य के वनों में बढ़ती खुदाई के कारण लगभग 50 हजार हैक्टेयर भूमि से जंगलों का सफाया किया गया है। झरिया, रानीगंज और सिंगरौली क्षेत्र में कोयले की खुदाई के कारण वन-क्षेत्र में गिरावट आई है। अल्मोड़ा की कोसी घाटी में मैग्नेसाइट की खुदाई के लिए 14 हैक्टेयर भूमि से वनों को साफ कर दिया गया। केरल, कर्नाटक, तमिलनाडु और पश्चिमी घाट के क्षेत्रों में भी खनन के कारण वनों का काफी विनाश हुआ है।
- पश्चिमी घाट के समृद्ध वनतांबा, क्रोमाइट, बॉक्साइट और मैग्नेटाइट का उत्खनन के लिए खनन परियोजनाओं के कारण भी वही खतरे का सामना कर रहे हैं।

बाँधों का वनों व लोगों पर प्रभाव (Dams and their Effects on Forests and People)

बड़े बाँध और नदी-घाटी परियोजनाएँ बहु-उद्देशीय परियोजनाएँ हैं और इन्हें 'आधुनिक भारत के मंदिर' की संज्ञा दी गई है। परंतु ये परियोजनाएँ वनों के विनाश के लिए भी उत्तरदायी हैं। केवल भारत में लगभग 1550 बड़े बाँध हैं जो मुख्यतः महाराष्ट्र (600 से अधिक), गुजरात (250 से अधिक) और मध्य प्रदेश (130 से अधिक) में हैं। सबसे ऊँचा बाँध टिहरी बाँध है जो भागीरथी नदी पर बनाया गया है। सतलुज नदी पर बनाया गया भाखड़ा बाँध सबसे बड़ा बाँध है। बाँध परियोजनाएँ पर्यावरण की दृष्टि से एक संवेदनशील विषय है, विशेषकर पारिस्थितिक संतुलन और बाँध से प्रभावित लोगों की दृष्टि से। बड़े बाँधों के निर्माण हेतु एक बड़े भू-भाग से पेड़ों को काट दिया जाता है और बाँध निर्माण के पश्चात् जंगलों का बड़ा भाग जलमग्न हो जाता है। साथ ही बाँधों के कारण पारिस्थितिक संतुलन पर प्रभाव पड़ता है और भूकंप व भू-स्खलन की संभावना निरंतर बनी रहती है। बाँधों के पीछे जलमग्न क्षेत्रों में जैव-विविधता नष्ट हो जाती है। औषधीय गुणों वाली, आर्थिक दृष्टि से महत्वपूर्ण, वनस्पति का भी ह्रास होता है। ऐसे में एक ही झटके में वर्षों की जन्मी जैव-विविधता नष्ट हो रही है।

विषय अध्ययन (CASE STUDY)

■ सरदार सरोवर बाँध परियोजना (वनों व आदिवासियों का उन्मूलन)

यह बाँध नर्मदा नदी पर स्थित है और गुजरात, महाराष्ट्र व मध्य प्रदेश में फैला हुआ है। हालाँकि इस बाँध का निर्माण सिंचाई के लिए जल, पेयजल व बिजली बनाने के लिए हुआ है, इसके कारण होने वाले पर्यावरणीय दुष्प्रभावों को नजरअंदाज नहीं किया जा सकता। इस परियोजना के अन्तर्गत 1,44,731 हैक्टेयर भूमि जलमग्न हो गई है जिसमें 56,547 हैक्टेयर भूमि पर वन थे। इस बाँध के पूरे होने से लगभग 573 गाँव डूब जाएँगे। नर्मदा सागर में 40,000 हैक्टेयर, सरदार सरोवर में 13,800 हैक्टेयर और ओंकारेश्वर में 2,500 हैक्टेयर भूमि पर खड़े वन डूब जाने के पश्चात् निकटवर्ती क्षेत्रों के वनों पर दबाव और भी बढ़ जाएगा। जलमग्न होने वाला क्षेत्र जैव-विविधता की दृष्टि से समृद्ध क्षेत्र है। चीता, तेंदुआ, भालू, भेड़िया, गीदड़, ऊदबिलाव आदि जानवर यहाँ बहुतायत में पाए जाते हैं। इनमें से बहुत-सी प्रजातियाँ वन्य जीव अधिनियम, 1972 की सूची में भी दर्ज हैं। इस परियोजना के अन्तर्गत वन्य जीवों की भारी संख्या में क्षति आंकी गई है। नई दिल्ली के एक संस्थान के आकलन के अनुसार नर्मदा घाटी परियोजना के अन्तर्गत लगभग 10 लाख लोगों का विस्थापन होगा जो विश्व बैंक के अनुसार अब तक का सबसे बड़ा विस्थापन होगा। इन क्षेत्रों के आदिवासी और जनजातियों का उनकी इच्छा के विरुद्ध दूर-दराज के क्षेत्रों में विस्थापन का प्रभाव उनकी जीवन-शैली पर भी पड़ेगा। विस्थापन का प्रभाव इनकी संस्कृति, विश्वास व धारणाओं, रीति-रिवाजों, त्यौहारों, गीतों और नृत्यों पर भी पड़ेगा जो पहाड़ों, नदियों और झरनों के साथ बंधे हुए हैं। अधिकतर आदिवासी, अनुसूचित जातियाँ और जनजातियाँ गरीब हैं और इन्हें एक स्थान से दूसरे स्थान पर भेजने का प्रभाव इनकी मानसिक स्थिति, शारीरिक क्षमता और व्यवसाय पर भी पड़ेगा। अतः, यह आवश्यक है कि परियोजना से संबंधित अधिकारी व सरकार इसे एक चुनौती और जिम्मेदारी के रूप में स्वीकार करें ताकि विस्थापित लोगों का जीवन सामान्य ढंग से चलता रहे।

2.2 जल संसाधन
(Water Resources)

इस धरती पर पानी ही एक ऐसा संसाधन है जिस पर समस्त जीवन आश्रित है। धरती का लगभग 97% भाग पानी से ढका है तथा प्राणियों के शरीर में एवं पौधों में 60 से 65% भाग पानी है। विश्व स्तर पर कुल जल संपदा लगभग 1404 लाख घन कि०मी० है जो अलग-अलग भौगोलिक स्थितियों के कारण विभिन्न मात्राओं में विद्यमान है। उष्ण कटिबंधीय वनों में सर्वाधिक वर्षा होती है जबकि 20°-40° उत्तर तथा दक्षिण में वर्षा बहुत कम होती है तथा विश्व के मरुस्थल यहीं पाये जाते हैं।

■ जल का प्रयोग एवं शोषण
(Water Use and Over-exploitation)

अपने विशेष लक्षणों के कारण जल जीवों के लिए कई प्रकार से उपयोगी है। जीवन के लिए पानी अति-आवश्यक है। जीवन की अधिकतर क्रियाएँ पानी में ही घटित होती हैं। उदाहरण के तौर पर पोषक तत्वों को प्राप्त करना, उनका शारीरिक भागों में वितरण, तापमान का नियन्त्रण तथा अपशिष्ट पदार्थों का शरीर से उत्सर्जन, सब पानी के माध्यम से ही संभव होते हैं।

लगभग सभी विकास कार्यों के लिए मानव जाति जल पर ही निर्भर रहती है। जल, पीने के लिए, सिंचाई के लिए, संवहन के लिए, धोने के लिए, उद्योगों से अपशिष्ट-निकास के लिए तथा अणु-बिजली कारखानों में प्रशीतन के लिए उपयोग में लाया जाता है। दूसरे शब्दों में जल इस धरा की जलवायु को नियंत्रित करता है तथा धरती को इसका स्वरूप प्रदान करता है।

मनुष्य द्वारा पानी का दोहन तथा उसका प्रयोग भूमिगत जल से तथा सतही जल दोनों से किया जाता है। जो जल खर्च होता है पर वापिस नहीं आता, उसे जल-व्यय कहते हैं। विश्व स्तर पर निकाले हुए जल के 60% भाग का उपयोग होता है। शेष वाष्पीकरण के द्वारा वायुमंडल में चला जाता है।

बढ़ती आबादी तथा विकास के कारण, पानी निकालने की माँग कई गुणा बढ़ गई है। इस प्रकार बहुत-सा जल मानव गतिविधियों के कारण प्रदूषित हो रहा है। विश्व में निकाले गए जल का 70% भाग हम केवल कृषि में प्रयोग करते हैं जबकि कुवैत जैसे देश में जहाँ पानी की कमी है, केवल 4% जल पौधों की सिंचाई में काम आता है। पानी का औसतन 25% भाग विश्व के उद्योगों में खर्च होता है। यूरोपीय देशों में यह दर 70% तथा कम-विकसित देशों में केवल 5% है। पानी के प्रतिव्यक्ति इस्तेमाल में भी बहुत विषमताएँ हैं। उत्तरी अमेरिका में एक चार सदस्यों का परिवार प्रतिवर्ष 1000 घन मी० पानी इस्तेमाल करता है जो बहुत से कम विकसित देशों की तुलना में कई गुणा अधिक है।

यूँ तो धरती पर जल पर्याप्त मात्रा में उपस्थित है फिर भी जल संसाधनों का संरक्षण अतिआवश्यक है। दरअसल विश्व के कुल जल भंडारों का 97% जल खारा है तथा केवल 3% जल ही ताजा जल है। ताजा जल की यह थोड़ी-सी मात्रा भी हमें पूर्णतया उपलब्ध नहीं है क्योंकि यह जल अधिकतर ध्रुवीय बर्फ के रूप में जमा हुआ है तथा केवल 0.003% ताजा जल ही हमें भूमिगत जल एवं सतही अवस्था में उपलब्ध है।

सिंचाई, घरेलू कार्यों तथा पीने के लिए जल के अधिक इस्तेमाल ने भूमिगत जल को कम कर दिया है जिसके कारण बहुत से क्षेत्रों में जल-स्तर (Water level) नीचे चला गया है तथा कुएँ सूख गए हैं। भूमिगत पानी के स्रोतों को प्रदूषण के कारण इतनी क्षति पहुँची है कि इनका पानी इस्तेमाल के योग्य नहीं रहा।

चिरकाल से नदियों एवं बहते पानी का उपयोग जल-निकास के लिए किया जाता रहा है। अधिकतर सभ्यताओं की प्रगति एवं विकास नदियों के तटों पर ही हुए हैं परन्तु दुर्भाग्यवश यही प्रगति नदियों में प्रदूषण का कारण भी बनी है।

संयुक्त राष्ट्र संघ के 2002 के आँकड़ों के अनुसार कम से कम 101 अरब मनुष्यों को साफ पीने का पानी उपलब्ध नहीं है तथा 2.4 अरब लोगों के लिए कोई सफ़ाई व्यवस्था उपलब्ध नहीं है। बढ़ती हुई जनसंख्या तथा विकास पानी की माँग को और अधिक बढ़ा रहे हैं। अनुमान है कि सन् 2024 तक विश्व की आबादी का 2/3 भाग जल की कमी से पीड़ित होगा।

■ भूमिगत जल (Ground-water)

उपयोग योग्य कुल जल का 9.86% भाग भूमिगत जल के रूप में उपस्थित है। यह सतही जल से 35-50 गुणा अधिक है। कुछ समय पूर्व तक इस भूमिगत जल को शुद्ध समझा जाता था। परन्तु अब तो भूमिगत स्रोत भी भू-भरण (Sanitary landfills) के स्राव से प्रदूषित होने लगा है।

भूमि के नीचे तलछट एवं कंकरों की वह तह जो पारगम्य (porous) होती है तथा जिसके भीतर पानी रहता है अथवा बहता है, उसे **भूमिगत स्रोत** (aquifers) कहा जाता है। रेत एवं रोड़ी की तहें अच्छे जल-झरने बनाती हैं जबकि चिकनी मिट्टी एवं पथरीली तहें अधिक छिद्रल नहीं होतीं। भूमिगत जल-झरने दो प्रकार के होते हैं-

- **असीमित (Unconfined) जल-झरने**-जो जलस्रोत पारगम्य (permeable) एवं छिद्रल (porous) परतों वाली चट्टानों के बीच विद्यमान होते हैं इनमें वर्षा और पिघलते हुए बर्फ का पानी रिसकर आता रहता है।
- **सीमित (Confined) जल-झरने**-ऐसे जल-झरने दो सख्त एवं अपारगम्य चट्टानों के बीच फँसे होते हैं। ये चट्टानें छिद्रल नहीं होतीं। ऐसे जल-झरनों में पानी केवल वहीं से रिसता है जहाँ ये भूमि के ऊपरी धरातल से मिलते हैं। कई बार तो पानी के रिसने का स्थान असली कुएँ से कई किलोमीटर की दूरी पर स्थित हो सकता है। चित्र 2.2 में इस भूमिगत जल-तन्त्र को दर्शाया गया

है। भूमिगत जल एक स्थान पर ठहरा नहीं होता बल्कि बहुत धीमी गति से एक वर्ष में लगभग एक मीटर की रफ्तार से बहता रहता है।

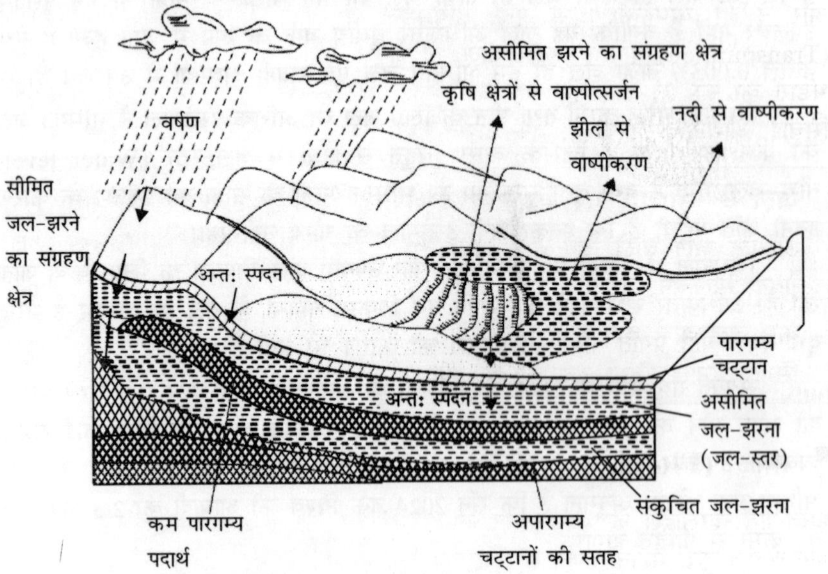

चित्र 2.2. भूमिगत जल-तन्त्र

भूजल के अधिक प्रयोग के प्रभाव (Effects of Groundwater Usage)

- **जमीन का धँसना**–जब भूमिगत पानी का निकास उसके रिसकर जमा होने की दर से अधिक होता है तो भूमि के नीचे धँसने की संभावना बनी रहती है। इस प्रक्रिया में ऊपर की धरातल नीचे बैठ जाती है। इसके परिणामस्वरूप इमारतों को हानि हो सकती है। इसके अलावा जल-नालियों का टूट जाना, मल-नालियों (sewers) एवं नहरों में विपरीत बहाव तथा ज्वारीय बाढ़ आदि की संभावना बढ़ जाती है।

- **जल स्तर का नीचे जाना**–शुष्क एवं अर्ध-शुष्क क्षेत्रों में सिंचाई के लिए जमीनी पानी के दोहन की दर अधिक है। परन्तु, जल का अधिक दोहन अच्छा नहीं समझा जाता, क्योंकि इससे आगामी समय में जल-स्तर के नीचे हो जाने के कारण कृषि को हानि पहुँच सकती है।

- **जल-प्लावन**–खारे भूजल द्वारा अधिक सिंचाई करने के फलस्वरूप जल-प्लावन तथा मृदा-लवणता जैसी चुनौतीपूर्ण स्थितियाँ उत्पन्न हो जाती हैं।

■ सतही जल (Surface Water)

वाष्पीकरण के द्वारा वर्षा एवं हिम के रूप में आने वाला जल जब भूमि में जज्ब नहीं होता और न ही वाष्पीकरण से पुनः वायुमंडल में जाता है या पौधों के प्रस्वेदन (Transpiration) द्वारा उड़ नहीं जाता, तो नदियों, झीलों, तालाबों, तराइयों और कृत्रिम भंडारों का रूप ले लेता है। यह जल सतही जल कहलाता है। यह जल अधिकतर सिंचाई, औद्योगिक क्रियाओं, जन-आपूर्ति तथा नौकायन के लिए इस्तेमाल होता है।

जल के आधार पर विभिन्न देशों की विषमता

अधिक जल वाले देश हैं : आइसलैंड, कनाडा, गियाना, पापुआ, निउगियाना, गैबन, सोलोमन, सुरीनाम, नार्वे, पनामा व ब्राजील।

कम जल वाले देश हैं : कुवैत, मिस्र, अरब देश, माल्टा, जार्डन, सऊदी अरब, सिंगापुर, मालदोविया, इज़राइल व ओमान।

■ बाढ़ (Floods)

भारत एवं बांग्लादेश जैसे कुछ देशों में वर्षा वर्षभर नहीं होती तथा इस वर्षा का 90% भाग केवल कुछ महीनों (जून से सितम्बर) तक ही सीमित रहता है। इस दौरान भारी वर्षा के कारण निचली भूमि एवं समुद्र-तटीय क्षेत्रों में बाढ़ आ जाती है। लगातार वर्षा से झीलें एवं नदियाँ बाहर बहने लगती हैं जिससे बाढ़ की स्थिति उत्पन्न होती है। पिछले दशकों में देखा गया है कि मानव-जनित कारणों से भी बाढ़ आने की दर में वृद्धि हुई है, जैसे वनों के कटने से, खनन से, औद्योगिकीकरण से तथा विश्व स्तर पर तापमान के बढ़ने से।

भारत तथा बांग्लादेश के कुछ भागों में तो बाढ़ एक नियमित घटना है जिससे प्रतिवर्ष जान-माल की भारी क्षति होती है। बाढ़ से नियमित प्रभावित होने वाले इन क्षेत्रों में बाढ़ के पानी को धान की फसल उगाने के लिए प्रयोग में लाया जाता है। यद्यपि इन क्षेत्रों के लोगों ने नियमित आने वाले बाढ़ के अनुसार स्वयं को ढाल लिया है, परन्तु, जब बाढ़ व तूफान एक भंयकर रूप ले लेते हैं तो आर्थिक नुकसान के साथ-साथ मनुष्य व पशु जीवन की भी भयंकर क्षति होती है जैसा कि हिमालय से बहकर आने वाले द्रुत गति के जल से बाढ़ आने पर 1970, 1988 व 1991 में हुआ। 1970 में करीब 10 लाख लोग बह गये जबकि 1991 में 1 लाख 40 हजार लोगों की बाढ़ से मृत्यु हो गई। बाढ़ व सूखे की समस्या से निपटने के लिए हमारे देश में राष्ट्रीय स्तर पर विभिन्न नदियों का जाल बनाने की संभावना पर कार्य चल रहा है।

■ सूखा (Droughts)

विश्व में 80% के लगभग देश ऐसे हैं जो शुष्क (arid) एवं अर्ध-शुष्क (semi-arid) भागों में स्थित हैं। ये देश सूखे के आक्रमणों से प्रभावित होते रहते हैं। सूखा वर्षभर का

भी पड़ सकता है। जब वार्षिक वर्षा वाष्पीकरण से कम होती है, तो सूखे की स्थिति उत्पन्न हो जाती है। यह एक विडम्बना है कि यही सूखा-पीड़ित क्षेत्र अधिक आबादी के क्षेत्र भी होते हैं। अधिक आबादी के चलते फसल उगाने, निवास बनाने, पशु चराने आदि की माँग भी अधिक होती है जिसके कारण भूमि का उपयोग भी सही ढंग से नहीं होता तथा स्थिति और अधिक बिगड़ जाती है।

सूखा एक मौसम विज्ञान सम्बंधी प्रक्रिया है, परन्तु, बहुत-सी मानवीय गतिविधियों, जैसे अतिचराई, वन-कटाई एवं खनन के कारण कई क्षेत्र मरुस्थलों में परिवर्तित होते जा रहे हैं जिससे सूखे की समस्या भी गंभीर होती जा रही है। भारत में पिछले बीस वर्षों की अवधि में मरुस्थलीकरण में बढ़ोतरी हुई है। इससे देश के और कई भाग सूखा प्रभावित क्षेत्र बन गए हैं।

इस समस्या के समाधान के लिए सूखा एवं मरुस्थलीकरण के स्थानीय ज्ञान से बहुत लाभ हो सकता है। सावधानीपूर्वक चुनी हुई मिली-जुली फसलों को उगाकर पैदावार में वृद्धि तो हो ही सकती है तथा इससे फसल के विफल होने का खतरा भी कम होता है। सूखे की समस्या के समाधान के लिए सामाजिक वानिकी (Social Forestry) तथा परती भूमि के विकास (wasteland development) से बहुत लाभ हो सकता है। परन्तु इसके लिए पारिस्थितिकीय आवश्यकताओं तथा प्राकृतिक क्रियाओं को समझना आवश्यक है नहीं तो इसका प्रभाव विपरीत भी हो सकता है। कर्नाटक का कोलार जिला सामाजिक वानिकी में विश्व बैंक की सहायता से अग्रणी है परन्तु इसके 11 जिलों में निरन्तर सूखा पड़ता है। यह इस कारण भी हो सकता है कि यहाँ वृक्षारोपण के लिए सफेदे का इस्तेमाल किया गया है और यह सब जानते हैं कि इस पेड़ में बहुत प्रस्वेदन (transpiration) होता है जिससे भूमि के जलस्तर में कमी आती है। इसी प्रकार महाराष्ट्र में कई सूखा-ग्रस्त क्षेत्र मरुस्थलीय क्षेत्रों में परिवर्तित हो चुके हैं क्योंकि इन क्षेत्रों में गन्ने की खेती की जाती है जिसके लिए प्रचुर मात्रा में पानी की आवश्यकता होती है। जल के अत्यधिक दोहन के कारण पिछले 30 वर्षों से यहाँ सूखे की स्थिति बनी हुई है जिसने मरुस्थल जैसी स्थिति पैदा कर दी है।

■ जल-विवाद (Conflicts Over Water))

जल की अनिवार्यता तथा इसके असमान वितरण ने बहुत से अन्तर्राज्यीय एवं अन्तर्राष्ट्रीय झगड़ों को उत्पन्न किया है। इनमें से प्रमुख जल-विवाद निम्नलिखित हैं :

- **मध्य-पूर्व में जल विवाद**–मध्य-पूर्व में तीन नदियाँ, जार्डन, टाइग्रिस-यूफ्रेट्स तथा नील, यहाँ के देशों के सम्मिलित जल स्रोत हैं। नील नदी के जल का 80% भाग इथोपिया के पास है तथा वह इसे और भी बढ़ाना चाहता है। सूडान भी इसके पानी को और अधिक लेना चाहता है। इन सबका मिस्र पर बहुत अधिक प्रभाव पड़ेगा क्योंकि इस देश में नील नदी के तटीय एवं डेल्टा की सिंचित फसल-पट्टी के अलावा अधिकतर भाग मरुस्थल हैं।

अगले बीस वर्षों में मिस्र की आबादी दुगुनी हो जाने की संभावना है जिससे जल संकट और भी बढ़ सकता है। इसी प्रकार जॉर्डन नदी के पानी को लेकर जॉर्डन, सीरिया, एवं इजराईल के बीच गंभीर जल-विवाद है।

तुर्की के पास पर्याप्त जल है और इस देश की योजना है कि टाइग्रिस-यूफ्रेट्स नदी पर 22 बाँध बनाकर जल-विद्युत की उत्पत्ति की जाए। परन्तु इससे निचले देशों सीरिया एवं इराक की ओर पानी का बहाव बहुत कम हो जाएगा। तुर्की का यह सपना है कि वह इस हिस्से की जलीय महाशक्ति बन जाए।

यह देश सऊदी अरब, कुवैत, सीरिया, इजराईल एवं जॉर्डन को पानी बेचना चाहता है। ऐसा लगता है कि मध्य-पूर्व में अगली जंग तेल के लिए नहीं अपितु पानी के लिए होगी।

- **सिन्धु जल-समझौता (Indus Water Treaty)**—बाँधों एवं बाँधों के निर्माण के कारण सिन्धु जो एक विशालकाय नदी है, समाप्त होती जा रही है। सन् 1932 में बने सक्कर बाँध, सन् 1958 में बने गुलाम मुहम्मद बाँध तथा सिन्धु की सहायक नदी झेलम पर तरबेला एवं चश्मा बाँध के कारण सिन्धु नदी बहुत संकुचित हो चुकी है।

सन् 1960 में भारत एवं पाकिस्तान के बीच सिन्धु जल समझौता हुआ था जिसमें यह तय हुआ कि सिन्धु, झेलम एवं चेनाब नदियाँ पाकिस्तान के हिस्से में आएँगी तथा सतलुज, व्यास एवं रावी नदियों पर भारत का अधिकार होगा। नदी-तटीय (riparian) देश होने के कारण भारत को अधिकार है कि इन नदियों पर भारत में स्थित किसी भी भाग पर वह बाँध निर्मित कर सके। परन्तु यह भी फैसला है कि उन तीन नदियों पर जो पाकिस्तान के हिस्से में हैं, भारत केवल ऐसा निर्माण कर सकता है जिसमें पानी का खर्च न हो और न ही इसके बहाव अथवा न ही इसकी गुणवत्ता में कोई बदलाव आए। अब दोनों देशों के सम्बन्धों में सुधार होने पर यह आशा की जाती है कि दोनों देश इन नदियों की तकनीकी एवं आर्थिक महत्ता को समझने का प्रयास करेंगे तथा इन नदियों के चिर-स्थाई विकास के लिए साझा कार्य करेंगे।

- **सतलुज-यमुना लिंक नहर विवाद (The Satluj Yamuna Link Dispute)** – हरियाणा एवं पंजाब के प्रान्तों में रावी एवं व्यास के पानी के वितरण तथा के मुद्दे को लेकर बहुत बहस होती रही है और अब यह मुद्दा उच्चतम न्यायालय में है। 1985 में इरादी ट्रिब्यूनल (Eradi Tribunal) ने इस जल के वितरण का फैसला पिछले 20 वर्षों (1960-1980) की बहाव की जानकारी के आधार पर किया था। इसके मुताबिक 17.17 MAF (Million Acre Feet) पानी ही उपलब्ध था। परन्तु अब पंजाब द्वारा यह दलील दी गई है कि इस बहाव में पिछले 17 वर्षों में कमी आई है तथा अब यह 14.34 MAF रह गया है। 15 जनवरी, 2002 को उच्चतम न्यायालय ने पंजाब को निर्देश दिए थे कि वह SYL नहर का एक वर्ष में निर्माण कर उसे

चालू करे। इसके न किए जाने पर केन्द्रीय सरकार यह निर्माण कार्य करवाएगी परन्तु अब 2 वर्ष से अधिक अवधि हो चुकी है और न तो SYL नहर का निर्माण हुआ है और न ही इस विवाद का अंत।

विवाद यह है कि पंजाब चूँकि इन नदियों का प्रदेश है, इस कारण उन पर उसका अधिकार है। परन्तु 1966 में जब हरियाणा पंजाब से अलग राज्य बना था तब से वह पानी की कमी से जूझ रहा है तथा किसी प्रकार उत्तर प्रदेश, राजस्थान एवं दिल्ली के प्रान्तों से समझौते कर यमुना के जल से इस कमी को पूरा करता आ रहा है। हाल ही में पंजाब ने एकतरफा निर्णय लिया है कि वह सतलुज-यमुना नहर का निर्माण नहीं करेगा। अब यह मामला पुनः सुप्रीम कोर्ट में जा पहुँचा है।

इन नदियों के जल के वितरण को लेकर जो विवाद है उसे अधिक समझ, वस्तुगत दृष्टि एवं बातचीत के जरिये सुलझाने की आवश्यकता है। जहाँ विभिन्न देशों व प्रान्तों के बीच जल को लेकर भीषण विवाद चलते रहते हैं, वहीं हमारे देश के कुछ सुदूर क्षेत्रों में पारम्परिक जल वितरण प्रणाली चल रही है जिसमें सिंचाई विभाग के अफसर नहीं, बल्कि स्थानीय लोग जल का प्रबंधन करते हैं। दक्षिण भारत में 'नीरकट्टी', महाराष्ट्र में 'हवलदार' तथा लद्दाख में 'चुरपुन' के नाम से पहचाने जाने वाले ये लोग उस स्थान की ढलान, जल के भंडार, लोगों की जरूरत आदि को ध्यान में रखते हुए जल का वितरण करते हैं। इस प्रणाली को अधिक प्रोत्साहन देने की आवश्यकता है।

■ बड़े बाँध – लाभ एवं समस्याएँ (Big Dams—Benefits and Problems)

बाँध- बड़े बाँध और नदी घाटी परियोजनाओं के बहुउद्देशीय उपयोग हैं और उन्हें 'आधुनिक भारत के मंदिर' के रूप में संदर्भित किया गया है। हालाँकि, ये विशाल जंगल क्षेत्रों के विनाश के लिए भी जिम्मेदार हैं। चित्र 2.3 बड़े बाँधों से जुड़े विभिन्न पहलुओं को दर्शाता हैं।

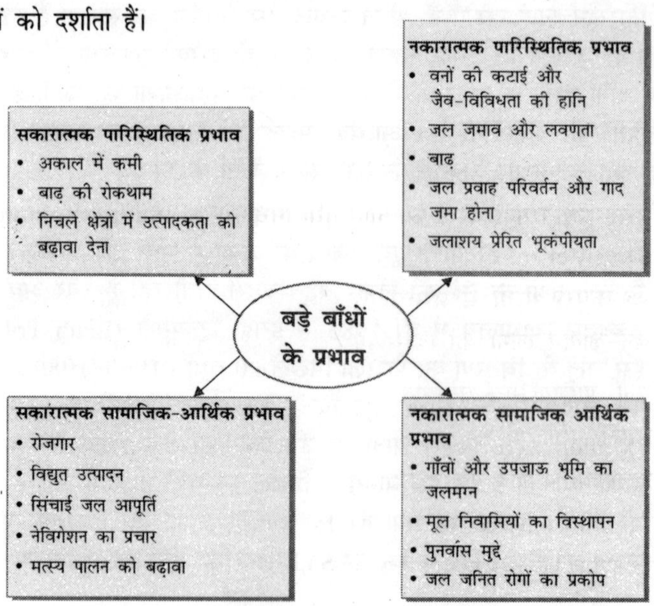

चित्र 2.3. बड़े बाँधों के प्रभाव

भारत में 1550 से भी अधिक बड़े बाँध हैं, जिनमें से अधिकतम महाराष्ट्र राज्य (600 से अधिक) में हैं, उसके बाद गुजरात (250 से अधिक) और मध्य प्रदेश (130)। सबसे ऊँचा टिहरी बाँध उत्तराखण्ड में भागीरथी नदी पर है और क्षमता के मामले में सबसे बड़ा हिमाचल प्रदेश में सतलुज नदी पर भाखड़ा बाँध है।

दुनियाभर में पर्यावरण समूह जो मुख्यरूप से कई पारिस्थितिक कारणों, जैसे वनों की कटाई, सामाजिक-आर्थिक समस्याओं से संबंधित समस्याओं सहित उनके साथ जुड़े आदिवासी या मूल लोगों के लिए बड़े बाँधों पर विशेष ध्यान देते रहे हैं। द साइलेंट वैली जलविद्युत परियोजना पश्चिमी घाट का उष्ण-कटिबंधीय वर्षा वन क्षेत्र में स्थित पहली ऐसी परियोजनाओं में से एक थी जिसने लोगों के ध्यान को बहुत आकर्षित किया। पारिस्थितिक क्षति के खिलाफ धर्मयुद्ध और टिहरी बाँध के कारण हुई। वनों की कटाई का नेतृत्व चिपको आंदोलन के नेता श्री सुंदरलाल बहुगुणा ने किया। इसी तरह पर्यावरण कार्यकर्ता मेधा पाटकर ने सरदार सरोवर संबंधित मुद्दों को उठाया। अरुंधति रॉय और बाबा आमटे भी इसमें शामिल हुए।

लाभ : अपने बहुमुखी उपयोग के कारण नदी-घाटी परियोजना एवं बड़े बाँधों का विकासीय गतिविधियों में बहुत योगदान रहा है। भारत को सबसे अधिक नदी-घाटी परियोजनाएँ होने का विशेष स्थान प्राप्त है। इन बाँधों को प्राय: राष्ट्रीय विकास का प्रतीक माना जाता है। इन स्थानों पर रहने वाले जन-जातीय लोगों को इन योजनाओं से काम मिलने एवं जीवन सुधार की बहुत आशाएँ रही हैं। इन बाँधों से असीम आर्थिक समृद्धि एवं विकास की संभावनाएँ जुड़ी हैं। ऐसे बाँध बाढ़ों एवं भुखमरी से छुटकारा दिला सकते हैं, बिजली पैदा कर सकते हैं तथा नौकायन एवं मछली उद्योग को बढ़ावा दे सकते हैं।

■ पर्यावरणीय समस्याएँ (Environmental Problems)

बड़े बाँधों के पर्यावरणीय प्रभाव भी कम नहीं हैं जिनके कारण ये हमेशा वाद-विवाद का विषय रहे हैं। यह प्रभाव नदी के ऊपरी भाग तथा निचले भाग, दोनों स्थानों पर हो सकते हैं।

नदी के ऊपरी भागों में प्रभाव–

(1) जन-जातीय लोगों का विस्थापन

(2) वनों, प्राणियों एवं वनस्पति का नष्ट होना

(3) मछली-संग्रह में बदलाव तथा अंडे देने के स्थान का बदलाव

(4) जलाशयों में गाद एवं तलछट भरना

(5) गैर-वनीय भूमि की हानि

(6) जलाशयों के निकट पानी का सड़ना तथा भूमि का जलाक्रान्त होना

(7) रोगवाहकों की उत्पत्ति तथा रोगवाहकों द्वारा मलेरिया जैसे रोगों का फैलना

(8) जलाशयों के एक ही स्थान पर अत्यधिक भार के कारण भूकम्पीय संभावनाएँ

(9) खरपतवारों (Weeds) की उत्पत्ति

(10) जलवायु बदलाव

नदी के निचले भागों में प्रभाव–

(1) सिंचाई के कारण भूमि का जलाक्रान्त एवं खारा होना

(2) जलवायु बदलाव

(3) जल-बहाव का कम होना तथा नदियों में मिट्टी भरना

(4) अकस्मात् बाढ़ें आना

(5) नदियों के मुखों से खारे पानी का भीतर आ जाना

(6) भूमि की उपजाऊ शक्ति का क्षीण हो जाना क्योंकि तलछट में शामिल होकर पोषक तत्व जलाशयों में एकत्रित हो जाते हैं

(7) रोगवाहकों द्वारा बीमारियों (जैसे मलेरिया) का फैलना

बड़े बाँध समाज के हित के लिए बनाए जाते हैं जिनसे बहुमुखी लाभ होते हैं परन्तु इनके कुछ गंभीर प्रभाव भी होते हैं। इस कारण अब बड़े बाँधों की बजाय छोटे बाँधों तथा लघु-जल परियोजनाओं का चलन बढ़ने लगा है

2.3 खनिज संसाधन
(Mineral Resources)

खनिज प्रकृति में उपस्थित ठोस पदार्थ हैं जिनके भौतिक लक्षण एवं रासायनिक विशेषताएँ निश्चित हैं। अधिकतर खनिज चट्टानों के रूप में पाए जाते हैं। ये खनिज सिलिकॉन, लोहा, मैग्नीशियम, कैल्शियम, एल्युमिनियम आदि के मिश्रण से बने हैं।

■ उपयोग एवं शोषण (Use and Exploitation)

खनिजों का उपयोग प्रतिदिन की गतिविधियों, घरेलू, कृषि-सम्बन्धी, औद्योगिक एवं व्यापारिक कार्यों में होता है। ये किसी भी राष्ट्र की अर्थव्यवस्था का एक आवश्यक भाग हैं। औद्योगिक खनिजों का मुख्यतः निम्नलिखित प्रकार से प्रयोग होता है-

(1) कारखानों एवं मशीनों का विकास।

(2) कोयला, भूरा कोयला (Lignite) एवं यूरेनियम द्वारा ऊर्जा की उत्पत्ति।

(3) घरों एवं इमारतों का निर्माण।

(4) शस्त्र आदि रक्षा उपकरणों का निर्माण।

(5) परिवहन के साधन।

(6) संचार सम्बन्धी वस्तुएँ, टेलीफोन के तार, बिजली की तारें तथा विद्युतीय संसाधनों का बनाना।

(7) आयुर्वेदिक औषधियों में उपयोग।

(8) कई कार्यों में प्रयुक्त होने वाली मिश्रित धातुओं (Alloys) का निर्माण।

(9) कृषि में खाद के रूप में तथा बीजों को सुरक्षित रखने के लिए फफूंदी मार के तौर पर उपयोग (जैसे पारा, जस्ता एवं मैंगनीजयुक्त रसायन)।

(10) गहने बनाने में जैसे सोने, चाँदी, प्लेटिनम एवं हीरे का इस्तेमाल।

लक्षणों के आधार पर खनिज मूलतः दो प्रकार के हैं-

(1) **अधातु खनिज** (Non-metal minerals) जैसे-ग्रेफाइट, हीरा, क्वार्ट्ज एवं फैल्डस्पार।

(2) **धातु खनिज** (Metallic minerals) जैसे-बॉक्साइट, लैटेराइट, हीमेटाइट आदि। मानव सभ्यता के प्रारम्भ से ही खनिज धातुओं का प्रयोग अति महत्वपूर्ण रहा है। इसी कारण दो युगों को 'कांस्य युग' व 'लौह युग' के नाम से ही जाना जाता है। धातुओं के भंडार तथा उनको निकालने की विधि पर विभिन्न देशों की आर्थिक स्थिति तथा राजनैतिक बल बहुत हद तक निर्भर करते हैं। इन धातुओं में से लोहा व स्टील सर्वाधिक महत्वपूर्ण हैं जो प्रतिवर्ष 74 करोड़ मीट्रिक टन की दर से इस्तेमाल होते हैं। इनके बाद मैंगनीज, ताँबा, क्रोमियम, एल्युमिनियम व निकिल धातुओं का महत्वपूर्ण स्थान है। कुछ

मुख्य धातु खनिजों एवं अधातु खनिजों के भंडार व उनके उपयोगों का वर्णन तालिका 2.1 तथा तालिका 2.2 में क्रमशः दिया गया है।

तालिका 2.1 : मुख्य धातुओं के स्रोत एवं लाभ

धातु	विश्व के मुख्य स्रोत वाले देश	मुख्य लाभ
ऐल्युमिनियम	आस्ट्रेलिया, गिनी, जमैका	खाना पैक करने हेतु, बर्तन निर्माण, परिवहन तथा इलेक्ट्रॉनिक्स में उपयोग.
क्रोमियम	सी०आई०एस०, दक्षिणी अफ्रीका	सख्त स्टील बनाना, कपड़ा उद्योग तथा चमड़ा उद्योग में उपयोग
ताँबा	उत्तरी अमेरिकी, कनाडा, रूस, चिली, जाम्बिया।	बिजली सम्बन्धी वस्तुएँ, इलेक्ट्रॉनिक वस्तुएँ, इमारती एवं जहाजी निर्माण।
लोहा	सी०आई०एस०, दक्षिणी अमेरिका, कनाडा, उत्तरी अमेरिका।	भारी मशीनरी, स्टील तथा परिवहन में उपयोग
मैंगनीज	दक्षिणी अफ्रीका, सी०आई०एस०, ब्राजील, गैबन।	सख्त, ताप सहने वाली स्टील बनाने में उपयोग
प्लेटिनम समूह	दक्षिणी अफ्रीका, सी०आई०एस०।	मोटर वाहनों, इलेक्ट्रॉनिक एवं चिकित्सा शास्त्र में उपयोग
सोना	दक्षिणी अफ्रीका, कनाडा।	जेवर, इलेक्ट्रॉनिक, चिकित्सा शास्त्र तथा अंतरिक्ष विज्ञान में प्रयोग
सीसा	उत्तरी अमेरिका, सी०आई०एस०।	गैस, बैटरी, पेंट एवं सिक्का बनाने में प्रयोग
चाँदी	कनाडा, दक्षिणी अफ्रीका, मैक्सिको।	फोटोग्राफी, इलेक्ट्रॉनिक्स, जेवर आदि में प्रयोग
निकिल	सी०आई०एस०, कनाडा, न्यू केलेडोनिया।	रासायनिक उद्योग, मिश्रित धातु बनाने में उपयोग

* सी०आई०एस० (कॉमनवेल्थ ऑफ इंडिपेंडेंट स्टेट्स) यानि पूर्व संयुक्त राज्य संघ रूस के 12 गणतन्त्र देशः

तालिका 2.2 : के कुछ अधातु खनिजों के मुख्य लाभ

अधातु खनिज	मुख्य उपयोग
सिलीकेट खनिज	इससे भवन निर्माण के लिए रेत एवं बजरी मिलती है। ईंटें एवं फर्श भी बनते हैं।
लाइम स्टोन (चूना)	कंक्रीट बनाने, इमारती पत्थर प्राप्त करने, कृषि में अम्लीय भूमि को ठीक करने तथा सीमेंट बनाने में उपयोग।
जिप्सम	प्लास्टर के लिए तथा कृषि में उपयोगी।
पोटाश, फास्फोराइट	रासायनिक खाद के लिए प्रयोग
सल्फर, पाइराइट	औषधियों के लिए, मोटर बैटरी के लिए तथा उद्योगों में उपयोग।

तालिका 2.1 से स्पष्ट है कि सी० आई० एस०, संयुक्त राज्य अमेरिका, कनाडा, दक्षिण अफ्रीका तथा ऑस्ट्रेलिया में ही विश्व के अधिकांश धातु भंडार विद्यमान हैं। ऊर्जा व धातुओं के विशाल भंडारों के कारण ही सं० रा० अमेरिका 200 वर्ष से भी कम समय में विश्व का सबसे धनी व शक्तिशाली देश बन गया। यहाँ जापान का उल्लेख करना भी आवश्यक है। यह एक ध्यान देने वाली बात है कि जापान के पास न तो कोई महत्वपूर्ण खनिज के भंडार हैं न ही लकड़ी, कोयला अथवा तेल के स्रोत। इन सभी संसाधनों के लिए यह दूसरे देशों पर निर्भर है। परन्तु तकनीकी उत्कृष्टता के द्वारा इस देश ने कच्चे पदार्थों को उत्तम पदार्थों में परिवर्तित करके अपने आर्थिक विकास को सुदृढ़ किया है।

■ खनिज दोहन के पर्यावरणीय प्रभाव तथा उपयोग (Environmental Impacts of Mineral Extraction and Use)

भूगर्भ अथवा समुद्रों में खनिज संपदा की सीमा का प्रश्न उतना महत्वपूर्ण नहीं है जितना कि इन खनिजों के निकालने एवं साफ करने की क्रियाओं के दौरान उत्पन्न होने वाले पर्यावरणीय प्रभावों का।

भारतीय परिदृश्य–भारत में कुल 84 खनिज निकाले जाते हैं जिनका वार्षिक मूल्य लगभग 50,000 करोड़ रु० है। यहाँ पर कम से कम उन 6 मुख्य खदानों का जिक्र आवश्यक है जो गंभीर समस्याएँ पैदा होने के कारण प्रसिद्ध हैं :

(1) **जादूगुडा यूरेनियम खान** (झारखंड) इससे स्थानीय लोग रेडियोधर्मी किरणों से प्रभावित हैं।

(2) **झरिया कोयला खान** (झारखंड) इस खान में भूमिगत आग लगने से भूमि दब गई, जिसके कारण बहुत बड़ी संख्या में लोगों को विस्थापित होने पर मजबूर होना पड़ा।

(3) **सुकिंदा क्रोमाइट खान** (उड़ीसा) इनसे रिसने वाला क्रोमियम नदी के जल में मिल गया जिससे गंभीर स्वास्थ्य समस्या उत्पन्न हुई। Cr^{6+} अति विषैला एवं कैंसर पैदा करने वाला पदार्थ है।

(4) **कुदरेमुख लौह-धातुक खान** (कर्नाटक) इससे नदी का प्रदूषण हुआ तथा जैव विवधता को खतरा उत्पन्न हुआ।

(5) **पूर्वी-तटीय बॉक्साइट खान** (उड़ीसा) इससे भूमि का अतिक्रमण हुआ तथा पुनर्वास की समस्या अभी तक बनी हुई है।

(6) **उत्तर-पूर्वी कोयला खान** (असम) इससे भूमिगत पानी का बहुतायत में गंधक द्वारा प्रदूषण हुआ।

खनन के प्रभाव–खनिजों को निकालने हेतु खनन आवश्यक है। इसके लिए या तो गहरे भंडारों से भूमिगत खनन होता है अथवा उथले भंडारों से सतही खनन। भूमिगत खनन अधिक खर्चीला भी होता है तथा इसमें व्यवसायिक जोखिम तथा दुर्घटनाएँ भी अधिक होती हैं। खनन के कारण पर्यावरण को कई प्रकार से क्षति होती है। चित्र 2.4 देखें।

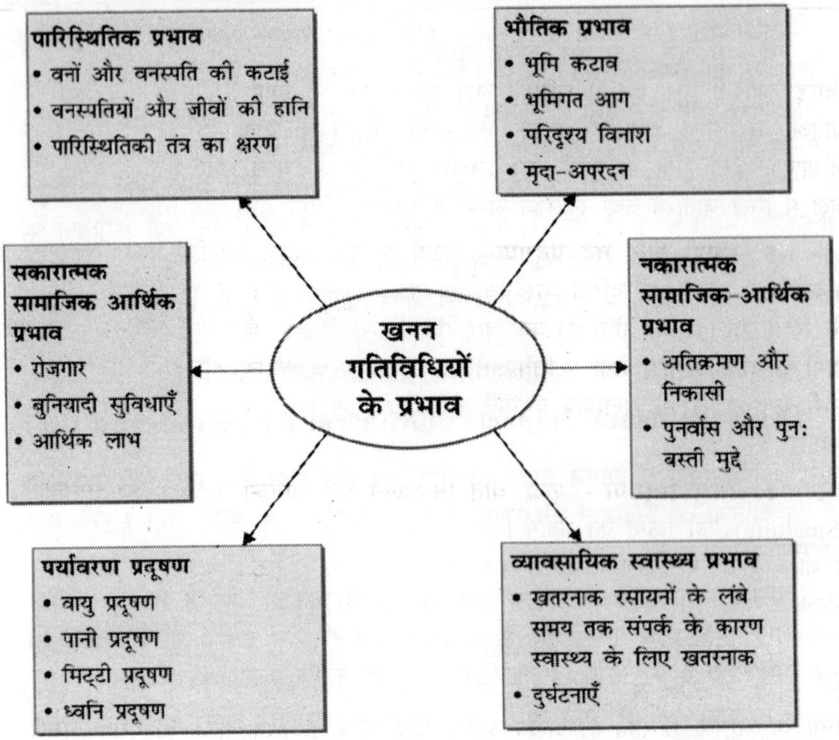

चित्र 2.4. खनन गतिविधियों के प्रभाव

1. भूतल एवं वनस्पति को क्षति– खनन वाले स्थान से भूमि की ऊपरी परत एवं वनस्पति को साफ कर दिया जाता है ताकि खनिज भंडार तक पहुँचा जा सके जबकि अधिक वन कटाई एवं वनस्पति विनाश से कई पारिस्थितिकीय नुक्सान होते हैं जो पिछले अध्याय में वर्णित किए गए थे। इससे भू-दृश्य भी बुरी तरह प्रभावित होता है। मलबे एवं कचरे के बड़े-बड़े टीले तथा भारी कटाव उस क्षेत्र के सौंदर्य सम्बन्धी मूल्यों को कम करते हैं। इनसे भूमि कटाव का खतरा भी बन जाता है।

2. जैव-विविधता का ह्रास– स्थलीय और पक्षी भोजन और आश्रय के लिए वनस्पति पर निर्भर करते हैं। खनन के कारण पेड़ों की कटाई उस वनस्पति को, जो उनकी छाया में निवास करती है, को प्रभावित करती है। हालाँकि उनका क्षेत्रफल वनों की कटाई कुल वन क्षेत्रों की तुलना में कम हो सकती है, फिर भी यह ऐसी प्रजातियों के विलुप्त होने का कारण हो सकता है जो अत्यधिक स्थानिक हैं।

पेड़ों को हटाने से मिट्टी ढीली हो जाएगी जो धुल जाने पर प्राप्त जल निकायों की पारिस्थितिकी को बदल सकता है, और जलीय जैव-विविधता पर प्रभावित हो सकता है।

3. भूमि का धँसना– इसका खनन से सीधा सम्बन्ध है। खनन के कारण भूमि के धँसने एवं खिसकने से इमारतें टेढ़ी हो जाती हैं, घरों की दीवारों में दरारें आ जाती हैं, सड़कें बैठ जाती हैं तथा गैस नालियों के लीक करने से गंभीर आपदाएँ उत्पन्न हो जाती हैं।

4. भूमिगत जल का दूषित होना– खनन से प्राकृतिक जल सम्बन्धी क्रम बिगड़ जाते हैं तथा इस से भूमिगत जल का प्रदूषण भी होता है। गंधक जो बहुत-सी धातुओं में मिला होता है, गंधक के तेजाब में बदल जाता है। यह क्रिया सूक्ष्म जीवाणुओं द्वारा होती है। इससे जल अम्लीय हो जाता है। कुछ भारी धातुएँ भी भूमिगत जल में मिल जाती हैं तथा स्वास्थ्य सम्बन्धी समस्याओं को जन्म देती हैं।

5. सतही जल का प्रदूषण– खानों से आने वाला अम्लीय स्राव निकटवर्ती नदियों एवं झीलों को दूषित कर देता है। यह अम्लीय जल बहुत से जलीय जीवों के लिए हानिकारक होता है। कई बार रेडियोधर्मी पदार्थों, जैसे यूरेनियम से भी यह पानी दूषिंत होता है। खानों से निकलने वाला ऐसा स्राव जलीय जीवों को मार देता है। भारी धातुओं से भी जलाशय प्रदूषित होते हैं जिससे मानव स्वास्थ्य के लिए खतरा पैदा हो जाता है।

6. वायु प्रदूषण– शुद्ध धातु निकालने हेतु धातुओं (ores) को पिघलाने (Smelting) की क्रिया का प्रयोग किया जाता है। इससे भारी मात्रा में प्रदूषक निकलते हैं जो वायु में मिल जाते हैं। इससे न केवल आस-पास के पेड़-पौधों को हानि होती है, बल्कि इसके गंभीर स्वास्थ्य-सम्बन्धी परिणाम होते हैं।

7. व्यवसाय सम्बन्धी स्वास्थ्य समस्याएँ – खनन में लगे लोगों को प्राय: सांस एवं त्वचा के रोगों से पीड़ित पाया गया है क्योंकि ये लगातार निकलने वाले विषैले तत्वों के सम्पर्क में रहते हैं। अलग-अलग खानों में काम करने वालों को ऐसबैस्टोसिस, सिलिकोसिस, फाइबरोसिस एवं काले फेफड़ों के रोग होते रहते हैं।

हमारे उद्योगों में खनन में कार्य कर रहे कर्मियों की सुरक्षा का प्रश्न प्राथमिकता नहीं रखता। आँकड़ों के अनुसार प्रति टन खनिज उत्पादन के लिए औसतन कम से कम 30 विकलांग कर देने वाली दुर्घटनाएँ होती हैं और प्रति 2.5 टन खनिज उत्पादन के पीछे कम से कम एक मृत्यु होती है।

8. जनजातीय आबादी का विस्थापन– जनजातीय समुदाय और स्वदेशी लोग खनन क्षेत्रों से विस्थापित होने से त्रस्त हैं। उन्हें उनकी भूमि से हटा दिया जाता है जिस पर उनका पीढ़ियों से कब्जा होता है।

उन्हें जंगलों तक पहुँचने से भी वंचित कर दिया गया है। यह उनके पोषण और स्वास्थ्य को प्रभावित करता है। उनकी कृषि भूमि कम हो जाती है और बंजर भूमि बढ़ जाती है। ऐसे में उपजाऊ भूमि कम हो जाती है। यह न केवल लोगों के स्वास्थ्य को लेकिन चराई के खेतों के नुकसान के कारण उनके पालतू जानवरों को भी प्रभावित करता है। स्वदेशी समुदायों और जनजातीय लोगों को भी खदान स्थलों से जहरीले उत्सर्जन के लिए स्वास्थ्य संबंधी विशेष रूप से सांस की समस्याओं के कारण खतरों का सामना करना पड़ता है।

खनन के दुष्प्रभावों को कम करने के लिए यह आवश्यक है कि ऐसी खनन विधि एवं तकनीक अपनाई जाए जो पर्यावरण के अनुकूल हो। उदाहरण के तौर पर **थायोबैसिलस फेरौक्सिडेंस** जैसे बैक्टीरिया को लौह-सल्फाइड धातुक से सोना निकालने के लिए उपयोग में लाया जाता है। धातुओं को इस बैक्टीरिया से संचारित कर दिया जाता है। यह बैक्टीरिया मिश्रित अशुद्धताओं (जैसे गंधक) को अलग कर देते हैं। यह जैव वैज्ञानिक विधि बहुत सस्ती भी है तथा इससे पर्यावरण भी सुरक्षित बना रहता है।

खनन के पर्यावरणीय प्रभावों को और भी कम करने के लिए खोदी हुई खानों को स्थिर बनाकर, वहाँ आवश्यक वनस्पति उगाकर, वनस्पति समूह को पुनर्स्थापित किया जा सकता है। इसी प्रकार विषैले स्राव को हटाना तथा वायु में निकलकर जाने वाली अशुद्धताओं को भी एक सीमा तक रखने की जरूरत होती है।

• विषय अध्ययन (CASE STUDIES)

- **उदयपुर में खनन–** उदयपुर में लगभग 200 खुले केंद्र हैं जिनमें से आधे गैरकानूनी हैं तथा पत्थर के खनन से जुड़े हैं। इसमें सोपस्टोन, इमारती पत्थर, चट्टानी फास्फेट एवं डोलोमाइट पत्थर निकाले जाते हैं। 15000 हेक्टेयर में फैली इन खानों का पर्यावरण पर बहुत प्रभाव पड़ा है। भूमि की खुदाई के लिए प्रतिमास 150 टन विस्फोटकों का इस्तेमाल किया जाता है। खदानों से निकलने वाला मलबा, स्राव आदि जल को प्रदूषित करता है। मेटन खानों ने अहार नदी को बुरी तरह प्रदूषित किया है। इन खानों के इर्द-गिर्द जो पहाड़ियाँ हैं उन पर अब केवल कहीं-कहीं वनस्पति दिखाई देती है। यहाँ पहाड़ियों में भूमि कटाव बहुत अधिक है। खानों का गंदा पानी एक बड़े तालाब 'बगदारा' में चला जाता है। पानी की कमी के कारण लोग इसी पानी को सिंचाई के लिए इस्तेमाल करने पर मजबूर हैं।
- विस्फोट ने प्राणी समूहों पर भी प्रभाव डाला है। परिणामस्वरूप, बाघ, शेर, हिरण, खरगोश, लोमडी़, जंगली बिल्ली जैसे जानवर तथा पक्षी भी खनन क्षेत्र से गायब हो गए हैं।
- **अरावली के सरिस्का बाघ रिजर्व में खनन–**अरावली पर्वत शृंखला पश्चिमोत्तर में गुजरात, राजस्थान, हरियाणा तथा दिल्ली में करीब 692 किलोमीटर क्षेत्र में फैली हुई है। पर्वतों के ये क्षेत्र जैवविविधता व खनिज संसाधनों की दृष्टि से बहुत समृद्ध हैं। इन्हीं खनिजों के खनन के कारण आज सरिस्का बाघ रिजर्व में कई स्थानों पर भूमि बिल्कुल बंजर हो चुकी है तथा वहाँ की वन्य-संपदा को गंभीर क्षति पहुँची है। सुप्रीम कोर्ट ने 31 दिसम्बर 1991 में अरावली शृंखला को 'राष्ट्रीय धरोहर' का दर्जा देकर इसके संरक्षण के निर्देश दिये हैं। राजस्थान की एक गैर सरकारी संस्था 'तरुण भारत संघ' द्वारा दर्ज किये गए एक पी० आई० एल० मुकदमे के ऊपर कोर्ट द्वारा यह आदेश दिये गये हैं कि सरिस्का व अरावली में हर प्रकार की खनन प्रक्रिया को तुरन्त रोक दिया जाए। करीब 400 खानों को बंद किया गया है पर अब भी कई खानें गैरकानूनी ढंग से चल रहीं हैं।

- **नालगोंडा (आंध्र प्रदेश) में यूरेनियम का खनन**–झारखंड के जादुगुडा खानों में यूरेनियम के सीमित भंडार बचे होने के कारण भारतीय यूरेनियम कार्पोरेशन ने आंध्र प्रदेश के नालगोंडा जिले में स्थित लम्बापुर व पेदागट्ट गाँवों के यूरेनियम भंडारों का खनन करने का प्रस्ताव सरकार के समक्ष रखा है। अगले 20 वर्षों में 101 करोड़ टन यूरेनियम खोद निकालने की परियोजना ने गाँव वालों को रोजगार प्रदान करने का आश्वासन भी दिया है। परन्तु खेद का विषय यह माना जा रहा है कि इस परियोजना से जुड़े महत्वपूर्ण मुद्दों जैसे पीने के जल का रेडियोधर्मी यूरेनियम द्वारा प्रदूषण व स्वास्थ्य पर दुष्प्रभाव आदि का कोई उल्लेख इसमें नहीं किया गया। प्रस्तावित खानें ग्रामीण बस्तियों से मात्र 1 किलोमीटर की दूरी पर स्थित हैं, नागार्जुन सागर बाँध से 10 किलोमीटर की दूरी पर और हैदराबाद शहर के पीने के पानी वाले अक्कपल्ली रिजरवायर से केवल 4 किलोमीटर दूर हैं। इन खानों के अपशिष्टों में विद्यमान रेडियोधर्मी तत्वों का लोगों के स्वास्थ्य पर कितना दुष्प्रभाव पड़ सकता है, इसके बारे में कार्पोरेशन ने चुप्पी साध रखी है। येल्लुपुरम के राजीव गाँधी बाघ सैंक्चुअरी का भी 445 हेक्टेयर क्षेत्र इस खनन की चपेट में आ जायेगा। इस परियोजना के प्रस्ताव पर सरकारी स्तर पर जन-सुनवाई चल रही है।

2.4 खाद्य-संसाधन
(Food Resources)

विश्व में हजारों पौधे एवं प्राणी हैं जो खाने योग्य हैं पर उनमें से केवल तीन दर्जन के लगभग ही मानव के लिए खाद्य सामग्री का मुख्य स्रोत हैं। मुख्य खाद्यान्नों में गेहूँ, चावल, मक्का, आलू, जौ, जई, दालें, शकरकंद, गन्ना, ज्वार, बाजरा आदि करीब 20 फल, सब्जियाँ, मांस, मछली, अंडे व समुद्री भोजन शामिल हैं। लगभग 400 करोड़ लोगों का मुख्य भोजन गेहूँ व चावल है। संयुक्त राष्ट्र संघ की खाद्य एवं कृषि संस्था ने अनुमान लगाया है कि विश्व में औसत दर से, कम से कम 2500 कैलोरी भोजन प्रतिव्यक्ति प्रति दिन खाया जाता है। जिन लोगों को इस मात्रा के 90% से कम कैलोरी मिलती है उन्हें **अल्पपोषित** (Undernourished) कहा जाता है तथा जिन्हें 80% से कम कैलोरी उपलब्ध है, उन्हें **भीषण रूप से अल्पपोषित** कहा जाता है। इसके अलावा भोजन में प्रोटीन एवं खनिज तत्वों की आवश्यकता भी होती है। जब इन दोनों की कमी हो तो **कुपोषण** (Malnutrition) की स्थिति हो जाती है तथा परिणामस्वरूप कई रोग उत्पन्न हो जाते हैं जैसा कि तालिका 2.3 में दिखाया गया है।

तालिका 2.3 : अल्पपोषण के प्रभाव

पोषक तत्व का अभाव	स्वास्थ्य पर प्रभाव	रोगग्रस्तों की संख्या	प्रति वर्ष मृत्यु
प्रोटीन व कैलोरी	ठिंगनापन क्वाशियोरकर, मारास्मस रोग	750 से 10 लाख	1.5 से 2 करोड़
लोहा	रक्त-अल्पता	35 करोड़	7.5 लाख से 10 लाख
आयोडीन	गलगंठ (घेंगा)	15 करोड़	-
विटामिन ए	अंधापन	60 लाख	-

विश्व के प्रमुख खाद्य संसाधन इस प्रकार हैं-

प्रमुख फसलें गेहूँ, चावल और मक्का जिन पर मानव मुख्य भोजन के रूप में निर्भर करता है। लगभग 1600 मिलियन मीट्रिक टन ये तीन अनाज सालाना उगाए जाते हैं। मनुष्य द्वारा उपभोग की जाने वाली कैलौरी का लगभग 60 प्रतिशत पूरी दुनिया में, मुख्य रूप से विकासशील देश से आते हैं। गेहूँ और चावल ये दो फसलें, घास परिवार से संबंधित हैं।

पर्वतीय क्षेत्रों में आलू, जौ, जई और राई मुख्य खाना है। उत्तरी यूरोप और उत्तरी एशिया में अच्छी तरह से ठडी और नम जलवायु में ये फसलें उगती हैं।

अफ्रीका, अमेजोनिया और दक्षिण प्रशांत के गर्म, आर्द्र क्षेत्रों में शकरकंद, कसावा और अन्य कंदयुक्त भूमिगत फसल प्रधान भोजन है।

अफ्रीका के शुष्क क्षेत्रों और उस तरह के अन्य रेगिस्तानी क्षेत्रों जैसे राजस्थान में सूखा प्रतिरोधी ज्वार और बाजरा महत्वपूर्ण प्रधान खाद्य संसाधन हैं।

केला, आम, सेब, अंगूर जैसे कई प्रकार के फल, अनानास, एवोकैडो, लीची, नाशपाती, आलूबुखारा, खट्टे फल आदि विटामिन, खनिज, कार्बोहाइड्रेट और फाइबर का एक समृद्ध स्रोत हैं।

लगभग 20 प्रकार की सब्जियाँ (पत्तेदार और मांसल सहित) खनिजों और विटामिनों से भरपूर आम खाद्य संसाधन हैं।

दालों की लगभग 15 प्रजातियाँ प्रोटीन के समृद्ध स्रोत हैं।

लगभग छह स्तनधारी, दो प्रकार के घरेलू पक्षी, कुछ मछलियाँ प्रजातियाँ और आधा दर्जन समुद्री जानवर मनुष्यों द्वारा खाए जाने वाले भोजन से बहुसंख्यक हैं।

पशु खाद्य संसाधन प्रोटीन और वसा से भरपूर होते हैं। समुद्री भोजन और समुद्री मछली फॉस्फोरस से भरपूर होती है। विश्व में उत्पादित कुल मांस और दूध का लगभग 80 प्रतिशत भाग उत्तरी अमेरिका, यूरोप और जापान में रहने वाली लगभग 20 प्रतिशत आबादी द्वारा उपभोग किया जाता है।

जिस तरह हमारे खाद्यान्न उत्पादन को बढ़ावा देने के लिए 'हरित क्रांति' को बढ़ावा दिया गया था, 'नीली क्रांति' अधिक मछली, जलीय कृषि में शंख मछली, झींगा, कस्तूरी आदि उत्पादन के लिए शुरु की गई थी।

यद्यपि भारत प्रधान फसलों का तीसरा सबसे बड़ा उत्पादक है। एक अनुमानित 300 मिलियन भारतीय अभी भी कुपोषित हैं। हम संयुक्त राज्य अमेरिका की तुलना में केवल आधी जमीन रखते हैं, लेकिन आबादी को खिलाने के लिए लगभग 3 गुना है।

■ विश्व खाद्य समस्याएँ (World Food Problems)

पिछले पचास वर्षों में विश्व स्तर पर अनाज की पैदावार में तिगुनी वृद्धि हुई है, इससे प्रतिव्यक्ति पैदावार 50% के करीब बढ़ी है। परन्तु इसके साथ ही जनसंख्या भी इसी दर से बढ़ी है, खासतौर पर कम विकसित देशों में, यह खाद्य पैदावार से कहीं आगे बढ़ गई है। प्रतिवर्ष 40 लाख लोग, जिनमें से आधे 1-5 वर्ष के छोटे बच्चे होते हैं, अल्प पोषण एवं कुपोषण के कारण मर जाते हैं। इसका अर्थ यह हुआ, हर वर्ष खाद्य समस्या के कारण उतने व्यक्ति मृत्यु का ग्रास बन जाते हैं जितने कि दूसरे विश्व युद्ध के समय हिरोशिमा के ऊपर अणु बम के गिराने से मरे थे। ये चौंका देने वाले आँकड़े इस तथ्य की भी पुष्टि करते हैं कि हमारे लिए खाद्य उत्पादन को बढ़ाना तथा उसका ठीक वितरण तथा जनसंख्या पर नियंत्रण कितने अहम मुद्दे हैं। चाहे भारत मुख्य फसलों को पैदा करने वाला तीसरा सबसे बड़ा देश है, फिर भी कोई 300 लाख भारतीय अब भी अल्पपोषित हैं। भारत में अमेरीका के मुकाबले केवल आधी भूमि है, परन्तु इसकी जनसंख्या उस देश से तीन गुणा अधिक है। इसलिए खाद्य समस्याओं का जनसंख्या के साथ सीधा सम्बन्ध है।

मांस एवं दूध अधिकतर विकसित देशों जैसे उत्तरी अमेरिकी, यूरोप एवं जापान में ही उपयोग में लाए जाते हैं जो कुल खाद्य संपदा का 80% भाग है। विश्व आहार में प्रोटीन का लगभग 70 लाख मीट्रिक टन मछली एवं समुद्री भोजन से प्राप्त होता है। परन्तु अब यह तथ्य सामने आने लगा है कि हम पहले ही विश्व के समुद्रों से मछली पकड़ने की सतत सीमा को पार कर चुके हैं।

सन 1996 में विश्व खाद्य शिखर सम्मेलन में यह निर्णय लिया गया था कि 2015 तक अल्पपोषित लोगों की संख्या को आधी से कम करने के प्रयास हों। इसके बाद भी विश्व में 4.1 करोड़ लोग अल्पपोषित रह जाते हैं।

■ अति-चराई (Overgrazing)

अति-चराई का प्रभाव (Impacts of Overgrazing)– हमारे देश में मवेशी अथवा पशुधन का ग्रामीण जीवन में बड़ा महत्व है। विश्वभर में मवेशियों की संख्या में भारत अग्रणी है। मवेशियों की इतनी बड़ी संख्या के लिए खाद्य आहार चाहिए परन्तु चराई के क्षेत्र एवं चरागाह बहुत कम हैं। कई बार देखने में आया है कि मवेशी किसी एक घासंस्थल अथवा चरागाह पर इतना अधिक चराए जाते हैं जो उस भूमि की क्षमता से अधिक होता है। किसी भी तन्त्र की **वहन क्षमता** (Carrying capacity) वह है जिससे वह एक सीमा तक चिरस्थायी आधार पर अधिक से अधिक आबादी को वहन कर सकता है। परन्तु आमतौर पर पशु-चराई का दबाव इतना अधिक होता है कि चरागाहों की क्षमता को लाँघ जाता है तथा इन चरागाहों का चलते रहना संभव नहीं रहता। पर्यावरण की दृष्टि से अति-चराई के निम्नलिखित प्रभाव होते हैं–

1. **भूमि का ह्रास**– अतिचराई से भूमि के ऊपर की घास की परत हट जाती है जिससे नग्न भूमि सख्त हो जाती है तथा भूमि की क्रियाशील गहराई कम हो जाती है। पौधों की जड़ें नीचे नहीं जा पातीं तथा इन्हें पर्याप्त नमी भी नहीं मिल पाती। इस भूमि में जैविक चक्र भी धीमे हो जाते हैं क्योंकि ऊपरी परत में मलबा एवं कचरा उपलब्ध नहीं होता जो गल-सड़ सके। मृदा में ह्यूमस की मात्रा कम हो जाती है तथा अति-चराई के फलस्वरूप कार्बनिक पदार्थों से रहित, शुष्क, दबी हुई सख्त भूमि रह जाती है। पशुओं के पाँवों से दबने से भूमि अपनी छिद्रता खो देती है जिससे पानी नीचे नहीं जा पाता और अधिकतर पानी ऐसी भूमि से बाहर बह जाता है। अतः अति-चराई से कई ऐसे परिणाम निकलते हैं जिनसे भूमि संरचना, इसकी जलीय परिवहनता एवं उपजाऊ शक्ति में व्यवधान आ जाता है।

2. **भूमि कटाव**– पशुओं द्वारा अधिक चराई से भूमि पर पौधों का हरा आवरण लगभग हट जाता है। भूमि नग्न हो जाने से तेज वायु एवं वर्षा का प्रभाव बढ़ जाता है तथा भूमि कटाव की स्थिति में आ जाती है। घास की जड़ें भूमि को बाँधकर रखने का कार्य करती हैं। घास के हट जाने से भूमि ढीली हो जाती है तथा वायु एवं पानी के प्रभाव से मृदा अपरदन की दर बढ़ जाती है।

3. **लाभदायक प्रजातियों का नष्ट होना–** अति-चराई से घास-स्थल वनस्पति समूह पर बुरा असर पड़ता है तथा इनकी पुनरुत्पत्ति की क्षमता भी जाती रहती है। मूल चरागाहों में अच्छी पोषक घास एवं तृण होते हैं। जब इनमें पशुओं की अति-चराई होती है, तो वे जड़ें भी समाप्त हो जाती हैं जिनमें पुनरुत्पत्ति की क्षमता होती है। फिर इनके स्थान पर नई प्रजातियाँ उग आती हैं। ये प्रजातियाँ अधिक सहनशील व सख्त होती हैं परन्तु इनकी पोषकता कम होती है। कुछ पशु इन नई प्रजातियों पर भी चरते रहते हैं। अंत में सभी पोषक, रसदार चारा देने वाली प्रजातियाँ **डाईकैंथियम**, **सैंकरस**, **पैनिकम** व **हैटरोपोगोन** जैसे उत्तम श्रेणी के घास के स्थान पर न खाने योग्य तथा काँटेदार पौधे, जैसे **पार्थिनियम** (कांग्रेस घास), **लैंटाना** (Lantana)] **जैंथियम** आदि उग आते हैं। इन प्रजातियों में जड़ों द्वारा भूमि को बाँधे रखने की क्षमता भी कम होती है जिसके परिणामस्वरूप भूमि कटाव या मृदा अपरदन होता है।

अति-चराई के कारण अरुणाचल प्रदेश तथा मेघालय के विशाल क्षेत्रों में काँटेदार झाड़ियों एवं अपतृणों ने कब्जा कर लिया है जिनकी पोषकता न के बराबर है। जाहिर है कि अतिचराई से भूमि अपनी पुनरुत्पति की क्षमता खो देती है तथा अच्छी चरागाहों की भूमि एक ऐसे पारिस्थितिक तन्त्र में बदल जाती है जिस पर कम लाभप्रद कँटीली वनस्पति ही मिलती है।

■ कृषि तंत्रों के प्रभाव

इस धरती पर पहले पहल दूसरे प्राणियों की भाँति मानव भी केवल एक शिकारी एवं भोजन बटोरने वाला प्राणी ही था। 10,000 से 12,000 वर्ष पूर्व ही उसने पौधे उगाने आरम्भ किए तथा इस प्रकार कृषि को अपनाया। उस समय वह केवल **काटने एवं जलाने वाली खेती** (Slash and burn cultivation) अथवा **स्थानांतरण खेती** (Shifting Cultivation) ही किया करता था। ऐसी खेती इस समय भी भारत के उत्तर-पूर्वी पहाड़ी क्षेत्रों के जन-जातीय इलाकों में होती है। परन्तु कृषि के क्षेत्र में बहुत से वैज्ञानिक अनुसंधानों के साथ-साथ मूलभूत परिवर्तन आ गए हैं। आज की कृषि परम्परागत कृषि से बिल्कुल भिन्न है। यह नई खेती पैदावार की दृष्टि से तथा इसके पर्यावरणीय प्रभावों के तौर पर बहुत भिन्न है।

परम्परागत कृषि एवं इसके प्रभाव– परम्परागत कृषि एवं खेती के लिए कम स्थान, सीधे-सादे औजार, वर्षा का जल, जैविक खाद तथा फसलों का मिश्रण ही आवश्यक होते हैं। इसमें प्राकृतिक व्यवस्था के साथ बिना छेड़छाड़ किए कृषि की जाती है। इससे होने वाली पैदावार कम होती है। विश्व की लगभग आधी आबादी आज भी इस प्रकार की खेती पर आधारित है। इस प्रकार की कृषि के मुख्य प्रभाव निम्नलिखित हैं–

(*i*) **वनों की कटाई**-वनों के वृक्षों को काटने एवं जलाने से, खेती योग्य भूमि बनाने में तथा शीघ्र स्थानांतरण से वन-आवरण को हानि होती है।

(*ii*) **भूमि कटाव**–वन-आवरण के साफ करने से भूमि पर तेज हवा, वर्षा एवं तूफानों का सीधा असर होता है जिससे भूमि की ऊपरी उपजाऊ परत नष्ट हो जाती है।

(*iii*) **पोषक तत्वों की कमी हो जाना**– काटने एवं जलाने वाली खेती से भूमि के पोषक तत्व नष्ट हो जाते हैं, बचे हुए तत्व फसलें सोख लेती हैं तथा इस प्रकार भूमि बंजर हो जाती है। फिर खेती करने वाले उस स्थान को छोड़कर दूसरी जगह चले जाते हैं और वहाँ वनों के एक भाग को जलाकर खेती करते हैं।

■ आधुनिक कृषि एवं इसके प्रभाव

आधुनिक कृषि में बहुत-सा स्थान, नए एवं संशोधित बीज, फसल की सीमित किस्में, विकसित तकनीकी उपकरण, खाद, कीटनाशक दवाइयाँ तथा सिंचाई के लिए पानी इन सबका इस्तेमाल होता है। इससे खाद्य पैदावार बहुत अधिक बढ़ सकी है जिसका प्रमाण हरित क्रांति के रूप में सामने आया है। परन्तु, आधुनिक कृषि के कारण भी पर्यावरण पर कई प्रत्यक्ष एवं अप्रत्यक्ष प्रभाव पड़े हैं।

(*i*) अधिक उत्पादन देने वाली किस्मों से सम्बन्धित प्रभाव– अधिक उत्पादन देने वाली किस्मों से **एकल खेती** (Monoculture) को बढ़ावा मिलता है। एक ही आनुवंशिकीय प्रजाति बहुत बड़े क्षेत्रों में बोई जाती है। इसका नुकसान यह है कि ऐसे में किसी एक **रोगाणु** (Pathogen) का आक्रमण फसल को पूरी तरह नष्ट कर सकता है तथा ऐसे में रोग भी बहुत जल्दी फैलता है।

(*ii*) उर्वरक सम्बन्धी समस्याएँ– आधुनिक कृषि में काम आने वाले उर्वरकों में नाइट्रोजन, फॉस्फोरस एवं पोटैशियम (NPK) होते हैं जो जरूरी पोषक तत्व हैं। परन्तु, किसान द्वारा पैदावार बढ़ाने के विचार से इन खादों का ज्यादा इस्तेमाल सूक्ष्म पोषक तत्वों के संतुलन को बिगाड़ देता है। उदाहरण के तौर पर पंजाब एवं हरियाणा में रासायनिक खादों के अधिक उपयोग से भूमि में ज़िंक (जस्ता) जैसे सूक्ष्म पोषक तत्वों की कमी हो गई है। इससे भूमि की उर्वरा क्षमता कम हुई है।

(*iii*) नाइट्रेट प्रदूषण– नाइट्रोजन वाले रासायनिक खाद भूमिगत जल को दूषित कर देते हैं। नाइट्रेट की मात्रा जब 25 मिलीग्राम प्रति लीटर से अधिक हो जाए तो यह एक भीषण स्वास्थ्य समस्या बन सकती है। इससे **मैटहीमोग्लोबिनीमिया** रोग उत्पन्न होता है। यह रोग बच्चों को अधिक प्रभावित करता है तथा उनकी मृत्यु भी हो सकती है। यह समस्या डेनमार्क, फ्रांस, जर्मनी एवं नीदरलैंड में आम है। भारत के कुछ भागों में भी यह समस्या उभर कर सामने आई है।

- **यूट्रोफिकेशन अथवा अतिपोषण**–नाइट्रोजन तथा फॉस्फोरस खादों के अधिक इस्तेमाल से एक और समस्या खेतों में पैदा हो जाती है। यह भूमि सम्बन्धी न होकर जलाशयों एवं झीलों से सम्बन्धित है। इन खादों का एक बड़ा भाग वर्षा के पानी के साथ बहकर जलाशयों में चला जाता है। इससे जलाशयों में पोषक तत्व अधिक हो जाने से शैवाल एवं दूसरे जलीय जीव समूह की वृद्धि अधिक हो जाती है। इससे जलीय जीव समूह प्रभावित होते हैं तथा अंत में ऑक्सीजन-रहित स्थिति उत्पन्न हो जाती है जिसमें केवल रोगजनक अनाक्सीय बैक्टीरिया ही जीवित रह सकते हैं।

3. **कीटनाशक सम्बन्धी समस्याएँ**–कृषि में हज़ारों प्रकार के कीटनाशक रसायन इस्तेमाल किए जाते हैं। प्रथम श्रेणी के इन नाशकों में गंधक, अर्सेनिक, सीसा एवं पारा होते हैं। डी.डी.टी. जिसकी कीटनाशक क्षमता की खोज 1939 में पॉल म्युलर ने की थी, दूसरी श्रेणी का कीटनाशक है। 1940 के पश्चात् और भी नाशकों का इस्तेमाल होने लगा। चाहे इन रसायनों का हमारी फसलें बचाने में बहुत योगदान रहा है, इनके पर्यावरणीय प्रभावों को अनदेखा नहीं किया जा सकता।

- **कीटों (पीड़क जीवों) में प्रतिरक्षण (Resistance)**–कीटनाशकों के छिड़काव के बाद भी कुछ जन्तु बच जाते हैं जो फिर ऐसी संतानों को जन्म देते हैं जिनमें प्रतिरक्षण की क्षमता होती है। अब ऐसे कीटों की लगभग 20 प्रजातियाँ पाई जाती हैं जिनमें सभी प्रकार के जन्तु-नाशकों के लिए प्रतिरक्षण बन गया है। ऐसे पीड़क जन्तुओं को **महापीड़क जन्तु** (Super pest) कहा जाने लगा है।
- **अलक्षित (Non-target) जीवों का नाश**–बहुत से पीड़क जन्तु नाशक लक्ष्य जन्तुओं के साथ-साथ अलक्षित जीवों को भी मार देते हैं जिनमें से कई जीव हमारे लिए लाभदायक होते हैं।
- **जैविक आवर्धन (Biological magnification)**–अधिकतर कीटनाशक रासायनों का जैविक अपघटन नहीं होता तथा वे खाद्य-शृंखला के माध्यम से एकत्रित होते रहते हैं। इस क्रिया को जैविक आवर्धन कहा जाता है। मनुष्य खाद्य-शृंखला में ऊपरी स्तर पर आते हैं। इसलिए जैविक-आवर्धन के रूप में ये कीटनाशक पदार्थ अधिक मात्रा में मानव शरीर के अन्दर संग्रहित हो जाते हैं तथा बहुत हानिकारक सिद्ध होते हैं।

(*iv*) जलाक्रान्ति (Water logging)–अधिक उपज प्राप्त करने के लिए किसान फसलों की अधिक सिंचाई करते हैं जिससे जलाक्रान्ति की समस्या हो सकती है। पर्याप्त निकास न होने से भी पानी भूमि की परत के नीचे इकट्ठा होने लगता है तथा इस प्रकार निचले जलस्तर के साथ जा मिलता है। जलाक्रान्ति की दशा में भूमि के छिद्र पूरी तरह भर जाते हैं तथा भूमि में वायु की कमी हो जाती है। भूमि का जलस्तर ऊपर आ जाता है और पौधों की जड़ों को श्वसन के लिए पर्याप्त हवा नहीं मिल पाती। फसलें जलमग्न हो जाती हैं तथा फसल की उत्पादकता कम हो जाती है।

पंजाब एवं हरियाणा में कई क्षेत्रों में जलाक्रान्ति की स्थिति है। जल की उपलब्धता होने के कारण यहाँ के ट्यूबवैल के जल से फसलों की अधिकाधिक सिंचाई की गयी। इसी अति-उत्साह ने ही भूमि को जलाक्रान्त की समस्या दी है।

जलाक्रान्ति की समस्या को अति सिंचाई बंद करके, भूमि के नीचे के पानी का निकास करके तथा सफेदा जैसे पेड़ लगाकर हल किया जा सकता है जो भूजल को सुखाने में उपयोगी हैं।

(*v*) **लवणता की समस्या–** इस समय विश्व का एक-तिहाई खेती के योग्य क्षेत्र लवण से प्रभावित है। अनुमान है कि भारत में 7 लाख हैक्टेयर भूमि लवण से प्रभावित है जो लवणीय है अथवा शोरायुक्त है। लवणीय भूमि वह होती है जिसमें सोडियम क्लोराइड व सल्फेट, कैल्शियम क्लोराइड, मैगनीशियम क्लोराइड आदि लवण होते हैं। इन जमीनों की विद्युत चालकता 4 डेसी सीमन्स प्रति मीटर होती है। शोरायुक्त भूमि में सोडियम के कार्बोनेट एवं बाईकार्बोनेट होते हैं। इनकी pH प्राय: 8.0 से ऊपर होती है तथा एक्सचेंज होने वाली सोडियम की मात्रा 15 प्रतिशत से अधिक होती है। भूमि के लवणीकरण का एक मुख्य कारण अधिक सिंचाई है। विश्व की लगभग 20% कृषि भूमि को नहरी पानी एवं भूमिगत पानी से सींचा जाता है। इस पानी में घुले हुए लवण होते हैं। शुष्क जलवायु में सिंचाई का जल वाष्पीकरण से उड़ जाता है तथा भूमि की ऊपरी परत में लवण रह जाते हैं (चित्र 2.5)।

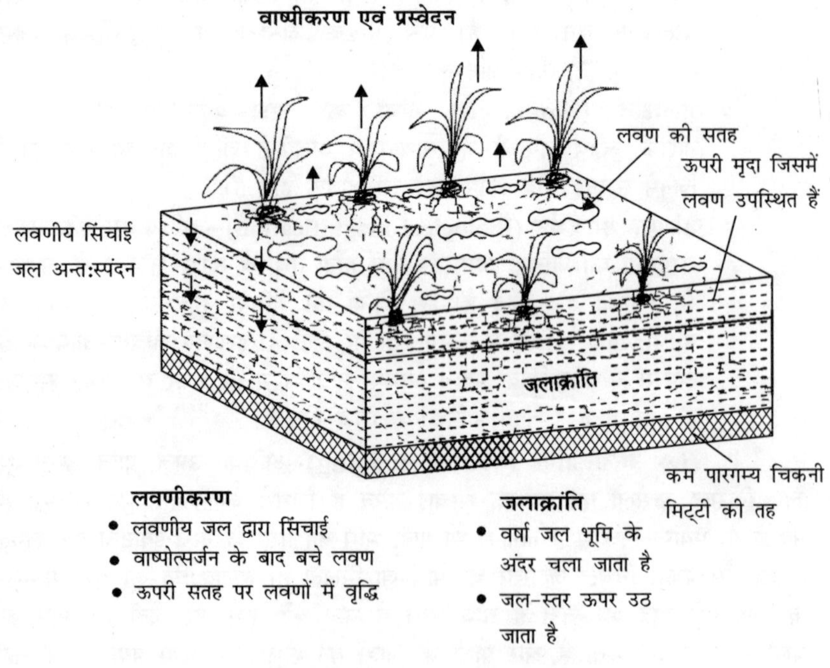

चित्र 2.5. लवणीकरण एवं जलाक्रान्ति।

हरियाणा में हजारों एकड़ भूमि क्षेत्र लवणता एवं क्षारता से प्रभावित है। लवणता के कारण पौधे छोटे रह जाते हैं तथा उत्पादकता कम हो जाती है। बहुत-सी फसलें तो लवणता को सहन ही नहीं करतीं।

लवणता के निवारण का एक आम उपाय यह है कि ऐसी भूमि को अच्छे साफ पानी से पूरी तरह धो दिया जाए। एक अन्य तरीका यह है कि भूमि के नीचे निकास नालियों का एक जाल-सा बिछा दिया जाए जिनमें नमक घुल-घुलकर नीचे निकलता रहे। हरियाणा में सांपला के स्थान पर केन्द्रीय मृदा लवणता अनुसंधान संस्थान, करनाल द्वारा इस भूमिगत निकास के प्रयोग किए गए हैं। हरियाणा में जरीफा-वीरां गाँव से जरीफा-आबाद तक इस तरीके की सफलता की कहानी है, जहाँ बंजर भूमि को उपजाऊ भूमि में बदला गया है।

2.5 ऊर्जा संसाधन
(Energy Resources)

ऊर्जा की खपत किसी भी देश के विकास का आईना होती है। यह इसलिए है कि लगभग सभी विकास कार्यों का आधार, प्रत्यक्ष अथवा अप्रत्यक्ष रूप से, ऊर्जा ही होती है। विश्व के विकसित एवं विकासशील देशों में प्रतिव्यक्ति ऊर्जा खपत में विशाल अंतर पाया जाता है।

बढ़ती हुई ऊर्जा माँग– अलग-अलग क्षेत्रों में विकास मूलरूप से ऊर्जा पर ही आधारित है। कृषि, उद्योग, खनन, परिवहन, प्रकाश, ठंडा एवं गर्म करना, सभी कार्यों के लिए ऊर्जा आवश्यक है। बढ़ती हुई आबादी की माँगों के साथ विश्व में ऊर्जा की कमी की समस्या सामने आ रही है। जीवाश्मी ईंधन (Fossil fuel) जैसे कोयला, तेल एवं प्राकृतिक गैस जो इस समय विश्व के ऊर्जा स्रोतों का 85% व्यापारिक भाग बनाते हैं, बहुत समय तक चलने वाले नहीं हैं। हमारी जीवन शैली भी बड़ी तेजी से बदल रही है। हम सीधे-सादे जीवन से समृद्ध एवं विलासप्रिय जीवन की ओर अग्रसर हैं। यदि आप अपने ही घर में बिजली उपकरणों की गिनती को देखें अथवा अपने इलाके में कारों एवं स्कूटरों की संख्या की ओर ध्यान दें तो आप जान पाएँगे कि केवल कुछ वर्षों में ही इन सबकी संख्या कई गुणा बढ़ चुकी है और इन सबको चलाने के लिए ऊर्जा ही खर्च होती है।

हमारी जीवन शैली और जीवन स्तर का ऊर्जा से बहुत निकट का सम्बन्ध है। चित्र 2.6 यह दिखाता है कि कैसे प्रतिव्यक्ति ऊर्जा खपत तथा कुल राष्ट्रीय उत्पादन (Gross National Production-GNP) में निकट सम्बन्ध है। संयुक्त राज्य अमेरिका, नार्वे,

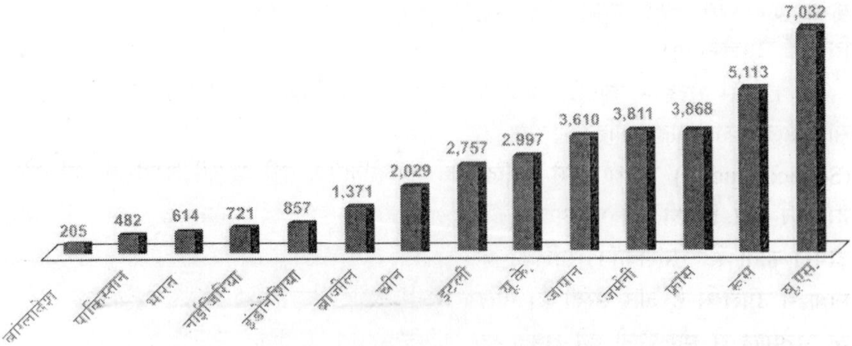

चित्र 2.6. प्रतिव्यक्ति ऊर्जा उपयोग–किलोग्राम तेल के बराबर (1kg तेल समतुल्य)= 11.63 kWh.) (स्रोत : विश्व बैंक, 2011)

स्विटजरलैंड, जो ऊँचे राष्ट्रीय उत्पादन वाले देश हैं, में ऊर्जा खपत की दर भी बहुत ऊँची हैं। दूसरी ओर भारत एवं चीन का कुल राष्ट्रीय उत्पादन कम है तथा यहाँ ऊर्जा खपत भी कम है। बेहरीन, कतार आदि तेल-समृद्ध देश हैं। अत: इनमें ऊर्जा खपत एवं GNP दोनों अधिक हैं, चाहे ये देश उतने विकसित नहीं भी हैं।

नवीकरणीय तथा अनवीकरणीय ऊर्जा स्त्रोत (Renewable and Non-Renewable Energy Sources)

ऊर्जा का स्रोत उसे कहा जाता है जिससे लम्बे समय तक उपयोगी रूप में पर्याप्त ऊर्जा मिलती रहे। ये स्रोत दो प्रकार के हो सकते हैं-

(1) नवीकरणीय ऊर्जा (Renewable Energy) स्रोत – ये वे स्रोत हैं जो प्रकृति में लगातार उत्पन्न किए जा सकते हैं और जो कभी समाप्त नहीं होते। उदाहरण के तौर पर लकड़ी, सूर्य-ऊर्जा, पवन-ऊर्जा, ज्वार-ऊर्जा, जल-ऊर्जा, जैव भार ऊर्जा (Biomass energy) जैविक ईंधन, भू-तापीय-ऊर्जा तथा हाइड्रोजन गैस। इन स्रोतों को गैर-परम्परागत (Non-conventional) ऊर्जा स्रोत भी कहा जाता है। इनका इस्तेमाल बार-बार एवं लगातार किया जा सकता है।

(2) अनवीकरणीय ऊर्जा (Non-renewable Energy) स्रोत – यह स्रोत समय के साथ वर्षों से एकत्रित होने से बने हैं तथा एक बार समाप्त होने के पश्चात इन्हें पुनर्स्थापित नहीं किया जा सकता। उदाहरण के लिए कोयला, पैट्रोलियम, प्राकृतिक गैस तथा आण्विक ईंधन जैसे यूरेनियम एवं थोरियम।

सौर-ऊर्जा – सूर्य हर प्रकार की ऊर्जा का मूलभूत स्रोत है। सूर्य के भीतर होने वाली नाभिकीय संलयन (Nuclear fusion) की क्रियाएँ ताप एवं प्रकाश के रूप में ऊर्जा की अपार मात्रा को छोड़ती रहती है।

पारंपरिक तौर पर हम सौर-ऊर्जा का इस्तेमाल कपड़े सुखाने, धान एवं अनाज सुखाने, खाद्य पदार्थों को सुरक्षित रखने तथा समुद्री पानी से नमक प्राप्त करने के लिए करते आए हैं। अब हमारे पास सौर ऊर्जा को उपयोग में लाने की बहुत-सी विधियाँ उपलब्ध हैं।

1. सौर सैल – जो सौर ऊर्जा को सीधे तौर से सैलों द्वारा विद्युत में बदल देते हैं। सौर सैलों को फोटो-वोल्टिक सैल (PV cells) भी कहते हैं। सौर सैल अर्धचालक (Semiconductor) पदार्थों जैसे सिलिकॉन एवं गेलियम, की पतली परतों से बने होते हैं। जब सौर-किरणें इन पर पड़ती हैं तो एक विद्युत दाब बन जाता है जिससे बिजली उत्पन्न होती है। सिलिकॉन सिलिका अथवा रेत से प्राप्त किया जा सकता है जो पर्याप्त मात्रा में उपलब्ध हैं और सस्ती हैं। गैलियम अर्सिनाईड, कैडमियम सल्फाईड अथवा बोरोन के इस्तेमाल से सौर सैलों की क्षमता को अधिक किया जा सकता है (चित्र 2.7 क)।

बहुत से सौर सैलों को मिलाकर सौर पैनल बनाया जाता है। एक सौर पैनल पर्याप्त मात्रा में सौर ऊर्जा संचय कर सकता है तथा इससे पैदा होने वाली बिजली गलियों में प्रकाश करने एवं सिंचाई के पम्प चलाने के लिए पर्याप्त हो सकती है। (चित्र 2.7 ख)

सौर सैलों का इस्तेमाल कैलकुलेटरों, इलैक्ट्रॉनिक घड़ियों, गलियों की बत्तियों, ट्रैफिक सिग्नलों एवं जल पम्पों में किया जाने लगा है। कृत्रिम उपग्रहों में भी विद्युत उत्पन्न करने के लिए सौर सैल ही काम में लाए जाते हैं। रेडियो एवं टेलिविजन चलाने के लिए भी ये इस्तेमाल होते हैं। सौर सैलों का इस्तेमाल प्रायः दूर-दराज स्थानों में होता है जहाँ परंपरागत बिजली उपलब्ध नहीं हो पाती।

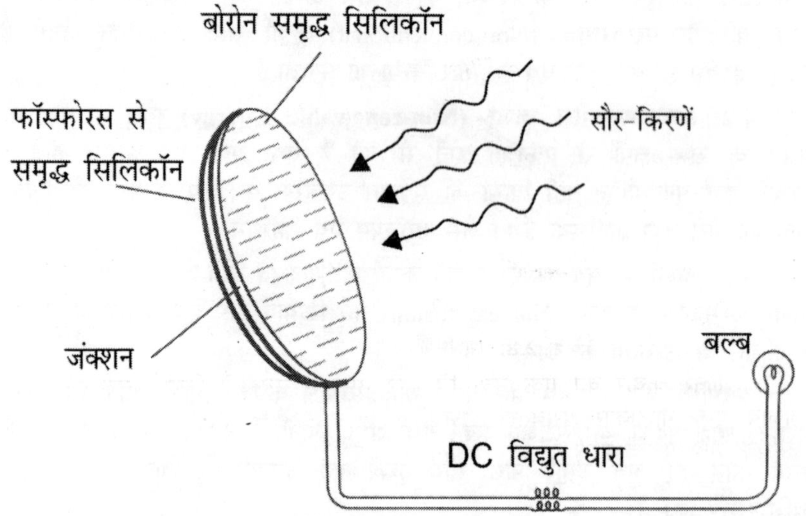

चित्र 2.7. सोलर सैल

2. सौर ऊर्जा संचयन यन्त्रों द्वारा – बहुत से प्राकृतिक पदार्थ जैसे पत्थर, ईंटें, काँच इत्यादि दिन में ऊष्मा को सोख लेते हैं तथा रात में इसे बाहर छोड़ते हैं।

क्रियाशील सौर ऊर्जा एकत्रित करने वाले यन्त्रों में ताप को सोखने वाले किसी माध्यम (जैसे वायु अथवा पानी) को पम्प करके एक छोटे ताप संचित करने वाले यन्त्र तक ले जाते हैं जो प्रायः किसी इमारत की छत पर रखा होता है। सौर जल-हीटर एवं सौर-कूकर ताप संचित करने वाले यन्त्रों के उदाहरण हैं।

3. सोलर कुकर – सोलर कुकर (चित्र 2.8 में दर्शाए अनुसार), दर्पण का उपयोग करके सौर विकिरणों को सीधे शीशे की शीट, जो ब्लैक इंसुलेटेड बॉक्स को कवर करती है और जिसके भीतर कच्चा भोजन होता है, पर सौर विकिरणों को परावर्तित कर ताप का उपयोग करता है।

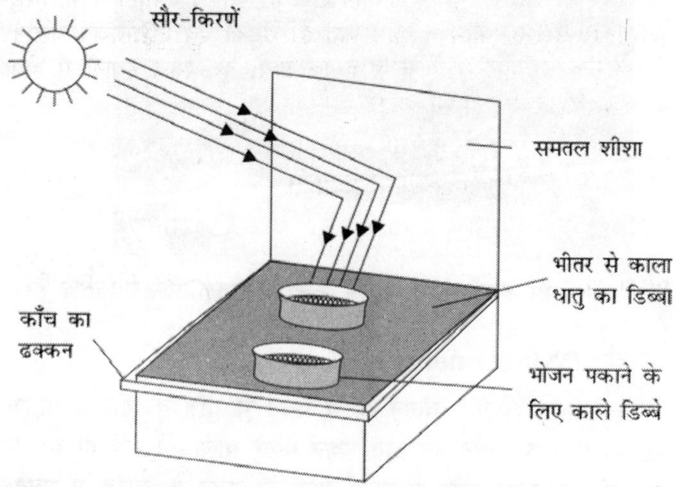

चित्र 2.8. साधारण डिब्बा रूपी सौर-कूकर।

शोलर कुकर का एक नया डिजाइन अब उपलब्ध है जिसमें समतल दर्पण के बजाय एक गोलाकार परावर्तक (अवतल या परवलयिक) दर्पण शामिल है जिसमें अधिक ताप प्रभाव होता है और इसलिए दक्षता अधिक होती है।

सोलर कुकर में खाना धीमा पका होने के कारण अधिक गर्म और पौष्टिक होता है। हालाँकि इसकी सीमा है कि इसका उपयोग रात में या बादल के दिनों में नहीं किया जा सकता है। इसके अलावा, कुकर की दिशा सूर्य की किरणों की दिशा के अनुसार समायोजित होनी चाहिए।

4. सोलर वॉटर हीटर – इसमें पेंट किया हुआ एक इंसुलेटेड अंदर से काला बॉक्स होता है और सौर प्राप्त करने और संग्रहित करने के लिए काँच का ढक्कन होता है। बॉक्स के अंदर इसमें काले रंग का ताँबे का पाइप होता है जिसके माध्यम से ठंडे पानी को प्रवाहित किया जाता है, जो गर्म हो जाता है और बाहर निकल जाता है। छत के ऊपर लगे भंडारण टैंक से गर्म पानी फिर पाइप के माध्यम से होटलों और अस्पतालों जैसे भवनों में आपूर्ति की जाती है।

5. सौर भट्टी – यहाँ हजारों छोटे समतल दर्पण जो अवतल परावर्तकों में व्यवस्थित होते हैं, जो सभी सौर ताप एकत्र करते हैं और 3000 डिग्री सेल्सियस के उच्च तापमान का उत्पादन करते हैं।

6. सौर ऊर्जा संयंत्र – सौर ऊर्जा का बड़े पैमाने पर उपयोग अवतल परावर्तकों का उपयोग करके किया जाता है जिससे पानी के उबलने पर भाप बनती है। भाप

टर्बाइन बिजली पैदा करने के लिए एक जनरेटर चलाती है। गुड़गाँव (हरियाणा) में सौर ऊर्जा संयंत्र (50 मेगावाट) क्षमता स्थापित किया गया है।

चित्र 2.9. सौर ऊर्जा संयंत्र जिसमें हजारों अवतल सौर परावर्तक हैं।

▪ पवन ऊर्जा (Wind Energy)

पवन ऊर्जा (Wind energy) तेज चलने वाली पवन में गति के कारण गतिज ऊर्जा (Kinetic energy) होती है। पवन को गति प्रदान करने वाला भी सूर्य ही है। इस पवन ऊर्जा को पवन चक्कियों द्वारा प्रयोग में लाया जाता है। पवन के दबाव से पवन चक्की के बड़े-बड़े पंखे घूमते हैं। पंखों के इस घुमाव द्वारा कई उपकरण चलते हैं, जैसे जल पम्प, आटा चक्की और विद्युत उत्पादन यन्त्र। बहुत-सी पवन चक्कियाँ यदि एक स्थान पर लगी हों तो उसे पवन फार्म (Wind farm) कहा जाता है। इनसे किसी उपयोगी ग्रिड को ऊर्जा प्रदान होती है जिससे अच्छी मात्रा में बिजली पैदा हो सकती है। पवन फार्मों के लिए समुद्रीतटीय इलाके खुली चरागाहें अथवा पहाड़ी क्षेत्र खासकर दर्रे और टीले बहुत उपयुक्त रहते हैं जहाँ पवन की गति तेज और निरन्तर होती है। एक पवन विद्युत यन्त्र को चलाने के लिए पवन की गति कम से कम 15 किलोमीटर प्रति घंटा होनी चाहिए।

हमारे देश में पवन ऊर्जा की क्षमता लगभग 20,000 मैगावाट आँकी गई है, जबकि अब तक हम इस ऊर्जा के केवल 1020 मैगावाट ही पैदा कर रहे हैं। हमारे देश का सबसे बड़ा पवन फार्म तमिलनाडु में कन्याकुमारी के निकट है जिससे 380 मैगावाट बिजली पैदा की जाती है।

पवन ऊर्जा बहुत लाभदायक है क्योंकि इससे कोई वायु प्रदूषण नहीं होता। शुरुआती व्यय के बाद, जो पवन फार्म लगाने में लगता है, पवन ऊर्जा बहुत ही सस्ती होती है। ऐसा विश्वास है कि इस शताब्दी के मध्य तक 10% से अधिक बिजली का उत्पादन पवन ऊर्जा से ही प्राप्त होगा।

चित्र 2.10. तमिलनाडु में बड़ी संख्या में पवन चक्कियों वाला एक पवन फार्म।

जल-ऊर्जा (Hydropower)

नदी में बहने वाले पानी को बाँध निर्माण से एक बड़े तालाब में इकट्ठा कर लिया जाता है तथा इसे एक ऊँचाई से नीचे गिराया जाता है। बाँध के निचले भाग में लगे टर्बाइनों के पंखे इस तेज पानी के बहाव से गति में आते हैं। यही टर्बाइन फिर विद्युत उत्पादकों को बिजली उत्पन्न करने के लिए चलाती हैं। हम छोटे एवं लघु जल विद्युत संयंत्र (Micro-hydroelectric plants) भी बना सकते हैं। पहाड़ी क्षेत्रों की नदियों पर ऐसे संयंत्रों का निर्माण करके छोटे स्तर पर बिजली पैदा की जा सकती है। छोटे संयंत्रों के लिए भी पानी कम से कम 10 मीटर की ऊँचाई से गिरना चाहिए। भारत में अनुमान है, कि लगभग 4×10^{11} किलोवाट प्रति घंटा जल विद्युत उत्पन्न करने की क्षमता है। अभी तक हमने इस क्षमता का केवल 11% ही उत्पादन किया है।

जल-ऊर्जा से प्रदूषण नहीं होता। यह ऊर्जा पुनर्स्थापित होने वाली है तथा आमतौर पर जल ऊर्जा परियोजनाएँ बहुआयामी होती हैं जिनका लाभ बाढ़ों की रोकथाम के लिए, सिंचाई के लिए एवं जलपरिवहन के लिए भी होता है। परन्तु बहुत बड़े बाँधों के अनेक पर्यावरणीय प्रभाव भी हैं जिनकी विस्तृत चर्चा पिछले अध्याय में की जा चुकी है।

ज्वार ऊर्जा (Hydropower)

समुद्री ज्वारीय लहरें, जो सूर्य एवं चन्द्रमा की गुरुत्वाकर्षण शक्ति के द्वारा पैदा होती हैं, अपने भीतर बहुत ऊर्जा लिए होती हैं। समुद्र की ऊँची लहरों (High tide) को ज्वार कहते हैं तथा नीची लहरों (Low tide) को भाटा। इस ज्वार-भाटा क्रिया में समुद्र का जल ऊपर उठता है। बिजली टर्बाइन चलाने के लिए ज्वार एवं भाटा के दौरान लहरों की ऊँचाई में कई मीटर के अंतर आवश्यक है। एक ज्वारीय बाँध बनाकर इस ज्वारीय ऊर्जा को प्रयोग में लाया जा सकता है। ज्वार ऊर्जा (High tide) में समुद्र का पानी बाँध के जलाशय में भर जाता है जिससे टर्बाइनों को चलाया जा सकता है तथा बिजली पैदा की जा सकती है चित्र 2.11 (क)। भाटा की स्थिति में जलाशय से पानी नीचे समुद्र की ओर बहता है तथा पुन: टर्बाइनों को चलाता है। (चित्र 2.11 (ख)

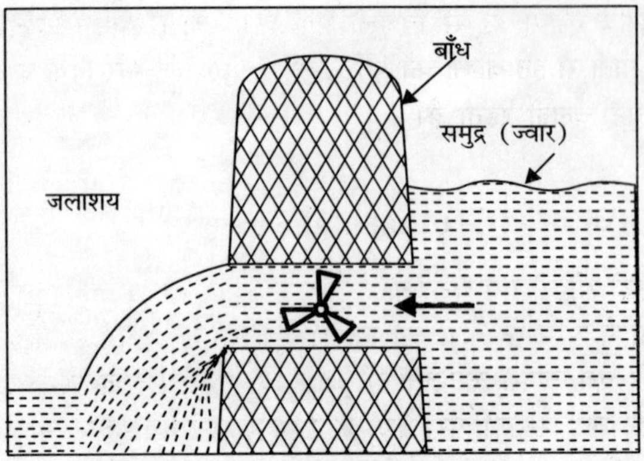

(क)

चित्र 2.11. (क) ज्वार की स्थिति में पानी जलाशय की ओर बहता और टर्बाइनों को घुमाता है।

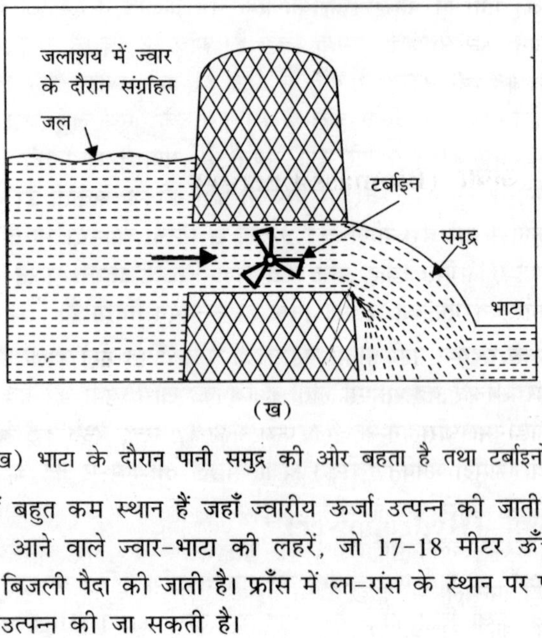

(ख)

चित्र 2.11. (ख) भाटा के दौरान पानी समुद्र की ओर बहता है तथा टर्बाइनों को घुमा है।

विश्व में बहुत कम स्थान हैं जहाँ ज्वारीय ऊर्जा उत्पन्न की जाती है। कनाडा के फंडी खाड़ी में आने वाले ज्वार-भाटा की लहरें, जो 17-18 मीटर ऊँची होती हैं, से 5000 मैगावाट बिजली पैदा की जाती है। फ्राँस में ला-रांस के स्थान पर पहली आधुनिक ज्वारीय शक्ति उत्पन्न की जा सकती है।

■ महासागरीय ताप ऊर्जा (Ocean Thermal Energy)

समुद्र की ऊपरी सतह तथा गहराई में जो ताप का अंतर होता है उसी से ताप ऊर्जा पैदा होती है। इस ऊर्जा के उत्पादन के लिए समुद्रीय सतह एवं गहराई में ताप का अंतर 20°C

के करीब होना चाहिए। समुद्र की ऊपरी सतह के ताप से अमोनिया जैसे द्रव्य को उबाला जाता है तथा इसके वाष्प ही से बिजली पैदा करने वाले टर्बाइन चलाए जाते हैं। फिर धरातल के ठंडे पानी से इन वाष्पों को पुनः द्रव्य में परिवर्तित कर दिया जाता है। इस प्रकार यह क्रिया 24 घंटे चलती रहती है।

■ भू-तापीय ऊर्जा (Geothermal Energy)

जो ऊर्जा धरती की भीतरी गर्म चट्टानों से निकाली जाती है उसे ही भू-तापीय ऊर्जा कहते हैं। बहुत से क्षेत्रों में भूमि के नीचे अधिक ताप वाले एवं अधिक भाप दबाव वाले स्थान होते हैं। यह ताप एवं ऊष्मा चट्टानों में विद्यमान रेडियोधर्मी तत्वों के टूटने (fission) से पैदा होती हैं। कई स्थानों पर जैसे कुल्लू के मनीकरन तथा हरियाणा के सोहना नामक स्थान पर भाप अथवा गर्म पानी के प्राकृतिक झरने के रूप में भू-तापीय ऊर्जा बाहर निकलती रहती है। परन्तु कई बार भाप एवं गर्म पानी को बाहर आने के लिए रास्ता नहीं मिलता। ऐसे में हम गर्म चट्टान तक छिद्र बनाकर तथा एक नाली लगाकर इस भाप एवं पानी को दबाव के साथ निकलने की व्यवस्था कर सकते हैं। इस जल एवं भाप की गति से ही टर्बाइन चलाए जा सकते हैं तथा बिजली पैदा की जा सकती है। संयुक्त राज्य अमेरिका तथा न्यूजीलैंड में कई ऐसी भू-तापीय चक्कियाँ हैं जो सफलता से कार्य कर रही हैं।

■ जैव भार ऊर्जा (Biomass Energy)

जैव भार वह कुल पदार्थ है जो पौधों एवं प्राणियों द्वारा उत्पन्न होता है। इसमें लकड़ी, फसलों के अवशेष, गोबर, खाद, मल, कृषि-अवशेष आदि होते हैं। जैव भार ऊर्जा निम्नलिखित प्रकार की होती है-

(अ) वनस्पति – प्रकाश संश्लेशण द्वारा हरे पौधे सौर ऊर्जा को सोखकर उसे जैव भार ऊर्जा में परिवर्तित करते रहते हैं। तेज बढ़ने वाले पेड़-पौधे, जैसे सेमल, पोपलर तथा सुबबूल, झाड़ीनुमा घास, गन्ने जैसी फसलें अथवा ज्वार, चुकंदर, जलीय पौधे जैसे जल सम्बुल तथा समुद्री अपतृण, कार्बोहाइड्रेट से भरे आलू एवं अनाज ऊर्जा देने वाली वनस्पतियाँ हैं। इनसे या तो सीधे जलाकर ऊर्जा प्राप्त की जा सकती है अथवा इनको संशोधित करके जलने वाली गैसें अथवा दूसरे ईंधन बनाए जा सकते हैं।

(ब) पैट्रो फसलें – कुछ पौधों में दूध (Latex) होता है, जैसे यूफोर्बिया, कैक्टस, जैट्रोफा आदि अथवा खजूर (Oil palm) जो हाइड्रोकार्बन से भरपूर होते हैं। इनसें एक तेल जैसा पदार्थ प्राप्त किया जाता है। इस तेल-पदार्थ को डीजल इंजनों में सीधे जलाया जा सकता है अथवा अधिक साफ करके गैसोलिन बनाया जा सकता है। ऐसे सभी पौधों को पैट्रों फसलें कहा जाता है।

(स) कृषि सम्बन्धी एवं शहरी अवशेष जैव भार – फसलों के अवशेष, छिलका, खोरी (गन्ने का अवशेष), नारियल के रेशे, मूँगफली के छिलके, कपास की डंडियाँ आदि ऐसे कृषि अवशेष हैं जिनको जलाकर ऊर्जा प्राप्त की जाती है। पशुओं का गोबर, मछलियों एवं मुर्गियों का अपशिष्ट तथा मानव मल आदि भी, जैव भार ऊर्जा के उदाहरण हैं। ब्राजील में 30% बिजली का उत्पादन गन्ने के छिलके को जलाकर किया जाता है। भारत के गाँवों में गोबर के उपले जलाकर ऊर्जा पैदा की जाती है। गाँव की 80% ताप ऊर्जा की माँग को कृषि अवशेष, लकड़ी एवं गोबर के उपलों से पूरा किया जाता है।

ग्रामीण इलाकों में जैव भार के इन अवशेषों को खुले चूल्हों में जलाया जाता है जिनसे धुआँ पैदा होता है। अब लम्बी चिमनी वाले चूल्हे बनाए गए हैं जो अधिक उपयोगी एवं धुआँ रहित होते हैं।

पौधों एवं प्राणियों के अवशेषों को जलाने से वायु प्रदूषपण होता है। इससे बहुत सी राख भी बाकी बची रह जाती है। गोबर जलाने से बहुत से पोषक तत्व जैसे नाइट्रोजन एवं फॉस्फोरस भी नष्ट हो जाते हैं। इसलिए अधिक लाभदायक यह है कि इस जैव भार को जैविक गैस (Biogas) अथवा जैविक ईंधन (Biofuel) में परिवर्तित कर लिया जाए।

■ जैविक गैस (Biogas)

जैविक गैस मीथेन, कार्बन डाईऑक्साइड, हाइड्रोजन एवं हाइड्रोजन सल्फाईड का मिश्रण होती है जिसमें सर्वाधिक मात्रा में मीथेन होती है। यह गैस प्राणि अपशिष्टों (कभी-कभी वनस्पति अवशेषों) के ऑक्सीजन रहित (Anaerobic) विघटन से उत्पन्न की जाती है। इस क्रिया में पानी भी इस्तेमाल होता है। ऑक्सीजन रहित विघटन बैक्टीरिया द्वारा होता है।

जैविक गैस प्रदूषण न फैलाने वाली, साफ एवं कम खर्चे वाली गैस है जो ग्रामीण क्षेत्रों में लाभदायक है जहाँ बहुत-सा पशु एवं वनस्पति अपशिष्ट उपलब्ध होता है। भारत में विश्व की सबसे बड़ी पशु संख्या है (240 लाख), इसलिए भारत में जैविक गैस की उत्पत्ति की क्षमता बहुत अधिक है। केवल पशु गोबर से हम प्रतिवर्ष 22,500 मेगा घन मीटर जैविक गैस पैदा कर सकते हैं। एक सामान्य परिवार की जरूरत एक 60 घन फुट के गोबर गैस प्लांट से पूरी हो सकती है।

जैविक गैस (Biogas) के निम्नलिखित लाभ हैं- यह साफ, प्रदूषण रहित एवं सस्ती है। प्लांट से गैस सीधी सप्लाई होती है तथा इसे संचित करने की समस्या नहीं होती। गोबर गैस प्लांट से बचने वाले कचर (Sludge) में सभी पोषक तत्व होते हैं तथा यह एक बहुत अच्छी खाद बनाता है। पशु अपशेषों के बंद एवं ऑक्सीजन रहित विघटन में स्वास्थ्य समस्या भी उत्पन्न नहीं होती जो गोबर के खुले इस्तेमाल में रोग फैलाने वाले कीटाणुओं एवं जीवों के कारण हो सकती है।

हमारे देश में दो प्रकार के जैविक गैस प्लांट इस्तेमाल किए जाते हैं-

1. तैरते टैंक वाले जैविक गैस प्लांट— इसका डाइजेस्टर टैंक भूमिगत होता है और गैस अपशिष्ट के ऊपर जमा होती रहती है। गैस बर्तन ऊपर-नीचे हो सकता है तथा इससे गैस की पाईप निकलती है जो एक वाल्व द्वारा नियन्त्रित होती है। डाइजेस्टर टैंक दो भागों में बंटा होता है। एक भाग में पाईप द्वारा गोबर, पानी इत्यादि का मिश्रण टैंक के अंदर आता है। दूसरे भाग से यही कचरा विघटन के पश्चात निकलता रहता है। (चित्र 2.12)।

कई बार जंग लगने से स्टील का गैस बर्तन लीक करने लगता है तथा गैस बाहर निकलने लगती है। इसलिए इस टैंक को बार-बार पेंट करते रहना पड़ता है। इससे इसकी सुरक्षा तो होती है परन्तु यह कार्य महँगा पड़ता है।

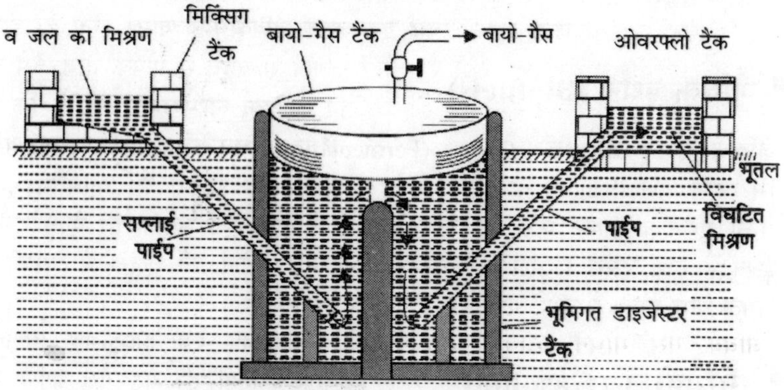

चित्र 2.12. तैरते गैस होल्डर वाला जैविक गैस प्लांट।

2. स्थाई गुंबद वाला जैविक गैस प्लांट – इसकी संरचना लगभग ऊपर वाले प्लांट जैसी ही होती है। फर्क केवल यह होता है कि स्टील के गैस बर्तन के स्थान पर ईंटों तथा सीमेंट से बना एक स्थाई गुंबद होता है। डाईजेस्टर टैंक में विभाजन के स्थान पर एक ही चैम्बर होता है। गोबर एवं जल को डालने और विघटित कचरे को निकालने के लिए अलग से व्यवस्था होती है जैसा कि चित्र 2.13 में दिखाया गया है। हमारा गैर-पारंपरिक ऊर्जा स्रोतों का मंत्रालय बायो-गैस प्रोग्राम को बढ़ावा दे रहा है। ग्रामीण क्षेत्रों में KVIC जनता मॉडल, दीनबन्धु मॉडल, प्रगति मॉडल, गणेश मॉडल आदि बायो-गैस के मॉडल प्रचलित हैं, पर अभी भी बायो-गैस (गोबर-गैस) को अधिक लोकप्रिय बनाने की आवश्यकता है।

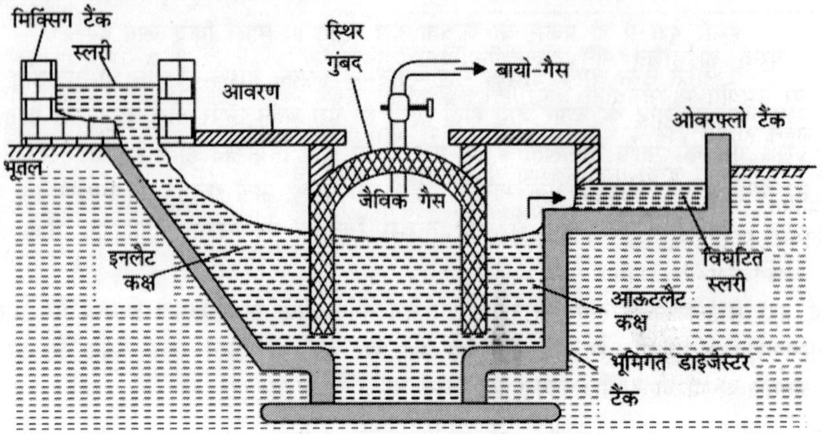

चित्र 2.13. स्थाई गुंबद वाला जैविक गैस प्लांट।

■ जैविक ईंधन (Biofuels)

जैविक ईंधन का किण्वीकरण (Fermentation) करके एथनॉल (Ethanol) एवं मिथेनॉल (Methanol) नामक एल्कोहल बनाए जा सकते हैं। कार्बोहाइड्रेट युक्त गन्ना ऐथेनॉल उत्पन्न करने के लिए उपयोग में लाया जा सकता है। ऐल्कोहल स्वच्छ ईंधन है तथा इससे प्रदूषण भी नहीं होता। परन्तु, पैट्रोल की तुलना में इसकी कैलोरी क्षमता कम होती है तथा ताप कम निकलता है।

■ गैसोहोल (Gasohol)

ब्राजील तथा जिम्बाब्वे में यह ईंधन कारों एवं बसों को चलाने के काम आता है। भारत में भी गैसोहोल का इस्तेमाल कुछ स्थानों पर (जैसे शुरू में कानपुर) करने की योजना बनाई जा रही है। गैसोहोल ऐथेनॉल एवं गैसोलिन अथवा पैट्रोल का मिश्रण होता है।

■ मैथेनॉल (Methanol)

यह भी लाभदायक है क्योंकि यह पैट्रोल, डीजल से कम ताप पर ज्वलनशील है। इस प्रकार भारी भरकम रेडियेटर के स्थान पर कारों में हल्के रेडियेटर काम कर सकते हैं। मैथेनोल भी एक साफ तथा प्रदूषण रहित ईंधन है। मैथेनॉल पेड़ों की लकड़ी से तथा ऐथेनॉल अनाज वाले अथवा शक्कर वाले पौधों से प्राप्त की जा सकती है।

हाईड्रोजन का ईंधन के तौर पर उपयोग – हाईड्रोजन वायु में ज्वलनशील है तथा इस क्रिया में ऑक्सीजन से मिलकर पानी बनाती है। इससे ऊर्जा (150 किलोजूल प्रति ग्राम) निकलती है। अपनी सर्वाधिक कैलोरी क्षमता के कारण हाईड्रोजन एक बहुत अच्छा ईंधन साबित हो सकती है। इसके अतिरिक्त, यह ईंधन प्रदूषण पैदा नहीं करता तथा इसे आसानी से उत्पन्न किया जा सकता है। हाईड्रोजन को पानी के ऊष्मीय विघटन, प्रकाशीय अपघटन अथवा विद्युत उपघटन से उत्पन्न किया जा सकता है।

परन्तु, हाईड्रोजन अति ज्वलनशील है तथा विस्फोटक है। इसीलिए इसके ईंधन के तौर पर उपयोग में सावधानी जरूरी है। इसे संचित करना तथा लाना-ले जाना भी कठिन है। बहुत हल्की होने से इसको बड़ी मात्रा में जमा रखना होता है।

आजकल द्रव्य की अवस्था में हाईड्रोजन अंतरिक्षयानों में इस्तेमाल की जाती है। पुनर्स्थापित न किए जाने वाले ऊर्जा स्रोतों में जीवाश्म ईंधन जैसे कोयला, पैट्रोलियम, प्राकृतिक गैस एवं आणविक ईंधन आते हैं।

कोयला– कार्बनिक युग में, कोई 255-350 लाख वर्ष पूर्व भूमि की गर्म तथा आर्द्र तहों में कोयले की उत्पत्ति हुई थी। नदियों के तटों वाले तथा दलदलों में स्थित प्राचीन पेड़ जब मरकर भूमि में दब गए थे तो ऊष्मा एवं दबाव के कारण ये लाखों वर्षों के अंतराल में पीट एवं कोयले में परिवर्तित हो गए। मुख्यत: कोयला तीन प्रकार का होता है—ऐंथ्रासाइट (सख्त कोयला), बिटुमिनस (नर्म कोयला) तथा लिगनाईट (भूरा कोयला)। ऐंथ्रासाइट कोयले में सबसे अधिक 90% कार्बन होता है तथा इसकी कैलोरिक क्षमता भी अधिक (8700 कि० कैलोरी प्रति कि०ग्राम) होती है। बिटुमिनस, लिगनाईट एवं पीट में क्रमश: 80, 70 एवं 60% कार्बन होता है। विश्व में कोयला सबसे अधिक पाया जाने वाला जीवाश्म ईंधन है। यदि इसी रफ्तार से कोयले का इस्तेमाल होता रहा तो कोयले के भंडार अगले 200 वर्षों तक चल सकते हैं तथा यदि इस दर में 2% प्रति वर्ष की वृद्धि होती है तो ये केवल 65 वर्षों में समाप्त हो सकते हैं।

भारत के पास विश्व का 5% कोयला है। भारतीय कोयला ऊष्मा उत्पन्न करने के लिहाज से बहुत अच्छा नहीं है। भारत में मुख्य कोयला क्षेत्र रानीगंज, झरिया, बोकारो, सिंगरौली, ताखर, चन्द्रवर्धा तथा गोदावरी तट के क्षेत्र हैं। भारत में झारखंड, उड़ीसा, पश्चिमी बंगाल, मध्य प्रदेश, आंध्रप्रदेश तथा महाराष्ट्र कोयला राज्य हैं।

जब कोयला जलाया जाता है तो कार्बन-डाईऑक्साईड उत्पन्न होती है जो एक ग्रीन-हाऊस गैस है और जिसकी भूमंडलीय तापमान-वृद्धि में मुख्य भूमिका है। कोयले के दहन से सल्फर डाई-ऑक्साईड एवं नाईट्रोजन के ऑक्साईड उत्पन्न होते हैं।

पैट्रोलियम– यह विश्व अर्थव्यवस्था का आधार है। विश्व के 13 देश ऐसे हैं जिनके पास पैट्रोलियम भंडारों का 67% भाग है। ये देश मिलकर OPEC (Organization of Petroleum Exporting Countries) नाम का संघ बनाते हैं। तेल के भंडार का एक-चौथाई भाग सऊदी अरब में स्थित है।

अगर पैट्रोलियम का उपयोग इसी दर से होता रहा तो विश्व के तेल भंडार केवल 40 वर्षों में समाप्त हो सकते हैं। परन्तु कुछ आशावादी लोगों का विचार है कि विश्व में और भी तेल के भंडार हैं जो अभी तक खोजे नहीं जा सके हैं। फिर भी यह भंडार 40 वर्ष तक ही चल सकते हैं। कच्चा पैट्रोलियम ऐल्केन हाईड्रोकार्बनों का एक जटिल मिश्रण

होता है। इसलिए इसे प्रभाजी आसवन (Fractional distillation) द्वारा शुद्ध किया जाता है। इस विधि से अलग-अलग तापमान पर इसके संघटक अलग हो जाते हैं। इससे हमें बहुत से पदार्थ प्राप्त होते हैं, जैसे पैट्रोलियम गैस, मिट्टी का तेल, पैट्रोल, डीजल, चिकनाई का तेल, पैराफिन मोम, ऐस्फाल्ट एवं प्लास्टिक आदि।

कोयले की तुलना में पैट्रोलियम एक साफ ईधन है। यह पूरी तरह ज्वलनशील है और कोई अवशेष नहीं छोड़ता। इसका परिवहन आसान है तथा इस्तेमाल करना भी। इसीलिए जीवाश्म ईंधनों में पैट्रोलियम को प्राथमिकता दी जाती है।

■ द्रवित पैट्रोलियम गैस (Liquid Petroleum Gas)

पैट्रोलियम गैस का मुख्य संघटक ब्यूटेन है तथा अन्य संघटक प्रोपेन एवं ईथेन है। पैट्रोलियम गैस को आसानी से दबाव डालकर द्रव्य रूप में परिवर्तित किया जा सकता है। इसको एल०पी०जी० कहा जाता है जो घरों में भोजन बनाने के लिए प्रयोग की जाती है। भारत में तेल क्षेत्र डिगबोई (असम), गुजरात के मैदान तथा मुम्बई-हाई और गोदावरी,
कृष्णा, कावेरी एवं महानदी नदियों के डेल्टा क्षेत्रों में पाए जाते हैं।

प्राकृतिक गैस (Natural Gas)—इसमें अधिकतर मीथेन (95%), तथा प्रोपेन एवं ईथेन कम मात्रा में होती हैं। यह एक जीवश्म ईंधन है। प्राकृतिक गैस के भंडार प्राय: पैट्रोलियम भंडारों के निकट ही विद्यमान होते हैं। यह गैस भी दबे हुए मृत जीवों एवं पौधों ही के गलने-सड़ने से उत्पन्न होती हैं। प्राकृतिक गैस सबसे साफ जीवाश्म ईंधन है तथा इसे पाइपों द्वारा वहन किया जा सकता है। इसकी कैलोरिक क्षमता ऊँची (50 किलो जूल प्रति कि०ग्राम) होती है तथा यह धुआँ रहित है। इस समय विश्व में लगभग 80,450 ग्राम प्रति घन मीटर प्राकृतिक गैस के भंडार मौजूद हैं। रूस के पास सर्वाधिक (40%), उसके बाद ईरान (14%) तथा संयुक्त राज्य अमेरिका (7%) के पास ये भंडार हैं।

भारत में तेल क्षेत्रों के निकट ही प्राकृतिक गैस भंडार मिलते हैं। कुछ नए गैस भंडार त्रिपुरा, जैसलमेर तथा मुम्बई के तटवर्ती क्षेत्रों तथा कृष्णा एवं गोदावरी डेल्टा में खोजे गए हैं।

प्राकृतिक गैस का इस्तेमाल घरों में ईंधन के रूप में होता है। बिजली पैदा करने के लिए इसका उपयोग ऊष्मीय विद्युत कारखानों में किया जाता है। खाद के उद्योग में, हाईड्रोजन को स्रोत के रूप में तथा टायर बनाने वाले उद्योग में, कार्बन के स्रोत के रूप में भी इसका प्रयोग होता है।

संपीडित प्राकृतिक गैस (CNG)— वाहनों में इस गैस का इस्तेमाल पैट्रोल एवं डीजल के स्थान पर होने लगा है। दिल्ली में सभी बसें एवं आटोरिक्शा अब इसी से चलाए जाते हैं। सी०एन०जी० से शहर में वाहन प्रदूषण की समस्या काफी कम हो गई है।

कृत्रिम प्राकृतिक गैस (SNG)–यह गैस कार्बन मोनोक्साइड एवं वैकल्पिक प्राकृतिक गैस के बीच की कड़ी है। कम ग्रेड के कोयले को गैसीकरण द्वारा कृत्रिम गैस में बदला जाता है तथा इसके पश्चात् उत्प्रेरक क्रिया से मीथेन बना ली जाती है।

■ नाभिकीय ऊर्जा (Nuclear Energy)

जैसा कि नाभिकीय हथियारों से प्रमाणित है, नाभिकीय ऊर्जा अपनी विनाशकारी शक्ति के लिए जानी जाती है। परन्तु नाभिकीय ऊर्जा को प्रयोग की जाने वाली ऊर्जा के स्रोत के तौर पर नियंत्रित किया जा सकता है। नाभिकीय ऊर्जा दो प्रकार की क्रियाओं से उत्पन्न होती है:

नाभिकीय विखंडन – यह ऐसा नाभिकीय बदलाव है जिसमें कुछ समस्थानिक (Isotopic) तत्वों के अधिक आण्विक भार (Large mass number) वाले अणुओं को न्यूट्रॉन विस्फोटन से हल्के अणुओं में विघटित किया जाता है। इस क्रिया में शृंखला अभिक्रिया होती है जो नीचे समीकरण के रूप में तथा चित्र 2.14 (क) में दिखाई गई है।

$$_{92}U^{235} \quad n^1 \rightarrow {}_{36}Kr^{92} + {}_{56}Ba^{141} + 3\,{}_{o}n^1 + \text{ऊर्जा}$$

नाभिकीय रिऐक्टरों में यह शृंखला अभिक्रिया उपयोग की जाती है। विघटन की गति को नियंत्रित करने के लिए केवल एक न्यूट्रॉन को ही दूसरे अणु-केन्द्र से टकराने के लिए छोड़ा जाता है। आमतौर पर यूरेनियम 235 नाभिक ही आणविक रिएक्टरों में इस्तेमाल होते हैं।

नाभिकीय संलयन – इस प्रक्रिया में दो कम भार के समस्थानिकों (Isotopes) को बहुत अधिक तापमान पर (1 अरब डिगरी सैल्सियस पर) जबरदस्ती मिलाया जाता है जब तककि वे विलयन के द्वारा एक भारी समस्थानिक में परिवर्तित नहीं हो जाते। इस क्रिया में भारी मात्रा में ऊर्जा उत्पन्न होती है। इस क्रिया को आरम्भ करना कठिन होता है, परन्तु, इस क्रिया से कहीं अधिक ऊर्जा निकलती है।

$$_{1}H^2 + {}_{1}H^2 \rightarrow {}_{3}H_e{}^2 + {}_{o}n^1 + \text{ऊर्जा}$$

1 अरब (1 billion) करोड़ डिग्री सैल्सियस पर दो हाइड्रोजन अणु आपसी विलयन से एक हीलियम अणु बनाते हैं तथा इस प्रक्रिया से बहुत अधिक ऊर्जा प्राप्त होती है। (चित्र 2.14 (ख))

नाभिकीय ऊर्जा में असीम क्षमता पाई जाती है, परन्तु, रिएक्टरों के रिसाव से रेडियोधर्मी प्रदूषण हो सकता है। आणविक अवशेषों का उपचार एवं विसर्जन भी एक गंभीर समस्या है।

भारत में अभी तक आणविक ऊर्जा इतनी विकसित नहीं है। हमारे देश में केवल चार नाभिकीय रिऐक्टर लगाए गए हैं जिनकी कुल क्षमता 2005 मैगावाट बिजली उत्पादन

की है। हमारे नाभिकीय रिऐक्टर महाराष्ट्र के तारापुर में, राजस्थान में कोटा के पास राणाप्रताप में, तमिलनाडु के कल्पक्कम में व यू०पी० के नरोरा में स्थित हैं।

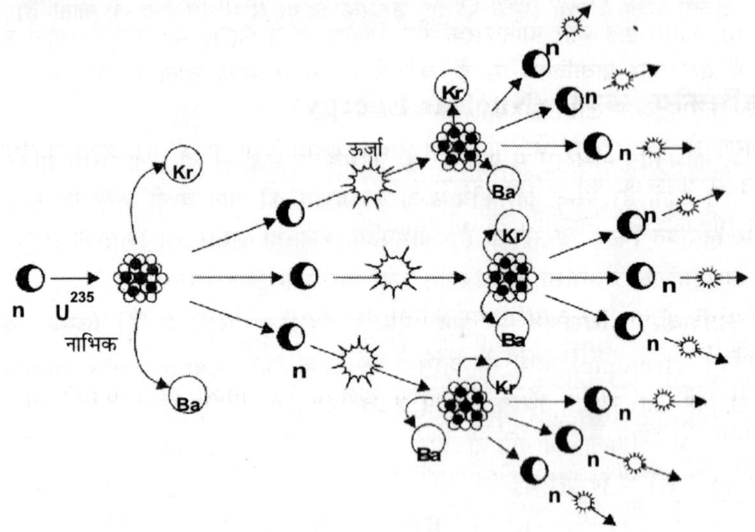

चित्र 2.14. (क) नाभिकीय विखंडन—एक न्यूट्रॉन द्वारा यूरेनियम (U^{235}) से टकराने पर श्रृंखला अभिक्रिया शुरू होती है जिससे दो छोटे नाभिक Ba, Kr), 3 न्यूट्रॉन और ऊर्जा उत्पन्न होती है।

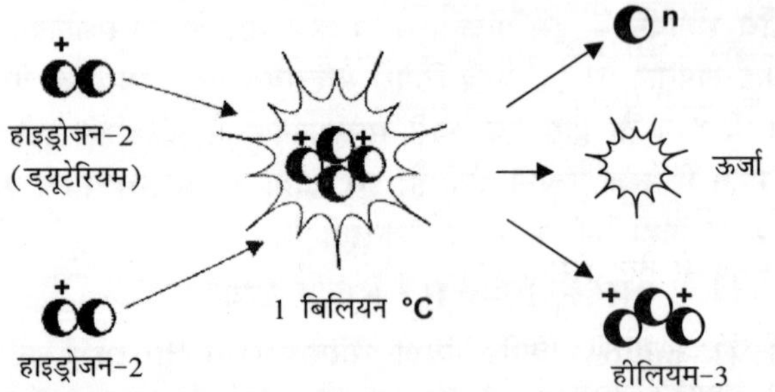

चित्र 2.14. (ख) हाइड्रोजन-2 के नाभिकों के बीच नाभिकीय संलयन जो उच्च तापमान (लगभग 1 बिलियन °C) पर होता है और फलस्वरूप एक न्यूट्रॉन, एक हीलियम-3 का संलयित नाभिक और भारी मात्रा में ऊर्जा उत्पन्न होती है।

वैकल्पिक ऊर्जा स्रोतों का उपयोग (Use of Alternate Energy Sources)– वैश्विक ऊर्जा का लगभग 80 प्रतिशत घर के लिए हीटिंग, बिजली, कार्यालय और उद्योग और वाहन चलाने के लिए जीवाश्म ईंधन का उपयोग किया जाता है। हालाँकि, उनका निष्कर्षण और उपयोग ग्रीन हाउस गैस और प्रदूषण के उत्सर्जन से जुड़ा हुआ है। ग्लोबल

वार्मिंग, जलवायु परिवर्तन और मानव स्वास्थ्य की चिताओं के कारण कम ऊर्जा वाले ऊर्जा के स्रोत उत्सर्जन को प्राथमिकता दी जाती है। कोयला जलाने से पार्टिकुलेट यानी पीएम 10, पीएम 2.5 और हानिकारक गैसें विशेषरूप से SO_2 का उत्सर्जन होता है। इस संबंध में तेल और प्राकृतिक गैस हैं, कोयले से बेहतर माना जाता है। हालाँकि, आसान होने के कारण और खाड़ी सहयोग परिषद (जीसीसी) में तेल की सस्ती उपलब्धता होने के कारण ये देश CO_2 के मामले में सबसे खराब देशों में से हैं। जीवाश्म ईंधन के उत्सर्जन से पर्यावरण को अधिक नुकसान होता है। न केवल तेल और प्राकृतिक गैस का उपयोग बल्कि उनके निष्कर्षण के भी पर्यावरणीय बुरे परिणाम हैं।

हाइड्रोलिक फ्रैक्चरिंग का उपयोग करने वाली तकनीक द्वारा रॉक से तेल और गैस निष्कर्षण के तरीकों को आमतौर पर फ्रैकिंग के रूप में संदर्भित किया जाता है। फ्रैकिंग, स्रोत को जल्दी से एक्सेस करने में मदद करता है। तरल और रेत चट्टान में प्रवेश कराई जाती है। रसायन (व्यापार रहस्य के कारण खुलासा नहीं किया गया) फ्रैकिंग में प्रयुक्त हानिकारक हो सकते हैं और इसकी वजह से पानी दूषित हो सकता है। फ्रैकिंग ऑपरेशन से भूकंप की घटनाएँ बढ़ जाती हैं। जो लोग पास रहते हैं या कुएँ में काम करते हैं, उन्हें स्वास्थ्य के लिए रोग जैसे बहरापन, श्वसन संबंधी समस्याएँ, तंत्रिका तंत्र पर प्रभाव, रक्त विकार, संभवत: जन्म दोष आदि का खतरा होता है चूँकि फ्रैकिंग एक जोरदार ऑपरेशन है और वायु प्रदूषण और ओजोन पैदा करता है।

फ्रैकिंग में एक उपोत्पाद मीथेन गैस होती है। मीथेन एक शक्तिशाली ग्रीन हाउस गैस है और ग्लोबल वार्मिंग और जलवायु परिवर्तन का कारण बनती है। इससे अधिक नुकसान होता है। लीकेज से हो रहे हादसे से भू-जल भी दूषित हो सकता है। मीथेन फ्रैकिंग के परिणामस्वरूप पानी मीथेन के कारण ज्वलनशील हो सकता है जो नल से निकल सकता है। तेल की ड्रिलिंग पर्यावरण को भी प्रभावित करती है। यह क्षेत्र में जैव-विविधता यानी जीव (पौधे और जानवर) को परेशान करता है। जबकि तेल का पता लगाने में उत्पन्न भूकंपीय तरंगें और ध्वनि समुद्री जीवों को प्रभावित करती है। दुर्घटनाओं के मामलों में, समुद्र में तेल रिसाव समुद्री जीवों को प्रभावित करता है।

गैर-पारंपरिक स्रोत जो नवीकरणीय हैं उनका पर्यावरणीय प्रभाव कम होता है। वे हरित शक्ति का उत्पादन करते हैं और गैर-प्रदूषणकारी होते हैं। ये स्रोत भरपाई करते हैं और दुर्लभ नहीं हैं, इसलिए, कीमतों में उतार-चढ़ाव नहीं होता है और युद्ध का कोई खतरा नहीं है। इनमें से (उल्लिखित पहले इस अध्याय में) सौर, पवन और परमाणु ऊर्जा को प्राथमिकता दी जाती है।

अक्षय ऊर्जा की लागत आश्चर्यजनक रूप से तेजी से गिर रही है। वहाँ पारंपरिक जीवाश्म ईंधन की तुलना में बिजली के सस्ते स्रोत हैं। सौर ऊर्जा की लागत पहले से ही सब्सिडी बिना पहले ईंधन बिजली के बराबर है। सुधार की दक्षता के माध्यम से लागत में और कटौती की उम्मीद है। अंतर्राष्ट्रीय अक्षय ऊर्जा एजेंसी (आईआरईएनए) 150 से अधिक सदस्य देशों ने बताया कि बिजली की लागत अपतटीय पवन से उत्पादन 2010 के बाद से लगभग 23 प्रतिशत और सौर फोटोवोल्टिक (पीवी) बिजली के लिए 73 प्रतिशत गिर गया है।

तटवर्ती पवन योजना के लिए एक किलोवॉट घंटा (kWh) $0.04 से 0.06 और सौर पीवी के लिए आमतौर पर $0.06 से 0.08 और वह जीवाश्म से है। ईंधन की सीमा $0.05 से 0.17 के बीच है। निकट भविष्य में, तटवर्ती पवन और सौर पीवी से बिजली की लागत जीवाश्म ईंधन से उत्पन्न बिजली के बराबर $0.03 प्रति kWh होने की उम्मीद है।

जीसीसी देश भी वैकल्पिक ऊर्जा स्रोतों जैसे सौर, पवन और परमाणु ऊर्जा जैसी ऊर्जा का उपयोग करने पर विचार कर रहे हैं। यह इस अहसास के कारण है कि

1. जीवाश्म ईंधन के स्रोत सीमित हैं (सऊदी अरब में विशाल खुले स्थान हैं)।
2. स्थानीय, घरेलू और औद्योगिक क्षेत्र से बिजली की बढ़ी हुई माँग।
3. तेल और प्राकृतिक गैस की सस्ती और आसान उपलब्धता का परिणाम उपयोग अधिक होता है जिससे प्रदूषण बढ़ता है।
4. ऊर्जा के नए और नवीकरणीय स्रोत कम प्रदूषणकारी हैं।
5. धूप और पवन ऊर्जा प्रचुर मात्रा में हैं।
6. निर्यात के लिए तेल और प्राकृतिक गैस को छोड़ने से वैश्विक आर्थिक स्थिति को मजबूत करने के लिए अधिक राजस्व अर्जित होगा।
7. सूखे की चपेट में आने वाले क्षेत्रों में, यह जल संरक्षण में मदद करेगा।

विषय अध्ययन (Case Studies)

पूरा सौर संचालित अंतर्राष्ट्रीय हवाई अड्डा: भारत के केरल राज्य में कोचीन अंतर्राष्ट्रीय हवाई अड्डा, दुनिया का पहला हवाई अड्डा है जो पूरी तरह से सौर ऊर्जा पर काम करता है। सौर ऊर्जा संयंत्र 46,150 सौर पैनलों वाला हवाई अड्डा 45 एकड़ भूमि में फैला हुआ है। हवाई अड्डा अपने परिचालन कार्य के लिए प्रतिदिन 50,000 से 60,000 यूनिट बिजली का उत्पादन करता है। यह हवाई अड्डे की शक्ति को तटस्थ बनाता है। एयरपोर्ट एक दिन में 48,000 यूनिट की खपत करता है। उत्पादित अतिरिक्त ऊर्जा का राज्य के पावर ग्रिड में योगदान दिया जाता है। कड़ाई से पालन करके सौर ऊर्जा का उत्पादन करने वाली एक मेगा सौर परियोजना का हरित और सतत विकास मॉडल की यह एक सफल केस स्टडी है।

दुनिया का चक्कर लगाने वाला पहला सौर ऊर्जा से चलने वाला हवाई जहाज– एक सौर संचालित हवाई जहाज (सोलर इंपल्स जेड) ने विश्व उड़ान का पहला राउंड पूरा किया। बोइंग 747 से अधिक चौड़े पंखों वाले विमान ने 17,000 से अधिक सौर कोशिकाओं को वहन किया जिसने 9 मार्च 2015 को अबू धाबी से अपनी यात्रा शुरू की और दोनों प्रशांत और अटलांटिक महासागर को पार करने के बाद हवा में 23 दिनों से अधिक 42,000 किलोमीटर की दूरी पूरी कर और कोई भी जीवाश्म ईंधन के बिना और केवल सौर ऊर्जा का उपयोग कर अबू-धाबी लौट आए।

चित्र 2.15. सौर ऊर्जा संचालित विमान

हाइड्रोजन कार– अब हाइड्रोजन कारें उपलब्ध हैं जो प्रदूषण फैलाने वाले गैसोलीन की तुलना में स्वच्छ ईंधन हाइड्रोजन पर चल सकती हैं। हाइड्रोजन कारों में हाइड्रोजन की रासायनिक ऊर्जा को यांत्रिक ऊर्जा में या तो आंतरिक दहन इंजन में हाइड्रोजन जलने से या अधिक सामान्यत: एक ईंधन सेल में ऑक्सीजन के साथ हाइड्रोजन की प्रतिक्रिया द्वारा परिवर्तित किया जाता है।

चित्र 2.16. हाइड्रोजन कार

2.6 भूमि संपदा
(Land Resources)

भूमि एक संसाधन– भूमि एक सीमित और मूल्यवान संसाधन है और जो हमें भोजन, फाइबर, दवाएँ, ईंधन और लकड़ी प्रदान करती है। भूमि एक प्राकृतिक संसाधन है और यदि इसका उचित उपयोग किया जाए तो यह नवीकरणीय संसाधन माना जाता है। मनुष्य और स्थलीय जीवन के अस्तित्व के लिए भूमि आवश्यक है। चाहे वह वनों की भूमि हो, कृषि योग्य क्षेत्र, चरागाह, पहाड़ियाँ, मैदान, आर्द्रभूमि, तटीय क्षेत्र, यह विभिन्न प्रकार के जीवन रूप (जैव-विविधता) का समर्थन करती है। निवास, आवास, उद्योग, शॉपिंग कॉम्प्लेक्स, परिवहन आदि के लिए भूमि का उपयोग किया जाता है जो आर्थिक, सामाजिक और सांस्कृतिक विकास में महत्वपूर्ण भूमिका निभाता है। वास्तव में, मनुष्य अपनी आवश्यकताओं की पूर्ति के लिए भूमि की सभी विशेषताओं और प्रक्रियाओं का उपयोग कर रहा है।

चूँकि भूमि एक सीमित और मूल्यवान संसाधन है और हमें हमारा भोजन, रेशा, औषधि, ईंधन, लकड़ी आदि प्रदान करती है इसलिए इसका रखरखाव निरंतर उपज के लिए ठीक से होना चाहिए। मिट्टी विशेष रूप से ऊपरी मिट्टी को अक्षय संसाधन के रूप में वर्गीकृत किया गया है क्योंकि यह निरंतर प्राकृतिक प्रक्रिया द्वारा, हालाँकि बहुत धीमी गति से पुनर्जीवित होती रहती है। ऊपरी एक इंच या 2.5 सेमी भूमि के गठन के लिए 200-1000 वर्ष लगते हैं।

ऊपरी मिट्टी, जलवायु और मिट्टी के प्रकार पर निर्भर करती है। लेकिन जब क्षरण की दर नवीकरण की दर से तेज होती है, तो मिट्टी गैर-नवीकरणीय संसाधन बन जाती है।

सामाजिक, आर्थिक और सांस्कृतिक के लिए भूमि के उपयोग को विनियमित करने के लिए उद्देश्यों और कुशल संसाधन उपयोग के लिए व्यक्ति, समाज या राष्ट्रीय स्तर पर भूमि उपयोग की योजना बनाई जाती है। राष्ट्रीय स्तर पर भूमि उपयोग देश के लिए प्लानिंग की जाती है। भारत में भूमि संसाधनों में मैदान (43%), पहाड़ (30%) और पठार (27%) शामिल हैं। मानव प्राणी भूमि संसाधनों का उपयोग कैसे करते हैं, इसके आधार पर हमारे पास विभिन्न भूमि उपयोग श्रेणियाँ हैं, जिसमें शामिल हैं– (*i*) वन, (*ii*) गैर-कृषि उपयोग के लिए लगाई गई भूमि (ग्रामीण) और शहरी बस्तियाँ; बुनियादी सुविधाओं के रूप में सड़कें और नहरें, वाणिज्यिक और औद्योगिक संरचनाएँ), (*iii*) स्थायी चरागाह और चराई भूमि, (*iv*) बंजर और बेकार भूमि, (*v*) विविध के तहत भूमि पेड़, फसलें और उपवन, (*vi*) कृषि योग्य बंजर भूमि, (*vii*) परती भूमि और (*viii*) बोया गया क्षेत्र शुद्ध फसल बोया गया क्षेत्र सहित।

भूमि का अपघटन– ज्यों-ज्यों मानव की जनसंख्या बढ़ती जा रही है, अधिक से अधिक खेती वाली भूमि की माँग बढ़ रही है जिससे कि हम खाद्य, कपड़ा, ईंधन की लकड़ी उत्पन्न कर सकें। इन सभी पूर्तियों के लिए भूमि का शोषण हो रहा है तथा यह अपघटित होती जा रही है। भूमि का अपघटन होना खतरे की घंटी है क्योंकि भूमि की संरचना एक धीमी प्रक्रिया है, जैसा कि ऊपर वर्णन किया जा चुका है। भूमि कटाव की गति भूमि के नवीकरण की गति से 20 से 100 गुणा अधिक है।

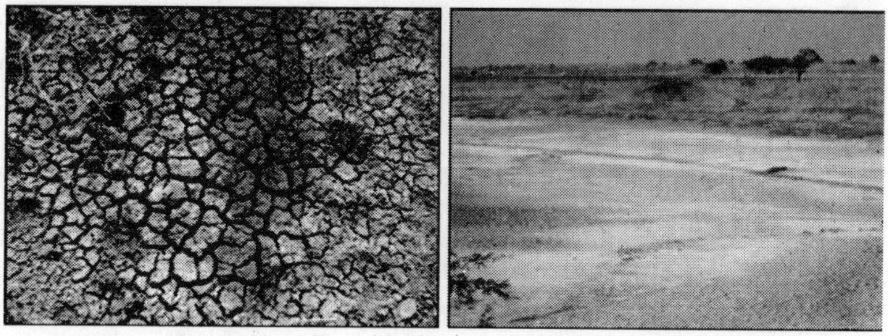

चित्र 2.17. (a) उजडी हुई बंजर भूमि (b) लवणीय भूमि जो सतह पर नमक जमा दिखाती है

मृदा-अपरदन-भूमि कटाव या मृदा-अपरदन का सीधा अर्थ है भूमि का कटकर बह जाना। इसकी परिभाषा भूमि के संघटकों, विशेषत: सतही एवं ऊपरी परत, का एक स्थान से दूसरे स्थान पर चले जाना, भी हो सकता है। भूमि कटाव से इसकी उपजाऊ शक्ति नष्ट हो जाती है। यह उपजाऊ शक्ति भूमि की ऊपरी परत में ही निहित होती है। यदि हम विश्व स्तर पर देखें तो पाएँगे कि विश्व की फसली भूमि का लगभग तीसरा भाग भूमि कटाव का सामना कर रहा है। गंभीर रूप से भूमि कटाव वाली जमीनों का 2/3 भाग एशिया एवं अफ्रीका में स्थित है।

कटाव के कारणों के आधार पर भूमि कटाव दो प्रकार के हैं-

(*i*) **सामान्य मृदा-अपरदन**—यह भूमि कटाव धीमी गति से प्राकृतिक प्रक्रियाओं से ऊपरी परत में होता है। इससे भौतिक, जैविक एवं जलीय क्रियाओं में संतुलन आता है तथा भूमि कटाव एवं भू-नवीकरण में भी एक संतुलन बना रहता है।

(*ii*) **तीव्र मृदा-अपरदन**—यह कटाव मानवीय गतिविधियों से होता है। इसकी गति बहुत अधिक होती है। यह भूमि-कटाव भू-नवीकरण से कहीं अधिक तेज होता है। इस भूमि कटाव के मुख्यत: तीन कारण हैं- अति चराई, वन कटाई तथा खनन। मृदा-अपरदन जलवायु (जल तथा वायु के कारण) और जैविक कारणों (जैसे मानवजनित खनन, अति-चराई, वनों का काटना आदि) से हो सकता है।

***(i)* जल उत्प्रेरित मृदा-अपरदन**—यह कई प्रकार का होता है–

- **परतीय भूमि कटाव**—जब एक बड़े क्षेत्र से भूमि की पतली परत हट जाए तो इसे परतीय कटाव कहा जाता है। यह आमतौर पर वर्षा के पानी के बहाव से होता है।
- **नदि का कटाव**–यह भूमि कटाव वर्षा एवं तेज गति वाले पानी से होता है जिसके फलस्वरूप धरा पर ऊँगली-नुमा नालियाँ बन जाती हैं।
- **खड्डा कटाव**–यह अधिक उग्र प्रकार का भूमि कटाव होता है। जब वर्षा बहुत भारी होती है तो भूमि में गहरे कटाव एवं खड्डे बन जाते हैं जो U अथवा V आकर के होते हैं।
- **खिसकने वाला कटाव**–यह ढलान वाले स्थानों, जैसे पहाड़ों पर तेज वर्षा के कारण होता है।
- **नदी-तटीय कटाव**–वर्षा ऋतु में नदियाँ उफानी होकर मार्ग बदल लेती हैं तथा भूमि को काटती जाती हैं। इनके बहाव से तटों में दरारें एवं गुफाएँ बन जाती हैं।

***(ii)* पवन उत्प्रेरित मृदा-अपरदन**—यह तीन प्रकार का होता है।

- **उत्परिवर्तन**–यह तूफानी पवन के सीधे प्रभाव से होता है जिसमें भूमि कण, जिनका आकार 1–1.5 मिली मीटर होता है, ऊपर की ओर उड़ने लगते हैं।
- **निलम्बन**–इस में बारीक भूमि कण (1 मि०मी० से कम) हवा में निलम्बित हो जाते हैं तथा पवन द्वारा उड़ाकर अन्य स्थानों को ले जाए जाते हैं।
- **सतही रेंगन**–इसमें बड़े भूमि कण (5–10 मि०मी०) भूमि की सतह पर पवन के साथ रेंगते हुए एक स्थान से दूसरे स्थान पर चले जाते हैं।

***(iii)* जैव उत्प्रेरित मृदा-अपरदन**—अति चराई, खनन एवं वन-कटाई मुख्य जैविक कारक हैं जिनके कारण भूमि कटाव होता है। इन गतिविधियों के कारण भूमि की ऊपरी परत बिगड़ जाती है तथा वनस्पति आवरण से हीन हो जाती है। इसलिए भूमि उन भौतिक शक्तियों के सीधे प्रभाव में आ जाती है जिनसे मृदा-अपरदन होता है। विश्व में अति चराई ही 35% मृदा-अपरदन का कारण है जबकि गंभीर रूप से अपरदन का 30% भाग वन-कटाई का परिणाम होता है। इसी प्रकार खेती के असतत (Unsustainable) तरीके 25% तक मृदा-अपरदन का कारण बनते हैं।

वन-कटाई, पशुओं द्वारा अति चराई, बिना भूमि सुधार के खनन, लवणीकरण करने वाली सिंचाई, जलाक्रान्ति खेती, कृषि मशीनों द्वारा भूमि का दबना, पशुओं के पाँवों से भूमि का दबना आदि सभी ऐसी गतिविधियाँ हैं जिनसे मृदा-अपरदन होता है।

■ भूमि संरक्षण विधियाँ (Soil Conservation Practices)

मृदा-अपरदन के रोकथाम के लिए तथा भूमि संरक्षण के लिए निम्नलिखित तरीके अपनाए जा सकते हैं–

(*i*) बिना खुदाई के खेती की सिफारिश की जाती है क्योंकि इससे भूमि में सबसे कम विकृति होती हैं। इसमें छोटी-छोटी दरारें बनाकर भूमि में बीज बोए जाते हैं तथा कम मात्रा में खाद, पानी एवं अपतृण मार दवाई भूमि में बिना हल चलाए डाले जाते हैं।

(*ii*) ढलानों पर सीढ़ीनुमा या 'टेरेस खेती' तथा ढलान के साथ सीधी पंक्तियों में की जाने वाली 'कंटूर खेती' (Contour farming) लाभदायक होती है क्योंकि इनसे पानी के बह जाने को कम किया जा सकता है। **(प्लेट 1 क)**

प्लेट I (क). सीढ़ीनुमा खेती **(Terrace farming)**

प्लेट I (ख). पट्टी खेती **(Strip farming)**

(*iii*) पट्टी खेती (Strip farming) से भी भूमि संरक्षण संभव है क्योंकि इसमें एक फसलों की तथा एक फलियों वाले पौधों की पट्टी बोई जाती है। **(प्लेट 1 ख)**

(*iv*) ऐले खेती (Alley cropping) जिसे कृषिवानिकी (Agro-forestry) भी कहा जाता है, मृदा के संरक्षण में काफी उपयोगी है। फसल के बीच-बीच में कुछ अन्य झाड़ी वाले पौधों या पेड़ों की कतारें लगाई जाती हैं ताकि जिस समय फसल की कटाई हो तब भी भूमि वनस्पति रहित नहीं हो तथा मृदा का संरक्षण हो सके। **(प्लेट 1 ग)**

प्लेट I (ग). ऐले खेती (Alley cropping)

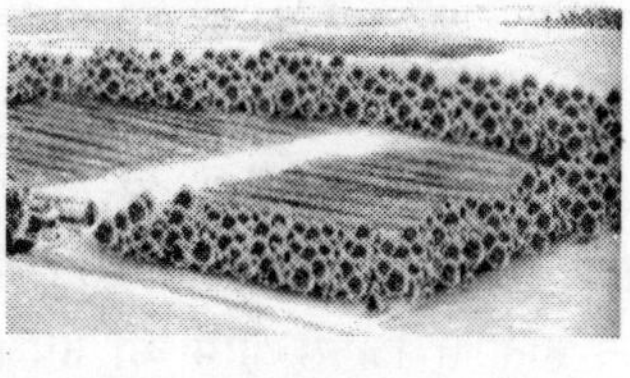

प्लेट I (घ). सुरक्षा पट्टी (Shelter belt)

सुरक्षा-पट्टी (Shelter belt) अथवा वायु-रोधक (Wind break) भी मृदा संरक्षण में लाभकारी है। इसमें खेतों की बाहरी सीमा पर पेड़ों की कतार बोई जाती है। **(प्लेट 1 घ)**

भूमि कटाव विश्व की एक गंभीर समस्या है, जिसे यदि कम न किया गया तो इससे कृषि उत्पादन एवं वन-उत्पादन में बहुत कमी आ सकती है। इससे जलीय

पारिस्थितिकी तन्त्र पर भी प्रभाव पड़ सकता है क्योंकि भूमि कटाव से जलाशयों में बहुत गाद भर जाती है। भूमि कटाव असल में एक धीमी प्रक्रिया है। भूमि कटाव को नियन्त्रित करने का सबसे अच्छा तरीका यही है कि भूमि के वनस्पति आवरण को कायम रखा जाए।

जलाक्रान्ति—फसलों को पूरी नमी देने के लिए किसान प्रायः भूमि की अधिक सिंचाई कर देते हैं। इसके अलावा खादों एवं लवणों को नीचे ले जाने के लिए भी अधिक सिंचाई की जाती है। परन्तु ठीक निकास के न होने से तथा सिंचाई के पानी का अच्छा न होने से पानी भूमि के नीचे इकट्ठा हो जाता है। फिर धीरे-धीरे यह पानी नीचे जल स्तर के साथ लगातार सम्पर्क बना लेता है। हम ऐसी भूमि को जलाक्रांत (Water logged) भूमि कहते हैं। इनमें भूमि कणों के बीच के छिद्र अथवा स्थान पूरी तरह पानी से भर जाते हैं जिससे जड़ों की श्वसन क्रिया में बाधा पड़ने से फसलें प्रभावित होती हैं।

जलाक्रान्ति प्रायः लवणीकरण (Salinity) से भी सम्बन्धित होती है क्योंकि सिंचाई के पानी में काफी मात्रा में लवण भी होते हैं। यह भूमि गलत सिंचाई से विकृत हो जाती है। कुछ मुख्य सिंचाई परियोजनाओं द्वारा होने वाले प्रभावों को तालिका 2.4 में दिखाया गया है।

तालिका 2.4 : कुछ सिंचाई परियोजनाओं के कारण हुई जलाक्रान्ति एवं मृदा लवणीकरण

सिंचाई परियोजना	राज्य	प्रभावित क्षेत्रफल (हजार हैक्टर)	
		जलाक्रान्ति	लवणीकरण
इंदिरा गाँधी नहर	राजस्थान	43	29
गंडक	बिहार,	211	400
चम्बल	मध्य प्रदेश, राजस्थान	98	40
राम गंगा	उत्तर प्रदेश	195	352
श्रीराम सागर	आँध्र प्रदेश	60	1

स्रोत : बी० के० गर्ग व आई०सी० गुप्ता (1997)

भारत में प्रति वर्ष जलाक्रान्ति एवं लवणीकरण से लगभग 10 अरब रुपए की हानि होती है। यह आँकड़े चौंका देने वाले हैं क्योंकि सिंचाई परियोजनाओं पर व्यय भी बहुत अधिक होता है और अंत में इन्हीं से जलाक्रान्ति एवं लवणीकरण जैसी समस्याएँ भी उत्पन्न होती हैं जिनसे भूमि की उपजाऊ शक्ति में तीव्र कमी आती है।

भूस्खलन – बहुत-सी गतिविधियाँ जैसे जलविद्युत परियोजनाएँ, बड़े-बड़े बाँध, जलाशय, सड़कों एवं रेल मार्गों का निर्माण, इमारतों का निर्माण, खनन आदि विशाल वन क्षेत्रों को साफ करने का कारण बनती हैं। पहले कभी बदरीनाथ राजमार्ग पर ऋषिकेश एवं वयासी के बीच यदाकदा ही भूस्खलन के समाचार प्राप्त होते थे। परन्तु जब से राजमार्ग का निर्माण हुआ है, एक वर्ष में 15 भूस्खलन हो चुके हैं। सड़कों के निर्माण के दौरान तथा खनन में भुरभुरे पहाड़ों के विशाल भागों को काटा अथवा विस्फोट द्वारा उड़ाया जाता है जिससे टूटे पहाड़ों के भाग पास की नदियों एवं घाटियों में जा गिरते हैं। इन भागों से

न केवल कच्चे पहाड़ और अधिक कमजोर हो जाते हैं बल्कि निकटवर्ती नदियों में गंदलापन भी बढ़ता है।

मरुस्थलीकरण– यह एक ऐसी प्रक्रिया है जिसमें शुष्क व अर्धशुष्क भूमि की उत्पादन क्षमता 10% या अधिक नीचे गिर जाती है। साधारण मरुस्थलीकरण के दौरान उत्पादन में 10–25% तक गिरावट आ जाती है, परन्तु गम्भीर स्थिति में यह गिरावट 50% तक भी पहुँच सकती है तथा इस मरु–उत्पत्ति में रेत के बड़े खड्डे एवं टीले उत्पन्न हो जाते हैं। मरुस्थलीकरण के परिणामस्वरूप चराई भूमि एवं कृषि भूमि मरुस्थली अवस्था में पहुँच जाती है जिससे कृषि की पैदावर में गिरावट आ जाती है। इसके प्रमुख लक्षण वनस्पति–हीनता, वनस्पति आवरण का नष्ट होना, भूमिगत पानी की कमी, लवणीकरण तथा भीषण भूमि कटाव है। मरुस्थलीकरण का मतलब मरुस्थल का दूसरी भूमि पर आक्रमण नहीं होता बल्कि यह प्राकृतिक मरुस्थलों के भीतर और बाहर एक प्रकार का पारिस्थितिकीय अपघटन होता है। उदाहरण के तौर पर दक्षिण–पश्चिम के सोनोरन एवं चिहुहुयान के मरुस्थल, जो एक लाख वर्ष पुराने हैं, फिर भी ये पिछले 100 वर्ष में ही पूर्णतया बंजर हुए हैं। अतः मरुस्थल के भीतर ही और अधिक मरु–उत्पत्ति हुई है।

मरुस्थलीकरण के कारण– मरुस्थलीकरण प्राकृतिक कारणों, जैसे जलवायु में बदलाव अथवा भूमि के अनुचित उपयोग से हो सकता है। परन्तु, जलवायु का बदलाव भी एक तरह से मानवीय गतिविधियों से जोड़ा जा सकता है। मरु–उत्पत्ति का कारण बनने वाली मानवीय गतिविधियाँ निम्नलिखित हैं–

(*i*) **वन कटाई–** वन क्षेत्र को साफ करना तथा इस भूमि का अपघटन मरु–उत्पत्ति के चक्र को जन्म देते हैं जो फिर अपने आप चलता रहता है। क्योंकि वर्षा के पानी को थामने के लिए पौधे नहीं होते इसलिए पानी भूमि को सिंचित करने के लिए और भूमिगत होने के लिए रिस नहीं पाता। इससे भूमि कटाव बढ़ता है, तथा भूमि की उपजाऊ शक्ति तथा जल–संग्रहण क्षमता नष्ट हो जाती है।

(*ii*) **अति–चराई–** विश्व के पशुपालन वाले क्षेत्र ही मरुस्थलीकरण की समस्या से प्रभावित होते हैं। इसका कारण यह है कि पशुओं की बढ़ती सँख्या से चरागाहों एवं वन क्षेत्रों में बहुत अधिक चराई होती है तथा ये क्षेत्र नग्न हो जाते हैं। भूमि के नग्न होने से यहाँ का सूक्ष्म–जलवायु सम्बन्धी स्वरूप ऐसा नहीं रहता जिसमें बीज फूट सकें। शुष्क बंजर भूमि ढीली हो जाती है तथा इसमें भूमि कटाव की संभावना अधिक हो जाती है। भूमि की ऊपरी उपजाऊ परत भी नष्ट हो जाती है। अतः ऐसी भूमि में पौधे पनप नहीं पाते। शुष्क बंजर भूमि सूर्य के प्रकाश एवं तपन को भी अधिक परावर्तित करती है। इससे पवन–गति प्रभावित होती है जो वर्षा के बादलों को अपने से दूर कर देती है और इस प्रकार और अधिक मरु–उत्पत्ति होती जाती है।

(*iii*) **खनन–** इन गतिविधियों से भी वनस्पति आवरण समाप्त होता है तथा भूमि के बड़े क्षेत्र नग्न हो जाने से भूमि मरु–उत्पत्ति की स्थिति में पहुँच जाती है। सभी महाद्वीपों पर मरुस्थल शुष्क एवं अर्धशुष्क भूमि पर ही पाए जाते हैं। विश्व में पिछले पचास वर्षों में कोई 900 लाख हैक्टेयर भूमि पर मरु–उत्पत्ति हो चुकी है। यह

समस्या विशेषकर अफ्रीका में सहारा मरुस्थल के दक्षिण में साहेल क्षेत्र में गंभीर है। यह अनुमान है कि यदि मरु-उत्पत्ति इसी गति से चलती रही तो सन 2010 तक ऐसी भूमि को प्रभावित कर देगी जिस पर विश्व की जनसंख्या का 20% भाग निवास करता है।

मरुस्थलीकरण से प्रभावित कुछ मुख्य क्षेत्र हैं—सहारा के निकट अफ्रीका के भाग, मध्य पूर्व, पश्चिमी एशिया, दक्षिणी एवं मध्य अमेरिका, आस्ट्रेलिया तथा संयुक्त राज्य अमरीका के भाग।

यह अनुमान है कि पिछले 50 वर्षों में मानव गतिविधियों के कारण इतनी भूमि पर मरु-उत्पत्ति हुई है जिसका क्षेत्रफल ब्राजील के बराबर है। संयुक्त राष्ट्र पर्यावरण कार्यक्रम (UNEP) के अनुमान दिखाते हैं कि यदि हम अभी पूर्ण प्रयास नहीं करते तो शीघ्र ही चराई भूमि का 63%, वर्षा-सिंचित फसली भूमि का 60% तथा नहर-सिंचित फसली भूमि का 30% भाग विश्व स्तर पर मरुस्थलीकरण का शिकार हो जाएगा तथा प्रति वर्ष 60,000 वर्ग किलोमीटर भूमि मरुस्थल बन जाएगी।

प्राकृतिक संपदाओं का संरक्षणः व्यक्तिगत योगदान (Conservation of Natural Resources: Role of an Individual)

किसी भी राष्ट्र के विकास के लिए विभिन्न प्राकृतिक संपदाएँ, जैसे वन, पानी, भूमि, भोजन, खनिज एवं ऊर्जा संपदाएँ महत्वपूर्ण योगदान करती हैं। परन्तु, इन संपदाओं का अति उपयोग या शोषण, जो आधुनिक समाज में हो रहा है, इन संपदाओं को क्षीण कर रहा है तथा कई समस्याओं को भी जन्म दे रहा है। यदि हम मानव वर्ग की खुशहाली देखना चाहते हैं तो इन संपदाओं के संरक्षण की आवश्यकता है। संरक्षण का अर्थ है इन संपदाओं का नियोजित प्रबंधन जिससे इनका शोषण अथवा तिरस्कार रोका जा सके।

संरक्षण प्रयासों का एक लक्ष्य प्राकृतिक संपदाओं को बचाए रखना भी है ताकि इनका सुचारु इस्तेमाल हो सके तथा चिरकालीन तौर पर पर्यावरण को कम हानि पहुँचे।

संरक्षण, संपदाओं के तर्कसंगत इस्तेमाल से ही संभव है। इसमें स्थाई पैदावार, विघटित संसाधनों का सुधार, सुरक्षा, पुनरूपयोग, दुर्लभ संपदाओं के स्थान पर वैकल्पिक साधनों का इस्तेमाल तथा उत्तम उपयोग, सभी शामिल हैं। हालाँकि, संरक्षण के प्रयास राष्ट्रीय स्तर पर भी हो रहे हैं, परन्तु, प्राकृतिक संपदाओं के संरक्षण में व्यक्तिगत प्रयास बहुत ही लाभदायक सिद्ध हो सकते हैं। पर्यावरण सबके लिए है तथा हम सबकी व्यक्तिगत तौर पर जिम्मेदारी है कि इसके संरक्षण एवं बचाव में कुछ न कुछ योगदान करें। कहावत है कि 'छोटी-छोटी बूंदों के इकट्ठा होने पर एक समुद्र बनता है।' इसी तरह, हमारे छोटे-छोटे व्यक्तिगत प्रयास प्राकृतिक संपदाओं के संरक्षण में एक बड़ा परिवर्तन ला सकते हैं। आइए देखें कि कैसे एक व्यक्ति संपदाओं को बचाने में सहायता कर सकता है-

■ जल का संरक्षण (Conserve Water)

- दाँत साफ करते समय, दाढ़ी बनाते समय, कपड़े धोते समय अथवा नहाते समय पानी के नल को खुला मत रखिए।
- वाशिंग मशीनों में उतना जल ही भरिए जितना कपड़े डुबोने के लिए अनिवार्य हो, अधिक नहीं।
- पानी का बचाव करने वाले शौचालय बनाएँ। एक बार फ्लश करने में 6 लीटर से अधिक पानी नहीं लगना चाहिए।
- पाइपों से पानी रिसाव का ध्यान रखें और उनकी शीघ्र मरम्मत करवाएँ। एक सुई के बराबर छिद्र से महीने में 640 लिटर पानी व्यर्थ हो सकता है।
- कपड़े धोने के बाद बचा साबुन वाला पानी फर्श धोने के काम में लाएँ।
- घर के बगीचे में पानी शाम के समय दें जब वाष्पीकरण कम से कम होता है। दोपहर के समय पौधों को कभी पानी न दें।
- टपकने वाली (Drip) एवं छिड़काव (Sprinkling) वाली सिंचाई की विधि अपनाएँ ताकि पानी का पूर्ण उपयोग हो।
- वर्षा का पानी इकट्ठा करने के लिए एक छोटा प्रावधान स्थापित करें। इस पानी का इस्तेमाल पौधों की सिंचाई के लिए किया जा सकता है।
- घर में वर्षा के पानी को इकट्ठा करने के लिए व्यवस्था करें। भारत के राष्ट्रपति भी ऐसा कर रहे हैं।

■ ऊर्जा का संरक्षण (Conserve Energy)

- जब जरूरत न हो, तो बल्ब, ट्यूब, पंखे तथा अन्य उपकरण बन्द रखें।
- प्राकृतिक स्रोतों से अधिक से अधिक ऊष्मा प्राप्त करें। कपड़ों को धूप में सुखाएँ।
- खाना पकाने के लिए सौर-कूकर का इस्तेमाल करें; खासकर जब पर्याप्त धूप हो। यह खाना अधिक पोषक होता है तथा इससे आपका रसोई गैस का खर्च भी बचता है।
- घर का निर्माण इस प्रकार करें कि इसमें काफी प्रकाश एवं धूप आ सके। इससे बिजली का बचाव होगा।
- घर के बाहर विशेष स्थानों पर पतझड़ी पौधे एवं बेलें लगाएँ ताकि अधिक गर्मी से बचाव हो तथा घर ठंडा रहे। इससे प्रशीतन एवं वातानुकूलन का खर्च बचेगा। एक बड़ा पेड़ कम से कम पाँच वातानुकूलन यन्त्रों के बराबर ठंडक पैदा कर सकता है। पतझड़ी पौधों से शीतकाल में पत्ते झड़ जाते हैं। इसलिए ये उस मौसम में प्रकाश एवं ऊष्मा को नहीं रोकते।

- एक ही जगह पर जाना हो तो कई लोग मिलकर एक वाहन का प्रयोग करें।
- अपने घर को अधिक ऊष्मारोधी बनाएँ तथा शीतकाल में खिड़कियाँ आदि रात के समय बन्द रखें। गर्मी में दिन के समय खिड़कियाँ दरवाजे बन्द रखिए, यदि वातानूकूलन यन्त्र चला रहे हों, नहीं तो कमरा ठंडा करने में अधिक बिजली खर्च होगी।
- गर्म रहने के लिए हीटर अथवा कन्वेक्टर का इस्तेमाल करने के बजाए अधिक गर्म कपड़े पहनिए।
- काँच, धातु एवं कागज को पुनः संशोधित कर उपयोग में लाएँ।
- कार एवं स्कूटर के बजाए साईकल का इस्तेमाल करें अथवा थोड़े फासले पर पैदल ही चले जाएँ।
- वातातुकूलन यन्त्र के थर्मोस्टैट को ऐसा सैट करें कि इससे उचित ठंडक ही हो। एक डिग्री तापमान कम रखने के बदले में आप 3 से 5% बिजली बचा सकते हैं।

■ भूमि संरक्षण (Protect the Soil)

- घर बनाते समय जहाँ तक हो सके पेड़ों को मत काटिए। प्रभावित स्थानों पर शीघ्र वृद्धि करने वाले पौधों से हरित आवरण पैदा करें।
- विभिन्न प्रकार के सजावटी पेड़, झाड़ियाँ एवं पौधे अपने बगीचे में लगाएँ। खुले स्थानों पर घास लगाएँ। इससे भूमि बँधी रहेगी तथा भूमि कटाव नहीं होगा।
- रसोई के कचरे से कम्पोस्ट खाद बनाएँ तथा इसे घर के बगीचे एवं गमलों में इस्तेमाल करें।
- तेज धारा से पौधों को सिंचित न करें वरना इससे अच्छी मिट्टी बह जाएगी।
- छिड़काव सिंचाई को प्रयोग में लाएँ।
- हरी खाद का इस्तेमाल करें तथा बगीचे का घास-पात एवं कूड़ा भी इस्तेमाल में लाएँ, इससे भूमि का बचाव होगा।
- अगर आपके खेत हैं तो इनकी अधिक सिंचाई न करें।
- मिली-जुली फसलों की खेती करें ताकि भूमि के विशेष पोषक तत्व कम न हों।
- सतत कृषि को बढ़ावा दें।
- भोजन को व्यर्थ नष्ट न करें। उतना ही लें जितना आप खा सकें।
- पीड़क-जन्तु मारने वाली दवाओं का कम प्रयोग करें।
- अपनी फसलों में जैविक-खाद का इस्तेमाल करें।

- पौधों को सिंचित करने के लिए टपकने वाली विधि का प्रयोग करें।
- स्थानीय एवं मौसमी सब्जियाँ खाएँ इससे परिवहन में इस्तेमाल होने वाली ऊर्जा ताथा संग्रहण करने में खर्च होने वाली ऊर्जा बचेगी।
- कीटों की रोकथाम के लिए 'एकीकृत कीट प्रबंधन' अपनाएँ।

■ सतत् जीवन शैली के लिए संसाधनों का समान उपयोग (Equitable Use of Resources for Sustainable Life Style)

विश्व में उत्तर एवं दक्षिण के बीच विचारों की विभिन्नता है। एक ओर तो अधिक विकसित देश जिनके पास सब कुछ है तथा दूसरी ओर कम विकसित प्रदेश जिनमें इतना कुछ उपलब्ध नहीं है। कम विकसित होने का यह अर्थ ये नहीं है कि वे पिछड़े हुए हैं। असल में ऐसे देश सांस्कृतिक आधार पर बहुत समृद्ध हैं। परन्तु आर्थिक दृष्टि से वे उतने विकसित नहीं हैं। इन दोनों गुटों में अंतर, मुख्यत:, जनसंख्या एवं संपदाओं के कारण पैदा हुआ है।

अधिक विकसित देशों में विश्व की आबादी का केवल 22% भाग है जबकि ये देश विश्व की 88% प्राकृतिक संपदाओं का इस्तेमाल करते हैं, 73% ऊर्जा खर्च करते हैं तथा 85% धन पर अधिकार रखते हैं। इन सबके बदले वे विश्व में प्रदूषण का बड़ा भाग उत्पन्न करते हैं। इन देशों में संयुक्त राज्य अमेरिका, कनाडा, जापान, रूस, आस्ट्रेलिया, न्यूजीलैंड तथा पश्चिमी यूरोप के देश हैं।

कम विकसित देशों में, बहुत कम औद्योगिक प्रगति हुई है, इनमें विश्व की आबादी का 78% हिस्सा निवास करता है। ये प्राकृतिक संपदाओं का केवल 12% तथा ऊर्जा का 27% भाग ही इस्तेमाल करते हैं। इनकी आमदनी विश्व की आमदनी का केवल 15% है। कम विकसित देशों में जनसँख्या के बढ़ने से दोनों गुटों के बीच की दूरी और भी बढ़ती जा रही है।

ज्यों-ज्यों समृद्ध राष्ट्र अधिक विकसित हो रहे हैं, वे प्रदूषण को बढ़ावा दे रहे हैं। परिणामस्वरूप भूमि की जीवन को चिर स्थाई रखने की क्षमता को खतरा हो रहा है। दूसरी ओर निर्धन देश अभी भी जनसंख्या वृद्धि तथा गरीबी की समस्याओं से जूझ रहे हैं। इनके पास संपदाओं का बहुत कम भाग आता है जिससे अस्थिरता उत्पन्न होती है।

ज्यों-ज्यों समृद्ध देश विकसित हो रहे हैं वे अंतत: एक सीमा तक पहुँच जाएँगे। यदि इनकी प्रगति की दर 10% प्रति वर्ष भी हो तो भी वे अगले 70 वर्ष में 1024 गुणा अधिक समृद्ध हो जाएँगे। क्या यह प्रगति चिर स्थाई होगी? नहीं, क्योंकि हमारी भूमि की बहुत-सी संपदाएँ सीमित मात्रा में हैं। पुनर्स्थापित होने वाली संपदाओं का अस्थिर होने का डर है, यदि इनका इस्तेमाल अधिक और नवीकरण कम होता गया।

अत:, इस समस्या का यही हल है कि संपदाओं एवं धन का न्यायसंगत बँटवारा हो। हम निर्धन देशों से तो यह आशा नहीं रख सकते कि वे प्रदूषण की रोकथाम के लिए अपना विकास रोक दें क्योंकि विकास में प्रगति से ही रोजगार पैदा होते हैं और इन देशों की सबसे बड़ी समस्या तो गरीबी है। विश्व स्तर पर एक समान विचारधारा का बनना आवश्यक है जिससे मूल संपदाओं जैसे पीने का पानी, भोजन, ईंधन आदि का एक संतुलित वितरण हो सके। इससे कम से कम विकासशील देशों के लोग जीवित रहने की हालत में तो रह सकेंगे। जब तक इन लोगों को मूल संपदाओं का पर्याप्त भाग नहीं मिल पाता, हम गंदी, प्रदूषित, स्वास्थ्यहीन तथा रोगयुक्त बस्तियों को पनपने की समस्या से नहीं निपट सकते।

अत: असततता (Unsustainability) के मुख्यत: दो कारण हैं। एक तो गरीब देशों में जनसंख्या वृद्धि तथा संपदाओं का कम उपयोग और दूसरी ओर समृद्ध देशों द्वारा संपदाओं का अधिक इस्तेमाल तथा इस कारण पैदा होने वाले अपशेषी पदार्थों की अधिकता। स्थिर एवं चिर-स्थाई जीवन शैलियों के विकास के लिए यह अनिवार्य है कि विश्व संपदाओं एवं धन का संतुलित वितरण हो ताकि प्रत्येक व्यक्ति की मूल आवश्यकताएँ पूरी हो सके।

समृद्ध देशों को अपनी खपत में कमी लानी होगी तथा अधिक संपदाओं को उपलब्ध करवाकर निर्धन देशों की न्यूनतम जरूरतों को पूरा करना होगा। संपदाओं का न्यायसंगत वितरण अमीर-गरीब के बीच फर्क कम करने में सहायक होगा। इसके फलस्वरूप सभी को सतत विकास का अवसर मिलेगा, न कि कुछ विशेष सुविधा प्राप्त गुटों को।

प्रश्न

1. नवीकरणीय और अनवीकरणीय संसाधनों से आप क्या समझते हैं? उदाहरण देकर स्पष्ट करें।
2. वनों के प्रमुख उपयोगों का वर्णन कीजिए। आप कैसे सिद्ध करेंगे कि वनों के वाणिज्यिक उपयोगों की अपेक्षा पारिस्थितिकीय उपयोग अधिक हैं?
3. वनों की कटाई के प्रमुख कारण व परिणाम क्या हैं?
4. बड़े बाँधों द्वारा वनों और जनजातियों पर पड़ने वाले प्रभावों का संबंधित उदाहरण की मदद से वर्णन करें।
5. 'जलायश' का अर्थ क्या है? जलाशय के विभिन्न प्रकारों का वर्णन करें।
6. भूमिगत जल के अधिक उपयोग से पड़ने वाले पर्यावरणीय प्रभावों का वर्णन करें।
7. बाढ़ व सूखे का, प्रभावों के आधार पर वर्णन करें।
8. जल-विवादों के मुख्य कारण क्या हैं ? किसी एक अन्तर्राष्ट्रीय एवं एक अन्तर्राज्यीय जल-विवाद का वर्णन कीजिए।

9. क्या हमें बड़े बाँधों का निर्माण करना चाहिए? अपने उत्तर की पुष्टि कीजिए।
10. खनिजों के विभिन्न प्रकार कौन-से हैं?
11. खनिजों के दोहन के प्रमुख पर्यावरणीय प्रभावों का वर्णन कीजिए।
12. अधिक चराई से क्या अभिप्राय है? यह पर्यावरणीय ह्रास के लिए किस प्रकार उत्तरदाई है?
13. निम्नलिखित से आप क्या समझते हैं?
    (क) यूट्रोफिकेशन (ख) महा-कीट (ग) अस्थाई कृषि (घ) जलाक्रांति
14. अनवीकरणीय संसाधनों का संक्षेप में वर्णन कीजिए।
15. 'सोलर सैल' क्या है? चित्र की सहायता से इसके उपयोगों का वर्णन कीजिए।
16. पवन उर्जा के महत्व एवं दुष्प्रभावों का वर्णन कीजिए।
17. महासागरों से प्राप्त होने वाली उर्जा के विभिन्न प्रकारों का वर्णन कीजिए।
18. बायोगैस क्या है? बायोगैस संयंत्र की संरचना एवं कार्यप्रणाली का वर्णन कीजिए।
19. नाभिकीय उर्जा क्या है? इसके दो प्रकारों का वर्णन कीजिए।
20. मृदा-अपरदन क्या है? इसे कैसे रोका जा सकता है?
21. आप व्यक्तिगत स्तर पर किस प्रकार प्राकृतिक संसाधनों का संरक्षण कर सकते हैं?

वस्तुनिष्ठ प्रश्न

(क) खाली स्थान भरें–

1. ...... संसाधन कभी खत्म न होने वाले संसाधन है, जिन्हें निश्चित समय में पुनर्स्थापित किया जा सकता है।
2. ...... संसाधनों को पुनर्स्थापित नहीं किया जा सकता है।
3. पौधे प्रकाश-संश्लेषण प्रक्रिया में ...... गैस का प्रयोग करते हैं।
4. किसी भी देश का ...... भूभाग वनों से ढका होना चाहिए।
5. भारत में अधिकतम बाँध ...... राज्य में हैं।
6. उत्तरांचल में भागीरथी नदी पर बना ...... बाँध सबसे ऊँचा बाँध है।
7. हिमाचल प्रदेश में सतलुज नदी पर बना ...... बाँध, क्षमता के आधार, पर सबसे ऊँचा बाँध है।
8. टिहरी बाँध से संबंधित पर्यावरणीय मुद्दों की अगुवाई चिपको आँदोलन के जन्मदाता श्री ...... करते हैं।
9. मेधा पाटेकर ...... बाँध से संबंधित हैं।
10. पृथ्वी का लगभग ...... भाग जल से ढका हुआ है।
11. पृथ्वी पर उपस्थित कुल जल का ......% भाग भूमिगत जल और ताजा जल के रूप में उपलब्ध है।

12. अवसादों की तह अथवा चट्टान जो पारगम्य है और जल को एकत्र करती है, ... कहलाती है।
13. जलाशय जो पारगम्य चट्टानों से ढके हैं और जल के रिसने द्वारा पानी एकत्र करते हैं, ... जलाशय कहलाते हैं।
14. जलाशय जो अपारगम्य चट्टानों के बीच स्थित है, ... जलाशय कहलाते हैं।
15. सामान्य से कम वार्षिक वर्षण और वाष्पीकरण की दर अधिक होने पर ...... लक्षण जन्म लेते हैं।
16. कावेरी जल विवाद ...... और ...... राज्यों के बीच हैं।
17. यूरेनियम का खनन आंध्रप्रदेश के ...... क्षेत्र में होता है।
18. बॉक्साइट से ...... धातु का निष्कर्षण होता है।
19. उवर्रकों का अधिक उपयोग मृदा में ...... असंतुलन को जन्म देता है।
20. झीलों में यूट्रोफिकेशन ...... और ...... की अधिकता से उत्पन्न होता है।
21. जलाक्रांत भूमि में पौधों की जड़ों को श्वसन हेतु पर्याप्त मात्रा में ...... नहीं मिलती।
22. ज्वार भाटा ...... और ...... के गुरुत्वाकर्षण का परिणाम है।
23. भारत में ...... डेल्टा ज्वारीय उर्जा का क्षेत्र है।
24. महासागरीय उष्मा उर्जा रूपांतरण हेतु सतही एवं गहरे जल में ...... डिग्री सेल्सियस या अधिक तापमान का अंतर आवश्यक है।
25. ...... पौधों में दूध जैसा पदार्थ निकलता है जो हाइड्रोकार्बन से समृद्ध है।
26. बायोगैस जैव अपशिष्टों के ...... अपघटन से उत्पन्न होती है।
27. गैसोहोल ...... और ...... का मिश्रण हैं।
28. प्राकृतिक गैस का 95% भाग ...... है।
29. नाभिकीय विखंडन में उर्जा उत्पन्न करने हेतु विशेष आइसोटोप को ...... से टकराया जाता है।
30. सीढ़ीनुमा खेती ...... क्षेत्रों में मृदा संरक्षण में सहायक है।
31. अपर्याप्त जल-निकास एवं सिंचाई की अनुचित व्यवस्था मृदा में ...... और ...... को जन्म देती है।

(ख) सही उत्तर पर चिन्ह लगाएँ–

1. प्रकाश संश्लेषण के दौरान पौधे उत्पन्न करते हैं

   (क) ऑक्सीजन (ख) कार्बन-डाई-ऑक्साइड

   (ग) नाइट्रोजन (घ) कार्बन-मोनो-ऑक्साइड

2. वन मृदा अपरदन को रोकने में सहायक है–
   (क) तनों द्वारा (ख) पत्तों द्वारा
   (ग) जड़ों द्वारा (घ) कोपलों द्वारा
3. लकड़ी की लुग्दी (Wood pulp) किसे बनाने में प्रयोग होती है?
   (क) लकड़ी का सामान (ख) बोर्ड
   (ग) कागज (घ) प्लाईवुड
4. वनों की कटाई की दर चौंकाने वाली है–
   (क) शीतोष्ण देशों में (ख) उष्ण-कटिबंधीय देशों में
   (ग) ध्रुवीय क्षेत्र में (घ) इनमे से कोई नहीं
5. वनों की कटाई के प्रमुख कारण है–
   (क) अस्थाई कृषि (ख) ईंधन की माँग
   (ग) उद्योगों के लिए कच्चा माल (घ) ऊपर दिये गये सभी
6. वनों की कटाई के प्रमुख परिणाम हैं–
   (क) वन्य जीवों के प्राकृतिक आवास का विनाश
   (ख) जल-चक्रण पर प्रभाव
   (ग) मृदा-अपरदन
   (घ) ऊपर दिये गये सभी
7. जल का प्रति व्यक्ति उपयोग अधिकतम है–
   (क) संयुक्त राज्य अमेरिका में (ख) भारत में
   (ग) कुवैत में (घ) इंडोनेशिया में
8. भूमि का धँसना किसका परिणाम है?
   (क) जल का अधिक दोहन व कम संग्रहण
   (ख) दोहन से अधिक संग्रहण
   (ग) दोहन एवं संग्रहण की समान मात्रा
   (घ) इनमे से कोई नहीं
9. निम्नलिखित में कौन-सा मध्य-पूर्वी राष्ट्र 'जल महाशक्ति' बनना चाहता है?
   (क) कुवैत (ख) सीरिया
   (ग) जॉर्डन (घ) तुर्की
10. सतलुज-यमुना लिंक नहर विवाद किन राज्यों के बीच है?
   (क) पंजाब और हरियाणा (ख) कर्नाटक और तमिलनाडु
   (ग) दिल्ली और उत्तर प्रदेश (घ) ऊपर दिये गए सभी

11. अत्यधिक चराई का परिणाम है–

(क) उपजाऊ मृदा (ख) मृदा-अपरदन

(ग) उपयोगी प्रजातियों का संग्रह (घ) ऊपर दिये गए सभी

12. मैटहीमोग्लोबीनिमिया (ब्लू बेबी सिंड्रोम) किसके द्वारा जल-संदूषण से उत्पन्न होता है?

(क) फॉस्फेट (ख) सल्फर

(ग) आर्सेनिक (घ) नाइट्रेट

13. खाद्य-श्रृंखला में अपघटित न होने वाले पदार्थों के एकत्र होने को कहते हैं–

(क) जैव-सांद्रण (ख) जहर के प्रभाव में कमी

(ग) ऊपर दिये गए दोनों (घ) इनमे से कोई नहीं

14. भूगर्भीय उर्जा से चलने वाले गर्म पानी के झरने किस जगह स्थित है?

(क) कुल्लू में मणिकरन (ख) हरियाणा में सोहना

(ग) इनमें से कोई नहीं (घ) ऊपर दिये गए दोनों

15. बायोमास उर्जा प्राप्त की जा सकती है–

(क) पौधारोपण द्वारा

(ख) पैट्रो पौधों द्वारा

(ग) औद्योगिक एवं कृषि जैवभार द्वारा

(घ) ऊपर दिये गए सभी

16. निम्नलिखित में किसकी कार्बन की मात्रा एवं उष्मीय क्षमता (Calorific Value) अधिकतम है?

(क) ऐंथ्रेसाइट (ख) बिटूमिनस

(ग) लिग्नाईट (घ) लकड़ी का कोयला

17. नाभिकीय ऊर्जा का स्रोत है–

(क) नाभिकीय विखंडन (ख) नाभिकीय संलयन

(ग) ऊपर दिए गए दोनों (घ) इनमें से कोई नहीं

18. ऊपरी एक इंच मृदा के निर्माण में लगने वाला समय–

(क) 10 वर्ष (ख) 50 वर्ष

(ग) 100 वर्ष (घ) 200 वर्ष

19. मृदा पर न्यूनतम प्रभाव पड़ता है–

(क) सीढ़ीनुमा खेती में

(ख) बिना जुताई की कृषि में

(ग) सतही कृषि

(घ) कृषि वानिकी

20. मरुस्थलीकरण के लिए कौन जिम्मेदार है?
(क) जंगलों की कटाई (ख) अत्यधिक चराई
(ग) खनन (घ) ऊपर दिए गए सभी

(ग) निम्नलिखित कथनों में सही/गलत की पुष्टि कीजिए–

1. भूजल की अपेक्षा सतही जल की मात्रा अधिक है। (सही/गलत)
2. बाढ़ों से निपटने के लिए राष्ट्रीय स्तर पर नदियों को जोड़ने की योजना बनाई गई है। (सही/गलत)
3. सिंधु जल समझौते के अनुसार सिंधु, झेलम और चेनाब नदियाँ भारत को और राबी, सतलुज और ब्यास पाकिस्तान को दी गई। (सही/गलत)
4. बड़े बाँधों की अपेक्षा छोटे बाँध अधिक प्रभावी है। (सही/गलत)
5. ताँबा की खदान खेतड़ी, राजस्थान में स्थित है। (सही/गलत)
6. यूरेनियम की खुदाई के कारण स्थानीय लोगों पर रेडियोधर्मी प्रभाव पड़ता है। (सही/गलत)
7. एल्ड्रिन का तकनीकी नाम डाईक्लोरो डाईफिनाईल ट्राईक्लोरो इथेन है। (सही/गलत)
8. मृदा की लवणता का कारण अत्याधिक सिंचाई है। (सही/गलत)
9. सोलर सैल अर्धचालक पदार्थ सिलिकॉन और गैलियम से बने होते हैं। (सही/गलत)
10. सौर उष्मा का प्रयोग बल्ब, पंप, टेलीविजन, कैलकुलेटर आदि को चलाने के लिए नहीं हो सकता। (सही/गलत)
11. पवन-चक्कियों को लगाने हेतु आदर्श क्षेत्र तटीय क्षेत्र, खुले मैदान और पहाड़ी क्षेत्र है। (सही/गलत)
12. जल शक्ति से पर्यावरण प्रदूषण होता है। (सही/गलत)
13. भूगर्भीय ऊर्जा चट्टानों में उपस्थित रेडियोधर्मी पदार्थों के नाभिकीय विखंडन से उत्पन्न होती है। (सही/गलत)
14. गोबर के जलाने से उष्मा उत्पन्न होती है परंतु नाइट्रोजन और फॉस्फोरस जैसे आवश्यक पोषक तत्व बने रहते हैं। (सही/गलत)
15. बायोगैस से निकला अवमल (Sludge) खाद के रूप में प्रयोग नहीं हो सकता। (सही/गलत)

16. रिसाव को जाँचने के लिए LPG में इथाईल मरकैप्टन गैस डाली जाती है। (सही/गलत)

17. मृदा–अपरदन मृदा की उवर्रता बनाए रखने में सहायक है। (सही/गलत)

18. कृषि–वानिकी फसलों के साथ पेड़ों को उगाने की प्रक्रिया है। (सही/गलत)

19. पहाड़ी क्षेत्रों में नालियों का बनना मृदा अपरदन का सामान्य रूप है। (सही/गलत)

20. 20 सेमी. से नीचे की मृदा उपजाऊ होती है। (सही/गलत)

इकाई

3 पारिस्थितिक-तंत्र
Ecosystems

विभिन्न प्रकार के प्राणियों का लालन-पालन करने वाले वन, घास क्षेत्र, समुद्र, नदियाँ, पर्वत, मरुस्थल आदि अपने स्वरूप, संरचना व कार्य में एक-दूसरे से बहुत भिन्न हैं। पर फिर भी उनमें कुछ समानताएँ हैं, जैसे कि इन सभी में किसी-न-किसी प्रकार के हरे पौधे, सूक्ष्म जीव, शाकाहारी व माँसाहारी जीव पाये जाते हैं जो एक सुनिश्चित रूप में अपने आस-पास के पर्यावरण से ऊर्जा व पदार्थों का आदान-प्रदान करते हैं। पर्यावरण के जैविक व भौतिक घटकों का आपस में गहन संबन्ध है जो हर जीव-विशेष को प्रभावित करते हैं।

विभिन्न जीवों का उनके भौतिक एवं जैविक पर्यावरण के साथ संबंध के अध्ययन को पारिस्थितिकी कहते हैं। संक्षेप में यह पर्यावरण के विभिन्न घटकों के आपस में संबध का अध्ययन है। एरनेस्ट हैकेल ने 1869 में पहली बार **'पारिस्थितिकी'** (ecology) शब्द की रचना की थी।

एक ही जाति के विभिन्न जीव जो एक ही भौगोलिक पर्यावरण में रहकर वृद्धि एवं प्रजनन की क्रिया करते हैं उस प्रजाति की **जनसंख्या** (population) कहलाते हैं। ये जीव अपने अस्तित्व के लिए पर्यावरण के जैविक और अजैविक घटकों पर निर्भर करते हैं। अत: **पारिस्थितिक-तंत्र (ecosystem) जीवों के अस्तित्व के लिए जैविक और अजैविक घटकों के साथ सम्मिश्रिण है।** एक प्रकार से पारिस्थितिक-तंत्र विभिन्न इकाइयों का मेल है जो आपस में जुड़ी हुई हैं। इन इकाइयों के बीच पदार्थ एवं उर्जा का आदान-प्रदान होता रहता है।

पारिस्थितिक-तंत्र की विशेषताएँ (Ecosystem Characteristics)

पारिस्थितिक-तंत्र में आकार, रूप एवं संघटन के आधार पर अनेक विभिन्नताएँ हैं परंतु सभी तंत्रों का आधारभूत ढाँचा समान है।

■ संरचनात्मक विशेषताएँ (Structural Features)

जैविक समुदायों की संगठन व्यवस्था अजैविक घटकों के साथ मिलकर पारिस्थितिक-तंत्र का निर्माण करते हैं।

I. जैविक संरचना (Biotic Structure)

इसमें पौधे, पशु एवं सूक्ष्म जीव शामिल हैं। ये जीव तंत्र के विभिन्न स्तरों पर पोषण एवं व्यवस्था के विभिन्न रूप दर्शाते हैं और इन स्तरों के आधार पर इन्हें उत्पादक एवं उपभोक्ता का दर्जा दिया गया है।

(क) **उत्पादक (Producers)** — ये मुख्यत: हरे पौधे होते हैं जो वायुमंडल से कार्बन-डाई-ऑक्साइड, मृदा से जल एवं पोषक तत्व लेकर सूर्य के प्रकाश एवं क्लोरोफिल की उपस्थिति में अपना भोजन स्वयं बनाते हैं। भोजन बनाने की इस प्रक्रिया को **'प्रकाश-संश्लेषण'** कहते हैं। कुछ सूक्ष्म जीव जैविक पदार्थों और अन्य रसायनों का प्रयोग करके भी भोजन बनाते हैं। उदाहरणार्थ, कुछ बैक्टीरिया रेडियोधर्मी तत्वों एवं सल्फर का प्रयोग करके भोजन बनाते हैं।

(ख) **उपभोक्ता (Consumer)** — सभी जीव जो भोजन के लिए दूसरे जीवों पर निर्भर रहते हैं, उपभोक्ता कहलाते हैं। ये निम्नलिखित प्रकार के हैं –

(*i*) **शाकाहारी**–सभी जीव जो भोजन के लिए पौधों पर निर्भर रहते हैं, शाकाहारी कहलाते हैं। जैसे–खरगोश, कीड़े, मनुष्य आदि।

(*ii*) **माँसाहारी**–जो जीव भोजन के लिए शाकाहारी या अन्य जीवों पर निर्भर रहते हैं, माँसाहारी कहलाते हैं। भोजन-शृंखला में स्तर के आधार पर इन्हें द्वितीय अथवा तृतीय श्रेणी का माँसाहारी का दर्जा दिया जाता है। जैसे–मेंढक (द्वितीय श्रेणी का माँसाहारी), साँप (तृतीय श्रेणी का माँसाहारी)।

(*iii*) **सर्वाहारी**–ये जीव भोजन के लिए पौधों व अन्य जीवों, दोनों, पर निर्भर करते हैं। जैसे–चूहा, मनुष्य आदि।

(ग) **अपघटक (Decomposers)** — ये जीव अपना भोजन जैविक पदार्थों के अपघटन द्वारा प्राप्त करते हैं। इस श्रेणी में सूक्ष्म जीव जैसे बैक्टीरिया और फफूंद आदि आते हैं।

II. अजैविक संरचना (Abiotic Structure)

पारिस्थितिक-तंत्र के भौतिक एवं रासायनिक घटक अजैविक संरचना का निर्माण करते हैं। जलवायु, मृदा, भौगोलिक विशेषताएँ, ऊर्जा, पोषक-तत्व आदि इसके प्रमुख घटक हैं।

(क) **भौतिक कारक** – सौर-प्रकाश एवं छाया, सूर्य की अवधि, तापमान, वार्षिक-वर्षण, वायु, अक्षांश व देशांतर की स्थिति, मृदा के प्रकार, जल आदि घटक पारिस्थितिक-तंत्र के भौतिक कारकों में प्रमुख हैं।

(ख) **रासायनिक कारक** – प्रमुख पोषक-तत्व जैसे कार्बन, हाइड्रोजन, नाइट्रोजन, फास्फोरस, ऑक्सीजन, सल्फर, लवण व अन्य जैविक पदार्थ पारिस्थितिक-तंत्र के कार्य को प्रभावित करते हैं।

पारिस्थितिक-तंत्र के जैविक एवं अजैविक घटक परस्पर प्रभाव डालते हैं। ये खाद्य-शृंखला एवं पदार्थ-चक्रण द्वारा एक-दूसरे से जुड़े रहते हैं।

■ व्यावहारिक विशेषताएँ (Functional Characteristics)

पर्यावरणीय प्रभाव के अनुकूल ढालने हेतु सभी जैविक घटक एक निश्चित एवं व्यवस्थित रूप से कार्य करते हैं। पारिस्थितिक-तंत्र की कार्य-प्रणाली के मुख्य घटक निम्नलिखित हैं :

(1) खाद्य-शृंखला एवं खाद्य-जाल

(2) ऊर्जा-प्रवाह

(3) पदार्थ-चक्रण

(4) प्राथमिक एवं द्वितीय उत्पादन

(5) पारिस्थितिक तंत्र का विकास, संचालन तथा संतुलन।

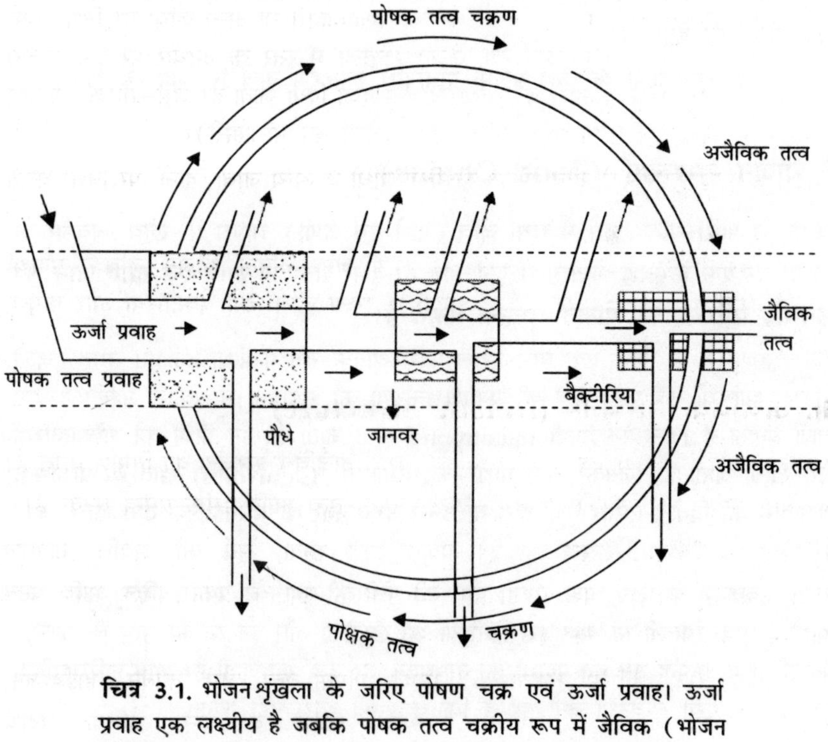

चित्र 3.1. भोजनशृंखला के जरिए पोषण चक्र एवं ऊर्जा प्रवाह। ऊर्जा प्रवाह एक लक्ष्यीय है जबकि पोषक तत्व चक्रीय रूप में जैविक (भोजन शृंखला) से अजैविक एवं अन्य सभी घटकों में विचरण करते हैं।

■ खाद्य-स्तर (Trophic Structure)

खाद्य-शृंखलाओं में क्रमशः पड़ाव होते हैं जिन्हें खाद्य-स्तरों (Trophic Levels) का नाम देते हैं। उदाहरण के लिए हरे पौधे (उत्पादक) पहला खाद्य-स्तर बनाते हैं जिसे उत्पादक स्तर भी कह सकते हैं। फिर शाकाहारी (पौधे खाने वाले), जिन्हें प्राथमिक उपभोक्ता भी कहते हैं, दूसरा खाद्य-स्तर बनाते हैं जिसे प्राथमिक उपभोक्ता स्तर भी कह सकते हैं। तत्पश्चात माँसाहारी, जिन्हें द्वितीय उपभोक्ता का नाम देते हैं, तीसरा खाद्य स्तर बनाते हैं, जिसको द्वितीय उपभोक्ता स्तर भी कहा जा सकता है।

यह वर्णन करना आवश्यक है कि एक खाद्य-शृंखला में विभिन्न स्तरों पर उपलब्ध ऊर्जा की मात्रा एक के बाद एक कम होती जाती है क्योंकि हर स्तर पर कुछ ऊर्जा व्यर्थ जाती है जिसे ऊष्मा गतिकी (Thermodynamics) के दूसरे सिद्धांत के आधार पर समझाया जा सकता है। इस सिद्धांत के अनुसार ऊर्जा का एक से दूसरे रूप में बदलाव सुचारु नहीं होता तथा इस प्रक्रिया में ऊर्जा व्यर्थ भी जाती है। यह क्रिया (क्रमशः स्तरों पर ऊर्जा की हानि) खाद्य-शृंखला की लम्बाई को कम करके केवल 4-5 स्तरों तक ही सीमित कर देती है।

खाद्य-शृंखलाओं के कुछ प्ररूपी प्रतिनिधि उदाहरण नीचे दिए जा रहे हैं।

■ भोजन-शृंखलाएँ (Food Chains)

किसी भी पारिस्थितिक तंत्र में सभी जीव (पौधे एवं प्राणी) आपस में, खाद्य व्यवहार के आधार पर एक क्रमबद्ध शृंखला में जुड़े होते हैं। दूसरे शब्दों में **खाने एवं खाए जाने की क्रमबद्ध प्रक्रिया को भोजन-शृंखला कहते हैं।**

उदाहरण के लिए, एक घास-स्थल पारिस्थितिक-तंत्र में पौधों का पूरा समूह (जड़ी बूटियाँ, झाड़ियाँ एवं पेड़) सूर्य की प्रकाश किरणों की सहायता से प्रकाश संश्लेषण द्वारा खाद्य बनाता है जिन्हें स्वयंपोषी (autotrophs) कहा जाता है। इन पौधों को शाकाहारियों द्वारा खाया जाता है, जिनको आगे प्राथमिक मांसाहारी (Carnivores) खाते हैं। प्राथमिक मांसाहारी को द्वितीय मांसाहारियों द्वारा या उनसे उच्च स्तर के मांसाहारियों द्वारा खाया जाता है।

उदाहरण के लिए, एक सुण्डी पौधे की पत्ती को खाती है, एक चिड़िया सुण्डी को खाती है, एक बिल्ली या बाज उस चिड़िया को खाती है और इन सबकी मृत्यु के पश्चात् बैक्टीरिया या फफूंद उन मृत पदार्थों का अपघटन कर उन्हें खा जाती है। यानि पारिस्थितिक तंत्र में एक ऐसी व्यवस्था बनी हुई है कि कुछ भी व्यर्थ नहीं जाता।

खाद्य-शृंखला के कुछ उदाहरण इस प्रकार हैं :

- घास → टिड्डी → मेंढक → साँप → बाज (घास क्षेत्र पारिस्थितिक-तंत्र)

- पाद-प्लवक → जल के पिस्सू → छोटी मछली → बड़ी मछली (तालाब पारिस्थितिक-तंत्र)
- लाईकन (काई) → रेंडियर → मनुष्य (टुंड्रा पारिस्थितिक-तंत्र)

किसी भी खाद्य-शृंखला में हरे पौधे हमेशा पहला स्तर बनाते हैं तथा इसीलिए इन्हें प्राय: 'प्राथमिक उत्पादक' का नाम देते हैं। इन उत्पादकों में संचित ऊर्जा, शाकाहारियों द्वारा ले ली जाती है। फिर शाकाहारी माँसाहारियों का भोजन बनते हैं तभी इन्हें द्वितीय उपभोक्ता कहते हैं। माँसाहारी प्राय: तीन स्तरों में बाँटे जाते हैं प्राथमक उपभोक्ता, द्वितीय उपभोक्ता एवं तृतीय उपभोक्ता। कुछ जीवों को सर्वाहारी (Omnivorous) कहा जाता है क्योंकि ये उत्पादकों एवं उपभोक्ताओं (माँसाहारियों) दोनों को खाद्य-शृंखला के आरंभ में ही खाते हैं। दो या दो से अधिक प्रजातियाँ एक ही खाद्य स्तर भी उपस्थित हो सकती हैं।

खाद्य-शृंखलाओं के प्रकार (Types of Food Chains)

प्रकृति में प्राय: दो प्रकार की खाद्य-शृंखलाएँ होती हैं, चराई खाद्य-शृंखला तथा अपरद खाद्य-शृंखला।

(अ) चराई खाद्य-शृंखला (grazing food chain) यह शृंखला घास स्थल पारिस्थितिक तंत्र में घास से शुरू करके शाकाहारी से होती हुई—माँसाहारियों (प्राथमिक, द्वितीय एवं तृतीय) तक जाती है तथा जलीय पारिस्थितिक तंत्र में पादप-प्लवकों (phytoplankton) से शुरू होकर प्राणि-प्लवकों (Zoo planktons) से होती हुई छोटी मछलियों से जाकर—बड़ी मछलियों तक पहुँचती है। (चित्र 3.2)

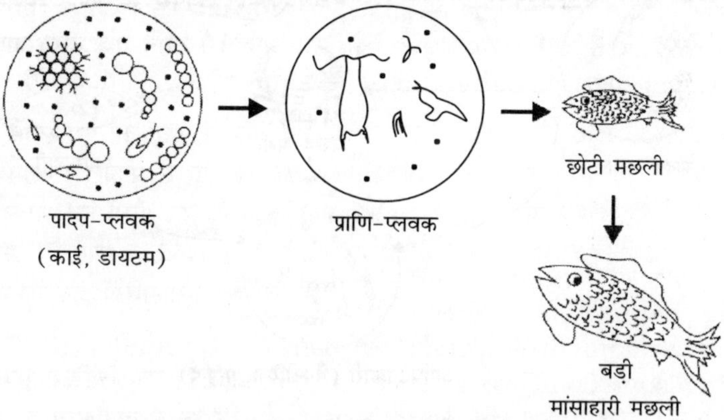

चित्र 3.2. जलीय पारिस्थितिक-तंत्र में चराई भोजन शृंखला।

घास-स्थल में हरे पौधे (उत्पादक) पहला स्तर बनाते हैं। ये पौधे शाकाहारियों का (जैसे कीट, चूहे, मूषक, चरने वाले पशु) भोजन बनते हैं, जो अंत में माँसाहारियों द्वारा खाए जाते हैं। चराई खाद्य-शृंखलाएँ सीधे तौर पर सूर्य की किरणों के पड़ने पर निर्भर करती

है। हरे पौधे सूर्य की किरणों की सहायता से प्रकाश-संश्लेषण की विधि से खाद्य पदार्थ बनाते हैं। ये लम्बी खाद्य-शृंखलाएँ होती हैं तथा ये सदा अपघटन-कारी जीवों पर आकर समाप्त होती हैं। ऊर्जा की दृष्टि से, ये चराई खाद्य-शृंखलाएँ बहुत महत्त्वपूर्ण होती हैं।

(ब) अपरद खाद्य-शृंखला (Detritus food chain) ये खाद्य-शृंखलाएँ मृत जैविक पदार्थ पर निर्भर होती हैं जिसे अपरद (Detritus) भी कहते हैं। अत: यह शृंखलाएँ सीधे सूर्य ऊर्जा पर निर्भर नहीं होती।

अपरद खाद्य-शृंखला का आरंभ बिन्दु अपघटित जैविक पदार्थ है। यह अपरद पहले अपघटनकारी जीवों, जैसे बैक्टीरिया, कवक तथा प्रोटोज़ोआ, का भोजन बनता है। इनको प्राथमिक उपभोक्ता कहा जाता है। इन जीवों को इसी कारण अपरद-पोषी जीव कहते हैं। फिर अपरद-पोषी जीव कुछ शिकारी जीवों, जैसे कीट-लार्वे, नैमाटोड का भोजन बनते हैं। अपरद-पोषी जीवों का मुख्य कार्य मृत जैविक पदार्थ को अपघटित करके, अजैविक तत्वों को निकालकर, पारिस्थितिक-तंत्र में भेजना होता है। पारिस्थितिक-तंत्रों में अजैविक तत्वों का पुनर्चक्रण इन तंत्रों को सुचारु रखता है। चराई खाद्य- शृंखलाओं के मुकाबले में अपरद-खाद्य-शृंखलाएँ प्राय: छोटी होती हैं।

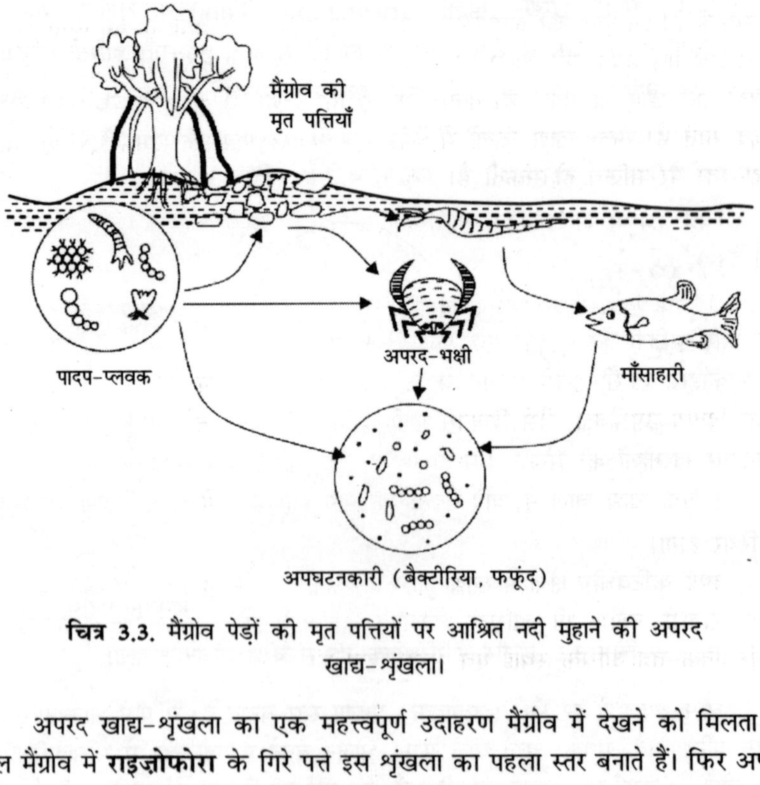

चित्र 3.3. मैंग्रोव पेड़ों की मृत पत्तियों पर आश्रित नदी मुहाने की अपरद खाद्य-शृंखला।

अपरद खाद्य-शृंखला का एक महत्त्वपूर्ण उदाहरण मैंग्रोव में देखने को मिलता है। लाल मैंग्रोव में **राइज़ोफोरा** के गिरे पत्ते इस शृंखला का पहला स्तर बनाते हैं। फिर अपरद

खाने वाले जीव जैसे बैक्टीरिया, कवक, प्रोटोज़ोआ आदि इस मृत जैविक पदार्थ पर अपना कार्य करते हैं तथा इन्हें साधारण अजैविक तत्वों में बदल देते हैं। फिर ये अपरद-पोषी अंततः उपभोक्ताओं, जैसे कीट लार्वे, केंकड़े, सिपियों, कोपिपौड, नैमेटोड, आदि का भोजन बन जाते हैं। इस खाद्य-शृंखला का आखिरी स्तर अपरद-भक्षी का उपभोक्ताओं, जैसे मछली आदि, द्वारा खाए जाना है जो बड़े माँसाहारी जीव हैं। (चित्र 3.3)

■ खाद्य-जाल (Food Web)

खाद्य-जाल कई खाद्य-प्रणालियों का एक जाल होता है जो परस्पर विभिन्न खाद्य स्तरों द्वारा जुड़ा होता है तथा जिनसे एक जैविक समुदाय के जीवों में एक-दूसरे को खाने के क्रमबद्ध सम्बंध होते हैं।

खाद्य-शृंखलाओं के विपरीत, खाद्य-जाल सरल व सीधे नहीं होते। इनमें आपसी संपर्क के ढाँचे इसलिए बन जाते हैं क्योंकि कोई भी एक जीव भिन्न-भिन्न खाद्य स्तर पर भागीदार बन सकता है। उदाहरणतः एक घास-स्थल पारिस्थितिक-तंत्र में चरने वाले पशु घास को खाते हैं। परन्तु इन पशुओं के अभाव में यही घास खरगोशों द्वारा भी खाई जा सकती है। इन दोनों की अनुपस्थिति में चूहे एवं मूषक भी घास को खा सकते हैं। इसी प्रकार चूहे एवं मूषक को शिकारी पक्षी अथवा साँप खा सकते हैं, तथा साँप भी शिकारी पक्षियों द्वारा खाए जा सकते हैं। तात्पर्य यह है कि प्रकृति में भोजन-संबंधी कई विकल्प मौजूद रहते हैं। अतः खाद्य जालों में कोई एक प्रजाति एक ही समय एक से अधिक खाद्य-स्तर पर सक्रिय हो सकती है।

चित्र 3.4 में अन्टार्कटिक पारिस्थितिक-तंत्र में उपस्थित खाद्य-जाल को दिखाया गया है।

1. एक खाद्य-जाल, भोजन उपलब्धि के वैकल्पिक मार्ग प्रदान करता है। उदाहरणतः यदि पारिस्थितिक तंत्र में कोई एक प्रजाति रोग आदि के कारण समाप्त हो जाए, तो वहाँ के शाकाहारी किसी दूसरी प्रजाति के उत्पादकों को अपना भोजन बना सकते हैं। इसी प्रकार द्वितीय उपभोक्ता, जैसे शिकारी पक्षी, चूहों एवं मूषकों को खा सकते हैं यदि उस स्थान पर खरगोशों की संख्या कम हो गई हो जिन पर कि वे सामान्यतः निर्भर होते हैं।

2. एक खाद्य-जाल में, यदि वैकल्पिक मार्ग अधिक होंगे तो वह खाद्य-जाल उतना ही स्थिर होगा।

उष्ण-कटिबंधीय क्षेत्रों में खाद्य-जाल अपेक्षाकृत जटिल होते हैं और यहाँ भोजन एवं भक्षण संबंधी पर्याय भी अधिक उपलब्ध हैं। अपेक्षाकृत जटिल खाद्य-जालों वाले पारिस्थितिक-तंत्र अधिक स्थाई एवं सुचारु होते हैं।

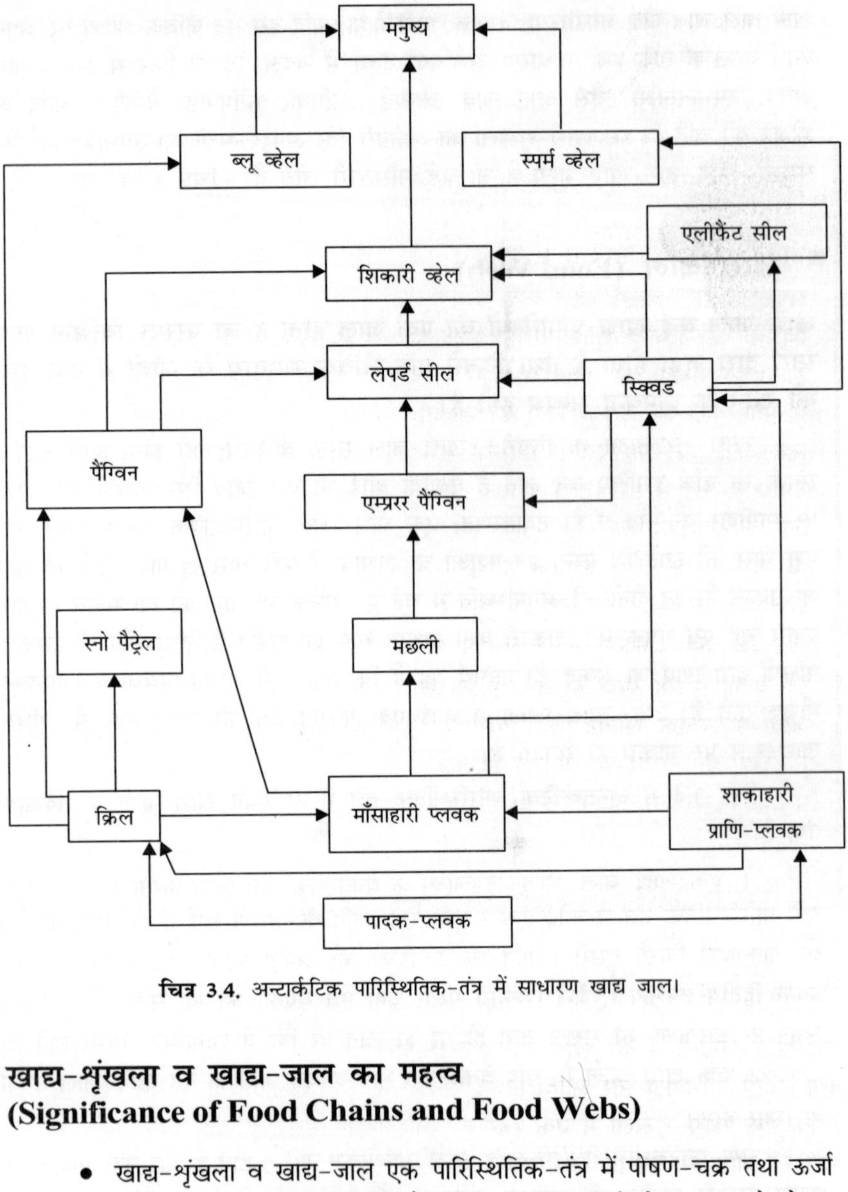

चित्र 3.4. अन्टार्कटिक पारिस्थितिक-तंत्र में साधारण खाद्य जाल।

खाद्य-शृंखला व खाद्य-जाल का महत्व (Significance of Food Chains and Food Webs)

- खाद्य-शृंखला व खाद्य-जाल एक पारिस्थितिक-तंत्र में पोषण-चक्र तथा ऊर्जा प्रवाह में मूल भूमिका अपनाते है क्योंकि इन्हीं कड़ियों के माध्यम से पोषक तत्वों व ऊर्जा का स्थानातरण होता है।

- खाद्य-शृंखला के माध्यम से कुछ रासायनिक पदार्थों का क्रमशः हर अगले स्तर पर अधिक से अधिक मात्रा में संचय होता है। जिसे जैव-सांद्रता (Biomagnification) कहा जाता है।

- खाद्य-जाल अधिक उत्पत्ति करने वाले जीवों की बढ़ती आबादी पर भी रोक लगाते हैं।
- खाद्य-जाल पारिस्थितिक-तंत्र के विकास में भी सहायता करते हैं।

विषय अध्ययन (CASE STUDY)

डी०डी०टी० की सांद्रता में वृद्धि :

समुद्र तट पर 'ओस्प्रे' जैसे कुछ पक्षियों की जनसंख्या में अचानक कमी आ गई जिसके कारण जीव-शास्त्रियों का ध्यान कीटनाशकों के दुष्प्रभाव की ओर आकृष्ट हुआ। इन पक्षियों की संतान समय से पहले अंडे से निकल कर मर जाती थी। बाद में पता चला कि इसके लिए डी०डी०टी० नामक रसायन उत्तरदायी था। खाद्य-श्रृंखला के द्वारा यह रसायन पक्षियों तक जा पहुँचा और पक्षियों के ऊतकों में उपस्थित वसा में संग्रहित होता चला गया। हालाँकि रोगाणुओं को नियंत्रित करने के लिए कीटनाशकों का कम मात्रा में छिड़काव किया गया, पर्यावरण में, खाद्य-प्रवाह के साथ प्रत्येक खाद्य-स्तर पर इसकी सांद्रता बढ़ती चली गई। पक्षियों में यह मात्रा इतनी बढ़ गई कि इनके अंडों के कवच पतले हो गए। ये अंडे आसानी से टूट जाते और इस प्रकार पक्षियों की संख्या में कमी आ गई।

इस घटना से यह स्पष्ट हो जाता है कि खाद्य स्तर पर सर्वोच्च स्थान पर रहने वाले जीवों पर घातक रसायनों का दुष्प्रभाव अपेक्षाकृत अधिक होता है। मनुष्य खाद्य-श्रृंखलाओं के आधार पर सर्वोच्च स्थान ग्रहण करता है और वह घातक रसायनों के प्रभावों से सुरक्षित नहीं है। अतः हमें कृषि व अन्य क्षेत्रों में कीटनाशकों एवं अन्य घातक रसायनों का प्रयोग बुद्धिमत्ता से करना चाहिए अन्यथा हम स्वयं के लिए ही घातक बन जायेंगे।

■ पारिस्थितिक पिरामिड (Ecological Pyramids)

एक खाद्य-श्रृंखला में कई खाद्य स्तर होते हैं–जैसे उत्पादक स्तर, प्राथमिक उपभोक्ता स्तर तथा द्वितीय उपभोक्ता स्तर आदि। ऊष्मा-गतिकी के दूसरे सिद्धान्त के आधार पर देखा गया है कि एक खाद्य-श्रृंखला में एक स्तर का जैविक-भार उससे पिछले स्तर का मात्र दसवाँ भाग रह जाता है। इसका अर्थ यह हुआ कि उत्पादकों से शुरू होकर अगले स्तरों की ओर संख्या, जैविक-भार एवं ऊर्जा, में निरन्तर बदलाव आते रहते हैं। जब इस पूरे क्रम को एक चित्र के रूप में प्रस्तुत करते हैं तो ये एक पिरामिड का आकार लेती है। उत्पादकों को पिरामिड के आधार पर रखा जाता है तथा उपभोक्ताओं को क्रमशः आधार के ऊपर। इस प्रकार बनने वाले पिरामिड को पारिस्थितिक पिरामिड (Ecological pyramid) कहा जाता है। पर यह कोई ज़रूरी नहीं कि ये पिरामिड नीचे से चौड़े व ऊपर से नुकीले हों। विशेषता व पारिस्थितिक-तंत्र के आधार पर इनकी शक्ल बदल जाती है।

पारिस्थितिक पिरामिड एक ग्राफिक चित्र होता है जिसमें एक पारिस्थितिक-तंत्र की किसी खाद्य-प्रणाली में जैविक गणना, जैविक-भार एवं एकत्रित ऊर्जा को विभिन्न खाद्य-स्तरों पर दर्शाया जाता है।

एक अंग्रेजी जीव विज्ञानी, चारल्स ऐल्टन (1929) ने पारिस्थितिक पिरामिड का विचार प्रस्तुत किया था। इसीलिए इन पिरामिडों को ऐल्टोनियन पिरामिड भी कहा जाता है। ऐल्टोनियन पिरामिड एक धारणा है जिसका संबंध खाद्य-उपयोग क्षमता के साथ है।

पारिस्थितिक पिरामिडों के प्रकार

पारिस्थितिकीय विशेषताओं के आधार पर ये पिरामिड तीन प्रकार के हो सकते हैं :

(अ) संख्या के पिरामिड (Pyramid of Numbers) संख्या पिरामिड में किसी पारिस्थितिक-तंत्र की खाद्य-प्रणाली के विभिन्न स्तरों पर जीवों की संख्या-व्यवस्था दिखाई जाती है।

ये पिरामिड सामान्य अथवा उल्टे हुए रूप के होते हैं और यह इस पर आधारित है कि क्या उत्पादक जीव संख्या में अधिक हैं (जैसे पादप-प्लवक जलीय पारिस्थितिक-तंत्र) अथवा संख्या में कम (जैसे एक वन पारिस्थितिक-तंत्र का पेड़) जिस पर कहीं अधिक संख्या में उपभोक्ता जीव निर्भर करते हैं।

एक खाद्य-शृंखला में (उदाहरणतः एक घास स्थल पारिस्थितिक-तंत्र अथवा एक तालाब पारिस्थितिक-तंत्र में), संख्या पिरामिड एक सीधा पिरामिड होता है (चित्र 3.5)। यहाँ जीवों की संख्या हर खाद्य स्तर पर (उत्पादक से लेकर ऊपरी माँसाहारी तक) खाद्य- शृंखला में कम होती जाती है (जैसे घास-स्थल में घास से लेकर शिकारी पक्षियों की ओर, अथवा तालाब में पादप-प्लवकों से लेकर बड़ी मछलियों की ओर)। इन खाद्य-शृंखलाओं में उत्पादक आकार में सबसे छोटे परंतु संख्या में सर्वाधिक होते हैं जबकि ऊपरी माँसाहारी आकार में सबसे बड़े पर संख्या में सबसे कम होते हैं। यदि एक तालाब पारिस्थितिक-तंत्र का उदाहरण लें तो पादप-प्लवक (उत्पादक) संख्या में सर्वाधिक होते हैं। इसके आगे, पर कम संख्या में, प्राणी-प्लवक। इससे भी कम छोटे माँसाहारी जो प्राणी-प्लवकों को खाते हैं और सबसे कम संख्या में होते हैं बड़े माँसाहारी (बड़ी मछलियाँ) जो छोटे माँसाहारियों (छोटी मछलियाँ) पर निर्भर रहते हैं। वन पारिस्थितिक-तंत्र में पेड़ों की प्रजातियाँ उत्पादक हैं जिनकी संख्या उन पर निर्भर कीट-पतंगों, पक्षी आदि उपभोक्ताओं से कहीं कम है। ये शाकाहारी उपभोक्ता संख्या में सबसे अधिक होते हैं और उनको खाने वाले माँसाहारी उपभोक्ताओं की संख्या क्रमशः घटती जाती है। (चित्र 3.5 ख)। ये पिरामिड ऊपर व नीचे से संकरे तथा बीच से चौड़े होते हैं।

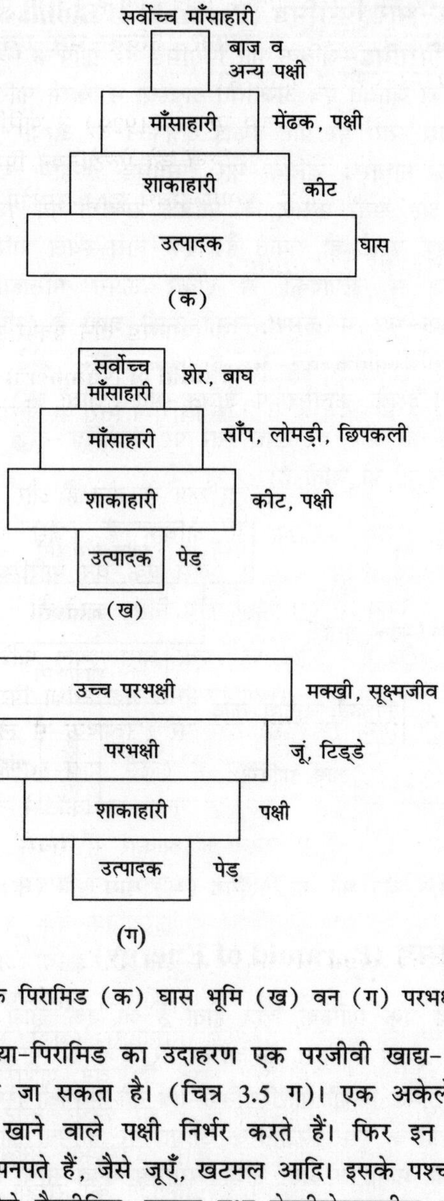

चित्र 3.5. संख्या के पिरामिड (क) घास भूमि (ख) वन (ग) परभक्षी खाद्य-शृंखला।

एक उलटे संख्या-पिरामिड का उदाहरण एक परजीवी खाद्य-शृंखला (parasitic food chain) से लिया जा सकता है। (चित्र 3.5 ग)। एक अकेले पेड़ (उत्पादक) पर बहुत सारे फल खाने वाले पक्षी निर्भर करते हैं। फिर इन पक्षियों के शरीर पर बहुत से परजीवी पनपते हैं, जैसे जूएँ, खटमल आदि। इसके पश्चात् महा-परजीवी (Hyper-parasites) जैसे बैक्टीरिया, कवक तथा ऐक्टीनोमाइस्टीज़ आते हैं जो उलटे पिरामिड के शिखर पर संख्या में सर्वाधिक होते हैं।

(ब) जैविक-भार पिरामिड (Pyramid of Biomass)

जैविक-भार पिरामिड–जैविक भार पिरामिड वह ग्राफिक चित्र है जो कुल जैविक भार (जैविक पदार्थ जो जीवित एवं अजीवित अवस्था में किसी पारिस्थितिक-तंत्र में होता है) को विभिन्न खाद्य-स्तरों पर प्रति इकाई क्षेत्रफल के आधार पर दिखाता है। चित्र 3.6 क-ख में एक साधारण जैविक-भार पिरामिड दिखाया गया है। यह अधिक मौलिक है क्योंकि यह खड़ी फसल के मात्रिक सम्बंधों को दर्शाता है। जैविक-भार पिरामिड भी सीधे एवं उलटे हो सकते हैं। एक घास-स्थल पारिस्थितिक-तंत्र अथवा वन पारिस्थितिक-तंत्र में उत्पादकों से लेकर ऊपरी माँसाहारियों की ओर हर खाद्य-स्तर पर जैविक-भार में क्रमशः कमी आती जाती है (सीधा पिरामिड)। दूसरी ओर एक तालाब पारिस्थितिक-तंत्र में, उत्पादक सबसे छोटे जीव होते हैं तथा माँसाहारी सबसे बड़े। इसके फलस्वरूप जैविक-भार (जीवों के) में क्रमशः, उत्पादकों से लेकर माँसाहारियों की ओर, हर खाद्य स्तर पर, शारीरिक वृद्धि होती जाती है। इससे पिरामिड की शक्ल उल्टी हो जाती है।

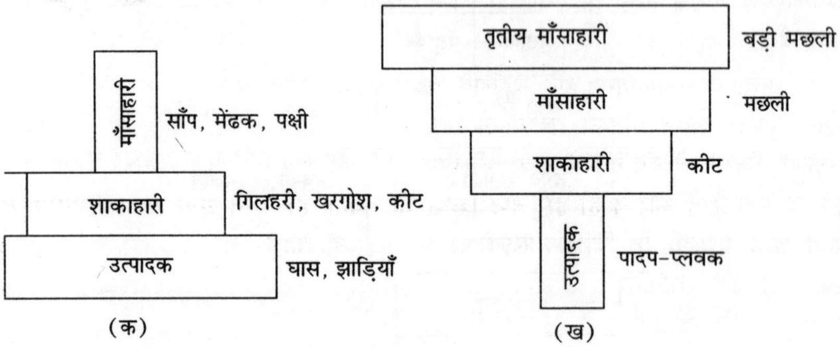

चित्र 3.6. जैव-भार का पिरामिड (क) घास भूमि (ख) तालाब।

ऊर्जा का पिरामिड (Pyramid of Energy)

ऊर्जा पिरामिड एक ग्राफिक चित्र होता है जो एक खाद्य-शृंखला के विभिन्न खाद्य-स्तरों पर, प्रति इकाई क्षेत्रफल के आधार पर ऊर्जा की मात्रा को दर्शाता है।

एक ऊर्जा पिरामिड किसी पारिस्थितिक-तंत्र की सर्वपक्षी स्थिति को सबसे अच्छा दर्शाता है। ऊष्मागतिकी के दूसरे सिद्धांत के आधार पर, क्रमिक खाद्य स्तरों पर ऊर्जा की मात्रा में क्रमशः कमी आती है। अतः ऊर्जा पिरामिड सदैव सीधा होता है। (चित्र 3.7) उत्पादक स्तर पर ऊर्जा सबसे अधिक होती हैं। ज्यों-ज्यों अगली कड़ियों की ओर जाते हैं, ऊर्जा की मात्रा कम होती जाती है क्योंकि प्रत्येक स्तर पर लगभग 90 प्रतिशत ऊर्जा का व्यय हो जाता है तथा अगले स्तर पर करीब 10 प्रतिशत ऊर्जा ही उपलब्ध होती है।

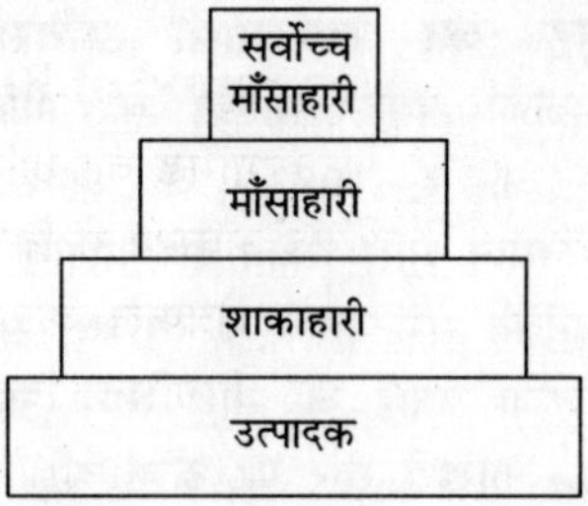

चित्र 3.7. ऊर्जा का पिरामिड।

ऊर्जा प्रवाह

पारिस्थितिक-तंत्र में ऊर्जा का प्रवाह खाद्य-शृंखला के माध्यम से होता है और यही ऊर्जा प्रवाह पारिस्थितिक-तंत्र को चलाने का मूल ज़रिया है।

ऊर्जा प्रवाह सदा एक ही दिशा में होता है। यह उत्पादकों से उपभोक्ताओं की दिशा में होता है तथा अन्त में अपघटकों की दिशा में। इसका पुनर्चक्रण कभी नहीं होता है। इसलिए यह पोषक तत्वों के प्रवाह से भिन्न है जहाँ इन पोषक तत्वों का पुनः चक्रण होता रहता है।

ऊर्जा के स्थानांतरण एवं बदलाव के बावजूद, ऊष्मा-प्रवाह पारिस्थितिक-तंत्र के भीतर पूर्णतः ऊष्मा गतिकी के पहले सिद्धांत का अनुसरण करता है। इस सिद्धांत के अनुसार, किसी भी बंद तंत्र में ऊर्जा की मात्रा वही बनी रहती है क्योंकि ऊर्जा न तो उत्पन्न की जा सकती है और न ही इसे नष्ट किया जा सकता है। परन्तु ऊर्जा के स्थानांतरण की मात्रा खाद्य प्रणाली के विभिन्न स्तरों पर क्रमशः कम होती जाती है। क्योंकि ऊर्जा का एक बड़ा भाग स्थानांतरण के दौरान ऊष्मा के रूप में खो जाता है, ऊर्जा का रूपान्तरण कभी शत-प्रतिशत नहीं होता है। यह प्रक्रिया ऊष्मा गतिकी के दूसरे सिद्धान्त का अनुसरण करती है।

■ ऊर्जा प्रवाह के प्रतिरूप (मॉडल)

किसी पारिस्थितिक-तंत्र ऊर्जा प्रवाह के विषय में निम्नलिखित तथ्य महत्त्वपूर्ण हैं–

- ऊर्जा का प्रवाह एक दिशा में ही होता है।
- उत्पादक पहले सौर ऊर्जा को संचित करते हैं तथा फिर इसे रासायनिक अवस्था में परिवर्तित करते हैं।
- उपभोक्ता इस बदली हुई रासायनिक ऊर्जा का उपयोग करते हैं।
- भोजन की शक्ल में कुल शामिल की हुई ऊर्जा, इसके पाचन की क्षमता क्रिया के दौरान ऊर्जा की हानि, ऊष्मा, स्राव आदि के रूप में ऊर्जा की हानि, तथा कुल शुद्ध उत्पादन की ऊर्जा के आधार पर ऊर्जा प्रवाह के प्रतिरूप विकसित किए जाते हैं। किसी पारिस्थितिक तंत्र में ऊर्जा प्रवाह की धारणा को समझने के लिए निम्न प्रकार के ऊर्जा-प्रवाह के प्रतिरूप दिए गए हैं–

(क) ऊर्जा-प्रवाह का सर्वव्यापी प्रतिरूप (Universal Energy Flow Model)—ऊर्जा प्रवाह मॉडल के मौलिक भागों को एक सामान्य सर्वव्यापी प्रतिरूप (ओडम, 1983) के आधार पर समझा जा सकता है। (चित्र 3.8)। यह प्रतिमान भूमि स्थित एवं जलीय पारिस्थितिक तंत्रों पर लागू होता है। यह किसी भी जीवित संघटक, एक व्यक्ति, समुदाय, सम्प्रदाय एवं खाद्य-गुट के लिए मान्य है। ऊर्जा प्रवाह के साथ-साथ, प्रत्येक स्तर पर, ऊर्जा कम होती रहती है। फलस्वरूप, आखिरी स्तर पर ऊर्जा का न्यूनतम भाग शेष रहता है। यह ऊर्जा श्वसन, विचरण आदि में प्रयोग होती है। शेष भाग उत्पादन के लिए प्रयोग किया जाता है। जैसा कि चित्र 3.8 में क्रमशः तंग होती नलियों तथा डिब्बों के आकार से स्पष्ट है प्रत्येक स्तर पर ऊर्जा का व्यय हो रहा है।

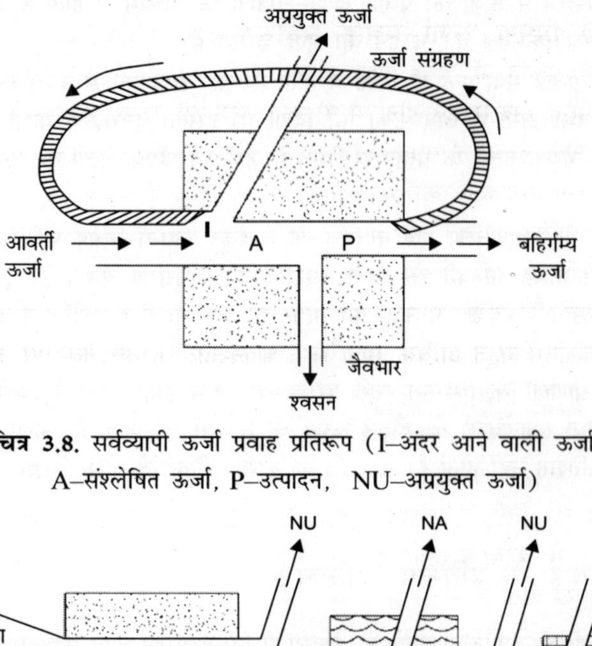

चित्र 3.8. सर्वव्यापी ऊर्जा प्रवाह प्रतिरूप (I–अंदर आने वाली ऊर्जा, A–संश्लेषित ऊर्जा, P–उत्पादन, NU–अप्रयुक्त ऊर्जा)

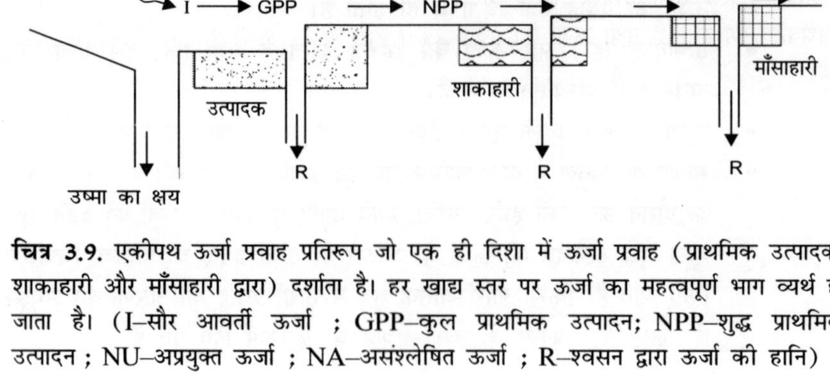

चित्र 3.9. एकीपथ ऊर्जा प्रवाह प्रतिरूप जो एक ही दिशा में ऊर्जा प्रवाह (प्राथमिक उत्पादक, शाकाहारी और माँसाहारी द्वारा) दर्शाता है। हर खाद्य स्तर पर ऊर्जा का महत्वपूर्ण भाग व्यर्थ हो जाता है। (I–सौर आवर्ती ऊर्जा ; GPP–कुल प्राथमिक उत्पादन; NPP–शुद्ध प्राथमिक उत्पादन ; NU–अप्रयुक्त ऊर्जा ; NA–असंश्लेषित ऊर्जा ; R–श्वसन द्वारा ऊर्जा की हानि)

(ख) एकीपथ ऊर्जा प्रवाह प्रतिरूप (Single Channel Energy Flow Model) — यह प्रतिरूप एक खाद्य-प्रणाली के कार्य को तथा ऊष्मा-गतिकी के पहले एवं दूसरे सिद्धांतों को भली प्रकार दर्शाता है।

कुल आने वाली सौर किरणों से कुल उत्पादकों का उत्पादन केवल एक प्रतिशत होता है तथा इनकी ऊर्जा ग्रहण करने की क्षमता भी 1% होती है तथा बाकी की सौर ऊर्जा प्रयोग नहीं होती। उत्पादकों के स्तर पर, रासायनिक ऊर्जा में परिवर्तित अंश का अधिकांश भाग इनकी आंतरिक क्रियाओं एवं वर्धन में खर्च हो जाता है। शुद्ध उत्पादन का करीब 79% प्रयोग नहीं होता तथा शुद्ध उत्पादन का 15% भाग आगे शाकाहारियों द्वारा प्रयोग कर लिया जाता है। और कुल उत्पादन का 3.4% अपघटन में लग जाता है। चित्र 3.9 में एकीपथ ऊर्जा प्रवाह का मॉडल दर्शाया गया है।

(ग) द्विपथ ऊर्जा प्रवाह प्रतिरूप (Double Channel Energy Flow Model) — प्रकृति में चराई तथा अपरद खाद्य-शृंखलाएँ साथ-साथ ही देखने को मिलती है परन्तु अक्सर इन दोनों में से कोई एक ही खाद्य-शृंखला अधिक महत्त्वपूर्ण भूमिका अपनाती है। खुले समुद्र में उत्पादकता अक्सर कम होती है तथा कई शाकाहारी समुद्री जीव इन उत्पादकों को सहज ही खाकर समाप्त कर देते हैं। फलस्वरूप इन उत्पादकों (प्लावित-पादपों) का अपना जीवन-काल पूरा करके मृत-अवस्था में परिवर्तित होने की स्थिति ही नहीं आ पाती। यही कारण है कि खुले समुद्र में चराई खाद्य-शृंखला ही प्रमुख रहती है तथा अपरद खाद्य-शृंखला नगण्य रहती है। इसके विपरीत ऊष्ण कटिबंधीय वनों में बहुत अधिक मात्रा में उत्पादन होता है जो जैव-भार के रूप में वृक्षों व अन्य पौधों में विद्यमान होता है। जंगल में रहने वाले जीव इतनी अधिक मात्रा में उत्पादकता को खा नहीं पाते तथा उत्पादन का एक बड़ा हिस्सा अपरद यानि मृत जैव-भार के रूप में परिवर्तित होकर वन में धरती के ऊपर बिछा रहता है। बैक्टीरिया, फफूंद आदि की विभिन्न प्रजातियाँ इस अपरद का अपघटन करके ऊर्जा प्रवाह को सक्रिय रखने में कार्यरत रहती हैं। इस प्रकार वन पारिस्थितिक-तंत्र में अपरद खाद्य-शृंखला ही प्रमुख होती है।

चित्र 3.10 में दिखाया गया है कि एक वन पारिस्थितिक-तंत्र में किस प्रकार चराई खांद्य-शृंखला तथा अपरद खाद्य-शृंखला का एक-दूसरे से स्थान व काल दोनों में पृथकीकरण होता है तथा ऊर्जा का प्रवाह खाद्य-शृंखलाओं के दो पथों के माध्यम से होता है।

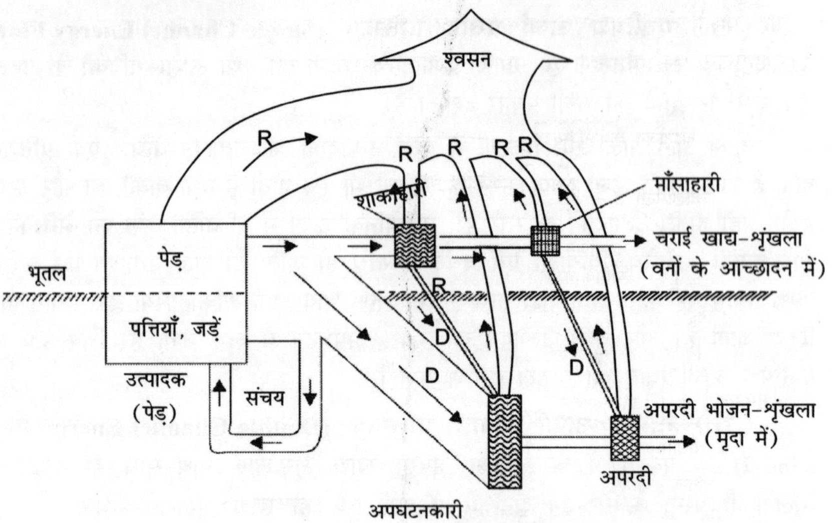

चित्र 3.10. चराई खाद्य-शृंखला एवं अपरदी खाद्य-शृंखला को दर्शाता द्विपथ उर्जा प्रवाह प्रतिरूप (R-श्वसन, D-अपरद)।

■ पदार्थ-चक्रण (Nutrient Cycling)

ऊर्जा प्रवाह के अलावा पर्यावरण में विभिन्न खनिज, लवण एवं पोषक तत्वों का चक्रण भी महत्त्वपूर्ण है। खनिज तत्वों के भूमि एवं जीवों के माध्यम से होने वाले चक्रीय-भ्रमण को पदार्थ-चक्रण की संज्ञा दी गई है। इन खनिजों के स्रोत एवं उपस्थित घटक जैविक व भौतिक दोनों हैं अतः, इन्हें एकीकृत रूप में 'जैव-भौम पदार्थ परिसंचरण' (Bio-geochemical cycle) भी कहा जाता है। खाद्य-शृंखला से गुजरते हुए सभी पदार्थ अंततः सूक्ष्म जीवों द्वारा अपघटित किये जाते हैं जिसके फलस्वरूप इन पदार्थों की जटिल संरचना टूटकर अजैविक रूप में परिवर्तित हो जाती है। यह प्रक्रिया पदार्थों को पुनः चक्रण के लिये मुक्त कर देती है। पर्यावरण में होने वाले प्रमुख पदार्थ-चक्रण निम्नलिखित हैं-

नाइट्रोजन-चक्र (Nitrogen Cycle)

नाइट्रोजन चक्र को चित्र 3.11 में दर्शाया गया है। नाइट्रोजन वायुमंडल में भरपूर मात्रा में उपस्थित है। नाइट्रोजन का यौगिकीकरण (Nitrogen fixation) भौतिक प्रक्रिया जैसे आसमानी बिजली के चमकने अथवा जैविक प्रक्रिया जैसे बैक्टीरिया एवं नील-हरित शैवाल द्वारा होता है। नाइट्रोजन पौधों द्वारा ग्रहण किये जाने के उपरांत अमीनो एसिड, प्रोटीन, विटामिन आदि के संघटन में प्रयोग होती है। पौधों एवं जीवों की मृत्यु के बाद मृत जैविक ऊतकों में उपस्थित जैविक नाइट्रोजन, अमोनीकरण व नाइट्रीकरण के लिए उत्तरदायी बैक्टीरिया द्वारा अमोनिया, नाइट्राइट और नाइट्रेट में परिवर्तित कर दी जाती है और

यह पौधों के लिए पुनः उपलब्ध हो जाती है। कुछ बैक्टीरिया नाइट्रेट को आण्विक नाइट्रोजन (N_2) के रूप में भी बदल देते हैं।

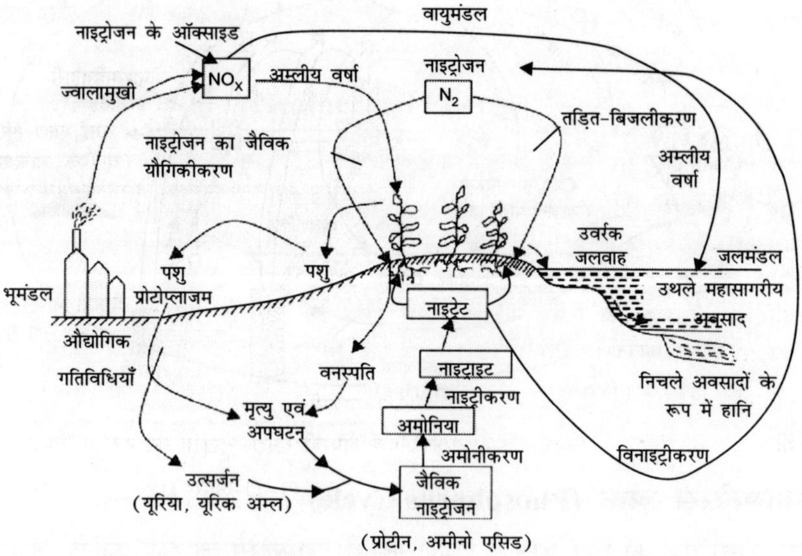

चित्र 3.11. नाइट्रोजन-चक्र : गैसीय चक्र जिसका मुख्य स्रोत वायुमंडल (78% N_2) है। नाइट्रोजन का चक्रण मृदा। वायुमंडल के कई जैविक एवं अजैविक घटकों द्वारा होता है। जिसमें सुक्ष्म जीवों की महत्वपूर्ण भूमिका है।

कार्बन-चक्र (Carbon Cycle)

कभी-कभी मानव गतिविधियाँ सामान्य चक्र को प्रभावित कर असंतुलन को जन्म देती हैं। उदाहरणार्थ, प्रकृति में कार्बन-चक्र संतुलित है (चित्र 3.12)। कार्बन-डाई-ऑक्साईड के रूप में पौधों द्वारा प्रकाश-संश्लेषण क्रिया हेतु कच्चे माल के रूप में ग्रहण किया जाता है। फलस्वरूप कार्बोहाइड्रेट एवं अन्य जैविक पदार्थों का उत्पादन होता है। यह खाद्य- शृंखला द्वारा होते हुए, अंततः सूक्ष्म जीवों द्वारा कार्बन-डाई-ऑक्साईड के रूप में बदल दिया जाता है। जीवों के श्वसन द्वारा कार्बन-डाई-ऑक्साईड का उत्पादन होता है और यह पौधों द्वारा ग्रहण की जाती है।

कुछ वर्षों में जीवाश्म ईंधन के दहन के कारण कार्बन-डाई-ऑक्साईड के वायुमंडलीय स्तर में वृद्धि हुई है। इसके कारण कार्बन का प्राकृतिक चक्रण प्रभावित हुआ है और विश्व आज भूमंडलीय तापमान वृद्धि की समस्या से जूझ रहा है।

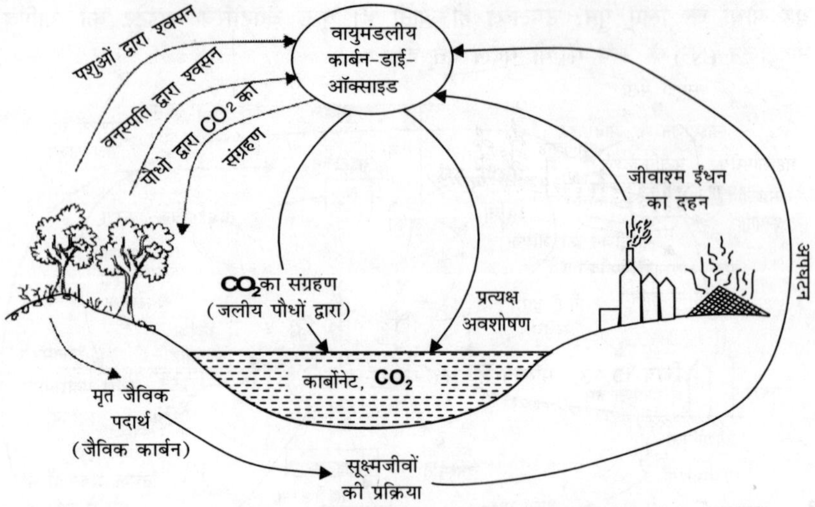

चित्र 3.12. कार्बन चक्र।

फॉस्फोरस चक्र (Phosphorus Cycle)

फॉस्फोरस चक्र को चित्र 3.13 में दर्शाया गया है। फॉस्फोरस का स्रोत चट्टान, जीवाश्म आदि हैं जिनका दोहन उर्वरक के लिए हो रहा है। किसान फॉस्फोरस का अंधाधुंध उपयोग करते हैं। अधिकतर फॉस्फोरस जलवाह के साथ घुलकर नदियों और झीलों में जा मिलता है जिसके कारण 'यूट्रोफिकेशन' की समस्या सामने आती है। जलवाह के साथ एक महत्त्वपूर्ण भाग महासागरों की गहराई में पहुँचकर अवसाद के रूप में जमा हो जाता है तथा पुनः चक्रण के लिए उपलब्ध नहीं होता है। फॉस्फेट चट्टानों के सीमित भंडारों का दोहन इस दशा में और भी बढ़ा है। इस प्रकार जहाँ मनुष्य फॉस्फोरस चक्र को अचक्रिय बनाकर प्रभावित कर रहा है वहीं दूसरी ओर समुद्री पक्षी फॉस्फोरस चक्रण को चक्रिय बनाये रखने में महत्त्वपूर्ण भूमिका अदा करते हैं। ये पक्षी समुद्री मछलियों को खाते हैं जो फॉस्फोरस से समृद्ध हैं। इन पक्षियों का मल फॉस्फोरस को, महासागरों की गहराई से जमीन तक पहुँचाने में सहायक सिद्ध हो रहे हैं। पेरू के समुद्र तट पर बने 'गुआनो' अवसाद इसका उदाहरण हैं और फॉस्फोरस का समृद्ध स्रोत भी।

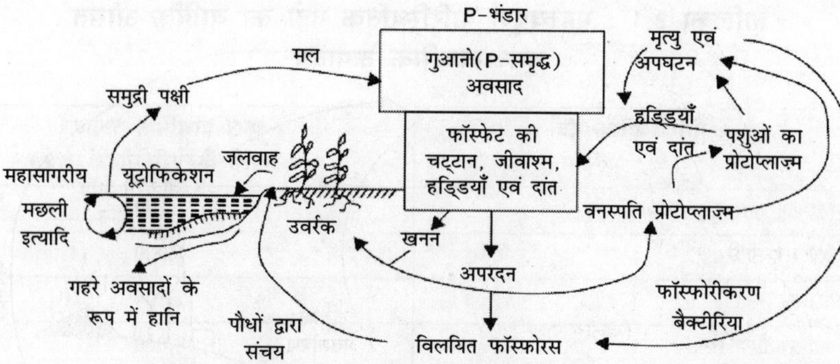

चित्र 3.13. पॉस्फोरस चक्र-अवसादों के रूप में प्रमुख भंडार वाला अवसादी चक्र।

■ प्राथमिक उत्पादन (Primary Production)

प्राथमिक उत्पादकों द्वारा, प्रकाश संश्लेषण अथवा रासायनिक संश्लेषण अभिक्रिया द्वारा सूर्य के प्रकाश को जैविक पदार्थों के रूप में बदलने को प्राथमिक उत्पादन कहते हैं।

जब हरे पौधों एवं सूक्ष्म जीवों द्वारा जैविक पदार्थ का उत्पादन होता है, इसका कुछ भाग कार्बन-डाई-ऑक्साइड के रूप में बदल जाता है। कार्बन-डाई-ऑक्साइड के साथ ऊर्जा का भी निष्कासन होता है। किसी भी जीव के लिए श्वसन द्वारा ऊर्जा का निष्कासन आवश्यक है। अब उत्पादकों के पास उत्पादन की अपेक्षा कम जैविक पदार्थ शेष रहता है। इसे शुद्ध प्राथमिक उत्पादन [Net Primary Production (NPP)] कहते हैं। यदि इसमें श्वसन द्वारा निष्कासित ऊर्जा को जोड़ दिया जाए तो इसे कुल प्राथमिक उत्पादन [Gross Primary Production (GPP)] कहा जाता है।

अत: शुद्ध प्राथमिक उत्पादन = कुल प्राथमिक उत्पादन - श्वसन ऊर्जा

पारिस्थितिक-तंत्र का प्राथमिक उत्पादन सूर्य के प्रकाश, खनिज-लवण, जल की उपलब्धता, पौधों के प्रकार और उनमें उपस्थित क्लोरोफिल की मात्रा पर निर्भर करता है। तालिका 3.1 में महत्त्वपूर्ण पारिस्थितिक-तंत्रों की प्राथमिक उत्पादकता को दर्शाया गया है।

तालिका 3.1 : महत्त्वपूर्ण पारिस्थितिक तंत्रों का वार्षिक औसत कुल प्राथमिक उत्पादन

पारिस्थितिक तंत्र	कुल प्राथमिक उत्पादन (किलो कैलोरी/मीटर^2/वर्ष)
मरुस्थल और टुंड्रा प्रदेश	200
खुले महासागर	1,000
घास-क्षेत्र	2,500
आर्द्र शीतोष्ण वन	8,000
कृषि-पारिस्थितिक तंत्र	12,000
नम कटिबंधीय वन	20,000
नदी-मुहाने	20,000

कटिबंधीय वनों और नदी-मुहानों की उत्पादकता अधिकतम है। इसका कारण अधिक वर्षा, वृद्धि के लिए उचित तापमान, भरपूर सूर्य का प्रकाश और प्रजातियों की विविधता है। नदी मुहानों पर महासागरीय धाराएँ भरपूर मात्रा में पोषक तत्व लेकर आती है जो उत्पादकता को बढ़ाती है।

दूसरी ओर, मरुस्थलों में जल की कमी और टुंड्रा प्रदेशों का कम तापमान उत्पादकता के कम होने का कारण है।

कृषि पारिस्थितिक तंत्रों को सिंचाई, उन्नत बीज, उर्वरक कीटनाशक आदि के रूप में बाह्य ऊर्जा मिलती है और इनका उत्पादन 12,000 कैलोरी/मीटर^2/वर्ष तक पहुँच जाता है। फिर भी इनकी उत्पादकता कटिबंधीय वनों से कम है। इन वनों में प्रजातियों का संगठन, संरचना, ऊर्जा-ग्रहण क्षमता और प्रवाह और पोषक तत्वों का बन्द चक्रण नियमित है और उत्पादन 20,000 कैलोरी/मीटर^2/वर्ष है। इसके अलावा इन वनों में गुणवत्ता-विविधता के आधार पर प्राथमिक उत्पादन की भरपूर क्षमता है। अतः इन वनों का संरक्षण आवश्यक है।

सैकंडरी या द्वितीयक उत्पादन (Secondary Production)

हरे पौधों द्वारा संश्लेषित भोजन प्राथमिक उत्पादन है और यह शाकाहारियों द्वारा भोजन के रूप में ग्रहण किया जाता है। पौधों से प्राप्त ऊर्जा का उपयोग शाकाहारियों में जैविक पदार्थ के उत्पादन के लिए होता है जिस पर माँसाहारी निर्भर करते हैं। शाकाहारियों तथा माँसाहारियों द्वारा संग्रहित जैविक पदार्थ की मात्रा को सैकंडरी उत्पादन या द्वितीयक उत्पादन (Secondary Production) कहते हैं। अतः उपभोक्ता स्तर पर संग्रहित होने वाली ऊर्जा, जो अगले खाद्य स्तर द्वारा उपयोग की जाए, द्वितीयक उत्पादन कहलाती है।

■ पारिस्थितिक-तंत्र संचालन (Ecosystem Regulation)

प्रत्येक पारिस्थितिक-तंत्र नियमित पर्यावरणीय दशाओं में कार्य करता है। पर्यावरण में कोई भी बदलाव पारिस्थितिक-तंत्र को प्रभावित करता है। परंतु पारिस्थितिक तंत्र किसी भी बदलाव को रोकने की कोशिश करता है। इसे 'होमियोस्टेसिस' अथवा परिवर्तन को झेलने की क्षमता कहते हैं। परंतु कोई भी तंत्र एक निश्चित सीमा तक ही परिवर्तन को झेल सकता है। इस सीमा को 'होमियोस्टेटिक पठार' का नाम दिया गया है। इस विशेष सीमा के भीतर अगर कोई भी परिवर्तन हो तो पारिस्थितिक-तंत्र विपरीत दिशा में होने वाली प्रक्रियाओं द्वारा उसके प्रभाव को निष्क्रिय कर देते हैं। ऐसे में वह तंत्र सामान्य स्थिति को प्राप्त करने की कोशिश करता है। इनको 'ऋणात्मक फीडबैक मैकेनिज़्म' कहा जाता है। परंतु, यदि पर्यावरण दबाव निश्चित सीमा से अधिक है तो उसी दिशा में और भी प्रक्रियाएँ आरंभ हो जाती हैं। संक्षेप में कहें तो वह तंत्र सामान्य दशा से दूर होता चला जाता है। ऐसे में पर्यावरणीय दबाव का प्रभाव और भी बढ़ जाता है। इन प्रक्रियाओं को 'धनात्मक फीडबैक मैकेनिज़्म' कहा जाता है। चित्र 3.14 में परिस्थितिक संचालन को दर्शाया गया है।

मनुष्य को पारिस्थितिक-तंत्र का संतुलन बनाए रखकर उसे निश्चित सीमा में संरक्षित रखने का प्रयास करना चाहिए। उन्हें पर्यावरणीय असंतुलन को बढ़ावा नहीं देना चाहिए। अगर ऐसा हुआ तो पूरी पारिस्थितिक व्यवस्था चरमरा जाएगी।

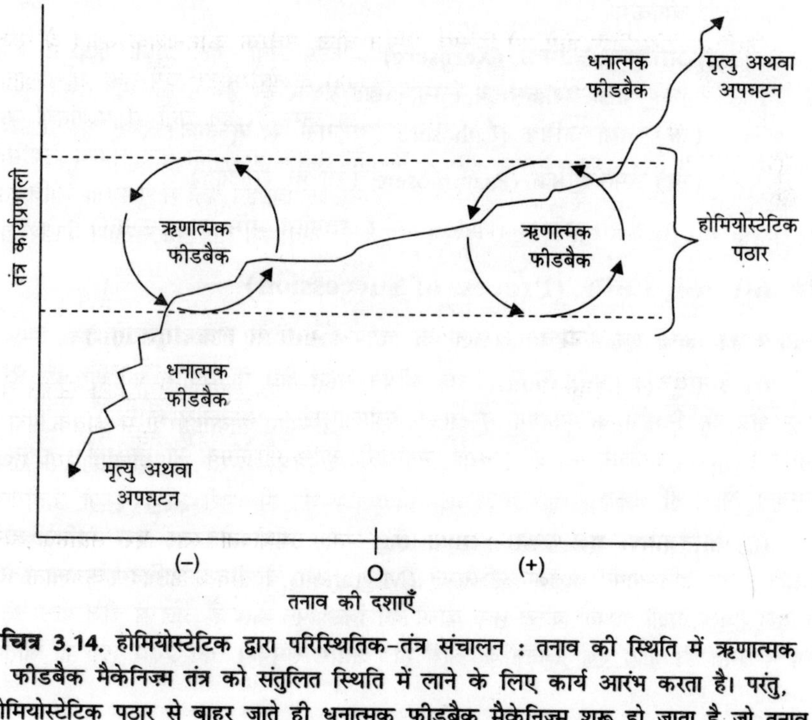

चित्र 3.14. होमियोस्टेटिक द्वारा परिस्थितिक-तंत्र संचालन : तनाव की स्थिति में ऋणात्मक फीडबैक मैकेनिज़्म तंत्र को संतुलित स्थिति में लाने के लिए कार्य आरंभ करता है। परंतु, होमियोस्टेटिक पठार से बाहर जाते ही धनात्मक फीडबैक मैकेनिज़्म शुरू हो जाता है जो तनाव को और भी बढ़ाकर जीव की मृत्यु का कारण बनता है।

■ पारिस्थितिक-वंशक्रम (Ecological Succession)

पारिस्थितिक तंत्र की प्रकृति स्थिर नहीं है। पारिस्थितिकी में नियमित एवं सुचारु परिवर्तन होते रहते हैं। ऐसा देखा गया है कि एक समुदाय दूसरे समुदाय को पूर्णतः विस्थापित कर देता है और इसके साथ अन्य परिवर्तन भी होते रहते हैं। इस प्रक्रिया को पारिस्थितिक-वंशक्रम कहते हैं।

अतः पारिस्थितिक-वंशक्रम समुदाय की संरचना और गतिविधियों में, भौतिक पर्यावरण में आए बदलाव के साथ स्तरीय परिवर्तन है जो अंततः एक स्थिर पारिस्थितिक तंत्र की स्थापना करते हैं जिसे **शिखर समुदाय** (Climax Community) कहते हैं। विभिन्न समुदाय जो निरंतर बदलते रहते हैं **'मध्यवर्ती समुदाय'** (Seral communities) कहलाते हैं। सबसे पहले स्थापित होने वाले समुदाय को **'अग्रिम समुदाय'** (Pioneer community) कहते हैं-

विभिन्न क्षेत्रों में शुरू होने वाले पारिस्थितिक वंशक्रमों को निम्नलिखित श्रेणियों में विभाजित किया गया है-

(i) **जल-क्रमिक (Hydrosere)** — जलीय क्षेत्र जैसे तालाब, कीचड़ अथवा पानी के अन्य स्रोत से शुरू होने वाला वंशक्रम।

(ii) **आर्द्र-क्रमिक (Mesarch)** — नमी के क्षेत्र में शुरू होने वाला वंशक्रम-

(iii) **आश्मिक-क्रमिक (Xerosere)** — कम नमी वाले शुष्क क्षेत्र में शुरू होने वाला वंशक्रम। ये निम्नलिखित प्रकार के हैं-

(क) लिथो-क्रमिक (Lithosere (चट्टानों पर शुरुआत)

(ख) सैमो-क्रमिक (Psammosere (रेत पर शुरुआत)

(ग) हैलो-क्रमिक (Halosere) (लवणीय भूमि पर शुरुआत)

वंशक्रम की क्रिया (Process of Succession)

वंशक्रम की क्रिया एक निश्चित श्रृंखला के विभिन्न स्तरों से होकर गुजरती है-

(i) **अनावृतता (Nudation)**—यह जीवन-रहित क्षेत्र में विकास की शुरुआत है। बंजर क्षेत्र के निर्माण का कारण भूस्खलन, ज्वालामुखी (धरातलीय कारक), अकाल, ग्लेशियर, हिम (जलवायु कारक), चराई, महामारी, कृषि/औद्योगिक गतिविधियाँ (जैविक कारक) आदि हो सकते हैं।

(ii) **अतिक्रमण एवं प्रसार (Invasion)**—यह बंजर क्षेत्र पर एक या अधिक प्रजातियों का प्रतिस्थापन अथवा अभिगमन (Migration) के बाद स्थापित होने का स्तर है। वायु, जल, पक्षी अथवा कीटों द्वारा बीजों का विस्थापन होता है और ये बीज पौधों के रूप में उगते हैं। वृद्धि एवं प्रजनन के साथ ही 'अग्रिम समुदाय' का प्रसार शुरू हो जाता है।

(*iii*) **प्रतिस्पर्धा एवं सहकारिता (Competition & coactions** — एक प्रजाति की संख्या में वृद्धि के साथ ही, अन्त: प्रजातीय (intra-specific) व अन्तर्प्रजातीय (intra-specific) प्रतिस्पर्धा शुरू हो जाती है। ये भोजन, जल एवं आवास के लिए विभिन्न रूपों में एक-दूसरे से प्रभावित रहते हैं। इस क्रिया को सहकारिता कहते हैं।

(*iv*) **प्रतिक्रिया (Reaction)** — सभी जीव वृद्धि एवं विकास के लिए पर्यावरण से जल एवं खनिज-लवण प्राप्त करते हैं और बदले में पर्यावरण को प्रभावित करते हैं। इस प्रक्रिया को प्रतिक्रिया कहते हैं। यह परिवर्तन प्राय: वर्तमान प्रजातियों के अनुकूल नहीं होता और नई प्रजातियों को निमंत्रित करता है। यहाँ से मध्यवर्ती समुदायों (seral communities) का दौर शुरू होता है।

(*v*) **स्थिरीकरण (Stabilization)** — वंशक्रम, अंतत:, एक अथवा अधिक स्थिर समुदाय के रूप में समाप्त हो जाता है। आखिरी समुदाय को 'शिखर समुदाय' (climax community) कहते हैं और यह समुदाय पर्यावरण के साथ संतुलन स्थापित करता है। शिखर समुदाय में जैव-भार अधिकतम होता है और यह अन्य जीवों से परस्पर इस प्रकार संबंधित है कि उपलब्ध ऊर्जा का अधिकतम स्तर बना रहे।

आइए, संक्षेप में दो प्रकार के वंशक्रमों का अध्ययन करें।

(क) जल-क्रमिक (Hydrosere) — यह वंशक्रम किसी जलीय स्थान जैसे तालाब में शुरू होता है। कई मध्यवर्ती स्थितियाँ बनती हैं और अंतत: 'वनों' के रूप में शिखर समुदाय की स्थापना होती है।

अग्रिम समुदाय में पादप-प्लवक आते हैं जो काई, शैवाल आदि हैं। समय के साथ जलमग्न पौधे इन्हें विस्थापित करते हैं और बाद में जल के ऊपर तैरने वाले जड़ों वाले पौधे इन्हें विस्थापित कर देते हैं। इन पौधों की वृद्धि एवं मृत्यु निरंतर जैविक पदार्थ जमा करती है और तल पर एक के बाद एक परत जमा होती रहती है। पानी उथला रह जाता है और दलदली स्थिति उत्पन्न होती है। शीघ्र ही इस भाग पर घास और झाड़ियाँ उगने लगती हैं और बाद में यहाँ वन शिखर समुदाय के रूप में स्थापित होते हैं।

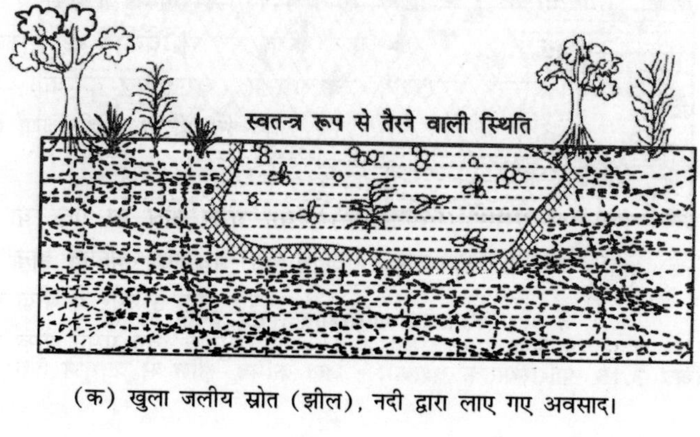

(क) खुला जलीय स्रोत (झील), नदी द्वारा लाए गए अवसाद।

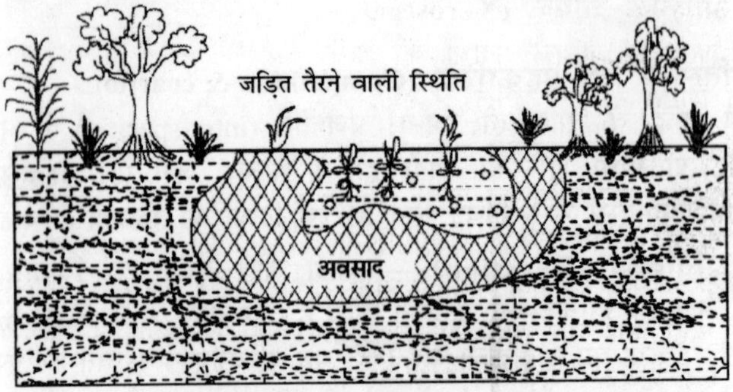

(ख) अवसादों को जमा होने और पौधों का मलबा गिरने से मृदा बनती है और जल-भूमि उथली हो जाती है।

(ग) वनस्पति पूरी जलीय भूमि को ढक लेती है और यह आंशिक जल-तंत्र रह जाता है।

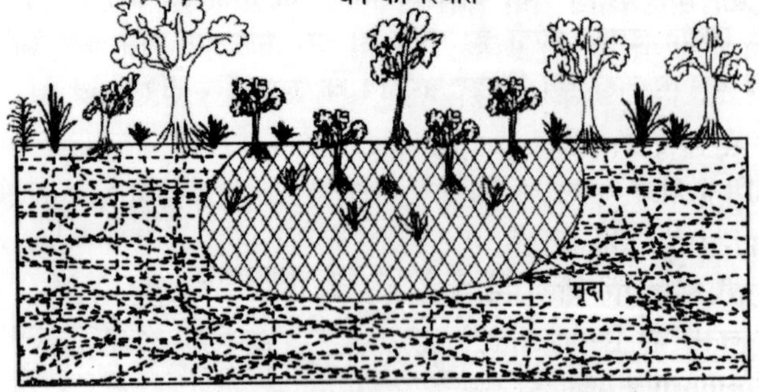

(घ) अंततः झील वनों के शिखर समुदाय द्वारा विस्थापित कर दी जाती है और धरातलीय पारिस्थितिक-तंत्र बनता है।

चित्र 3.15. पारिस्थितिक वंशक्रम : जल क्रमिक-झील से वनभूमि तक।

(ख) आश्मिक-क्रमिक (Xerosere) — यह वंशक्रम किसी चट्टान से शुरू होता है जहाँ जल एवं जैविक पदार्थों की कमी है। हालाँकि यहाँ मध्यवर्ती समुदाय भिन्न है, परन्तु शिखर समुदाय जंगल ही होता है।

यहाँ अग्रिम समुदाय पपड़ीदार लाइकन (crustose lichens) हैं। ये लाइकन शैवाल तथा कवक (फफूंदी) का सम्मिश्रित रूप है जो तनु अम्ल का निर्माण करते हैं जो चट्टान को धीरे-धीरे तोड़ने में सहायक है। इस प्रक्रिया को अपरदन (weathering) कहते हैं। शैवालों की वृद्धि के साथ आंशिक मात्रा में नमी, जैविक पदार्थ एवं मृदा का निर्माण होता है। कालांतर में यहाँ काई छोटे पौधे, झाड़ियाँ और अंततः वन उगते हैं। इस प्रक्रिया में धीरे-धीरे जल एवं जैविक पदार्थ की मात्रा में वृद्धि होती है।

अतः, वंशक्रम सामान्य दशाओं की ओर बढ़ता है चाहे यह सूखी चट्टानों से शुरू हो अथवा जलीय क्षेत्रों से। यह, अंततः, एक शिखर समुदाय, वन, पर आकर रुक जाता है।

पारिस्थितिक-तंत्र के प्रमुख प्रकार (Major Ecosystem Types)

आइए, प्रमुख पारिस्थितिक तंत्रों के विशेष लक्षण, संरचना एवं कार्यों का अध्ययन करें।

■ वन पारिस्थितिक-तंत्र (Forest Ecosystem)

ये पेड़ों की प्रभुत्ता वाले पारिस्थितिक तंत्र हैं जिनमें छोटे पौधों, झाड़ियों, लताओं, शैवाल, काई, जंगली जानवर, पक्षी एवं कीटों की अनेक प्रजातियाँ पाई जाती हैं। जैसा पहले वर्णित है वन, मुख्यतः, सामान्य से अधिक वर्षा ग्रहण करने वाले क्षेत्रों में पाए जाने वाले शिखर समुदाय हैं।

जलवायु के आधार पर वनों को विभिन्न वर्गों में बाँटा गया है–

(1) **उष्ण कटिबंधीय वर्षा वन**–ये वन भूमध्य रेखा के निकट पाए जाने वाले चौड़े पत्तों वाले सदाबहार वन हैं। अधिक तापमान, अधिक आर्द्रता और अधिक वर्षण इन पेड़ों की वृद्धि के लिए आवश्यक हैं। यहाँ वर्षभर जलवायु समान बनी रहती है। ये जैव-विविधता से समृद्ध है। भोजन, आवास, प्रकाश, जल एवं पोषक तत्वों की जरूरत के आधार पर विभिन्न जीव जंगल के विभिन्न स्तरों पर विभिन्न निवास स्थान चुनते हैं।

उष्ण-कटिबंधीय वनों में विभिन्न वनस्पति एवं जीव विभिन्न स्तरों पर पाए जाते हैं। उदाहरणार्थ ऊपरी सतह पर चौड़े पत्ते वाले बड़े पेड़ आते हैं और इनके नीचे छोटे पेड़ों के शिखर की छतरी का निर्माण होता है। इनसे नीचे और भी छोटे पेड़ आते हैं। पेड़ों के तनों पर अनेक लताएँ पाई जाती हैं। यहाँ पर ऑरकिड (orchid) जैसे सजावटी फूलों वाले पौधे भी पाए जाते हैं जो बड़े पेड़ों के तनों के ऊपर उगते हैं और ऊपर वाले पेड़ों से गिरने वाले जल एवं पोषक तत्वों को ग्रहण करके जीते हैं। इन परजीवियों (epiphytes) के पत्ते जल एवं पोषक-तत्वों को ग्रहण करने के लिए विशेष रूप से बने होते हैं। कुछ बड़े परजीवी पौधे तो लगभग 4 लीटर तक जल ग्रहण कर सकते हैं। अतः ये परजीवी वनों

में पाए जाने वाले सूक्ष्म तालाब की तरह हैं। यही कारण है कि यहाँ अनेक प्रकार के कीट, पक्षी, जानवर आदि पाये जाते हैं। (प्लेट II)

प्लेट II: जैव विविधता से परिपूर्ण उष्ण-कटिबंधीय वर्षा वन

नीचे उगने वाले पौधों को अपेक्षाकृत कम प्रकाश उपलब्ध होता है। इन पेड़ों के पत्ते गहरे रंग के होते हैं और इनमें क्लोरोफिल की मात्रा अधिक होती है। झाड़ियों की सतह को और भी कम प्रकाश उपलब्ध होता है और भूमि की सतह पर प्रकाश न के बराबर है। अधिकतर जीव जैसे चमगादड़, पक्षी, कीट आदि प्रकाशीय भाग में रहते हैं जबकि बंदर, मेंढक, साँप, गिरगिट आदि दोनों क्षेत्रों में रहते हैं। दीमक, कवक, मशरूम आदि धरातल पर पाए जाते हैं। उच्च तापमान एवं नमी की अधिकता गिरने वाले पत्तों, टहनियों इत्यादि को शीघ्र ही अपघटित करने में सहायक है। मुक्त हुए पोषक तत्व शीघ्र ही पेड़ों की जड़ों द्वारा अवशोषित कर लिये जाते हैं।

इन वनों में पाए जाने वाले पेड़ों के फूल बड़े और तीव्र गंध वाले होते हैं और कीटों को सहज ही आकर्षित कर लेते हैं। ये कीट परागकणों के स्थानांतरण में सहायक हैं। विश्व का सबसे बड़ा फूल **रैफ्लेशिया** जिसका वजन 7 किलोग्राम होता है सड़े हुए मीट की गंध देता है और कीटों को आकर्षित करता है।

प्लेट III. विश्व का सबसे बड़ा फूल–रैफ्लेशिया

भारत में केरल की शांत घाटी (silent valley) एकमात्र ऐसा उष्ण कटिबंधीय वर्षा वनों का क्षेत्र है और यह विविध प्रजातियों का आवास है।

जैव-विविधता का भंडार होने के कारण इस प्रकार के वन अनेक वाणिज्यिक उत्पाद जैसे लकड़ी, ईंधन, औषधि, रेशा, गोंद आदि प्रदान करता है। दुर्भाग्यवश, इन वनों की कटाई ज़ोरों पर है। अगले 30-40 वर्षों में हमारे पास केवल कुछ भाग पर ही वन रह जाएँगे और हम इन वनों में उपस्थित समृद्ध विविधता को खो देंगे।

(2) **उष्ण-कटिबंधीय पतझड़ी वन**–ये वन भूमध्य रेखा से दूरी पर स्थित हैं और यहाँ वर्षभर शुष्क जलवायु रहती है। यहाँ वर्षा केवल मानसून के दौरान होती है। वर्ष का अधिकतर भाग शुष्क रहता है और गर्मी में इन पेड़ों के पत्ते झड़ जाते हैं।

(3) **शुष्क पतझड़ी वन**–यहाँ गर्मी का काल और भी अधिक रहता है। यहाँ छोटे पतझड़ी वन और झाड़ियाँ पाई जाती हैं।

(4) **शीतोष्ण वर्षा वन**–ये शीतोष्ण क्षेत्रों में पाए जाते हैं जहाँ वर्षा पर्याप्त होती है। यहाँ शंकुधारी वन जैसे पाईन, चीड़, देवदार, शीशम आदि पाए जाते हैं। यहाँ चौड़े पत्तों वाले सदाबहार पेड़ भी पाए जाते हैं।

(5) **शीतोष्ण पतझड़ी वन**–ये सामान्य तापमान पर पाए जाने वाले शीतोष्ण वन हैं। यहाँ ग्रीष्म ऋतु लंबी और शीत ऋतु सामान्य होती है। यहाँ वर्षभर वर्षा होती रहती है। यहाँ मुख्यत: ओक, पोपलर आदि पाए जाते हैं।

(6) **सदाबहार शंकुधारी वन**–ये वन आर्कटिक टुंड्रा के दक्षिणी भाग में पाए जाते हैं। यहाँ शीत ऋतु लंबी और शुष्क होती है। सूर्य का प्रकाश कुछ घंटों के लिए उपलब्ध है। ग्रीष्म ऋतु छोटी और सामान्य होती है। मुख्य पेड़ चीड़, स्प्रूस, देवदार आदि

हैं। इन पेड़ों की पत्तियाँ नुकीली और चिकनी होती हैं जो शीत ऋतु को सहन करने में सहायक हैं। सर्दियों में बर्फ जम जाती है और कुछ प्रजातियाँ ही जीवित रहती हैं। पत्तियाँ सामान्यत: खनिज लवणों से क्षीण भूमि पर जमा हो जाती हैं। यहाँ मृदा अम्लीय है और वनों की प्रजाति विविधता कम है।

■ घास-क्षेत्र पारिस्थितिक-तंत्र (Grassland Ecosystems)

घास-क्षेत्रों में सामान्यत: घास प्रमुखता से पाई जाती है परंतु कहीं-कहीं छोटे पेड़ और झाड़ियाँ भी उगती हैं। वर्षा औसत परंतु विकेन्द्रित हैं। सीमित चराई इन क्षेत्रों में प्राथमिक उत्पादन बढ़ाने में सहायक है जबकि अधिक चराई घास भूमियों के ह्रास और मरुस्थलीकरण के लिए उत्तरदायी है। जलवायु के आधार पर 3 प्रकार के घास-क्षेत्र पाये जाते हैं।

(क) **उष्ण-कटिबंधीय घास क्षेत्र** **(Topical Grasslands)** — ये घास क्षेत्र उष्ण-कटिबंधीय वनों के निकटवर्ती क्षेत्रों में पाये जाते हैं। यहाँ तापमान सामान्य व वर्षा कम से मध्यम होती है। अफ्रीका में इन घास भूमियों को **सवाना** कहा जाता है जहाँ ऊँची घास और कहीं-कहीं पेड़ या झाड़ियाँ पाई जाती हैं। यहाँ ज़िराफ, जेबरा, हिरण आदि जानवर पाए जाते हैं। शुष्क मौसम में अक्सर आग लग जाती है। दीमक प्रमुखता से पाई जाती है। दीमक अपघटनशील जैविक पदार्थ को एकत्र करके घरौंदा बनाती है। घरौंदे के शिखर पर फफूंद पाया जाता है जो जैविक पदार्थ का अपघटन कर पोषण प्राप्त करता है और बदले में मीथेन गैस निष्कासित करता है जो हरित-ग्रह प्रभाव को बढ़ाती है।

सवाना घास भूमियों में प्रकाश-संश्लेषण अभिक्रिया बहुत प्रभावी है। अधिकतर कार्बन भूमिगत जड़ों या तनों द्वारा संचित किया जाता है। इन घास भूमियों को जलाने के कारण भारी मात्रा में कार्बन-डाई-ऑक्साइड गैस निकलती है जो भूमंडलीय तापमान-वृद्धि के लिए उत्तरदायी है।

(ख) **शीतोष्ण कटिबंधीय घास क्षेत्र** **(Temperate Grasslands)** — ये मुख्यत: समतल अथवा हल्के ढलान वाले क्षेत्रों में पाये जाते हैं। शीत ऋतु छोटी एवं सामान्य होती है और ग्रीष्म ऋतु लंबी एवं शुष्क होती है। अधिक चराई और गर्मियों में लगने वाली आग झाड़ियों और छोटे पेड़ों को उगने नहीं देती है।

संयुक्त राज्य अमेरिका और कनाडा में इन घास भूमियों को **प्रेयरी घास-भूमि**, दक्षिणी अमेरिका में **पम्पास** घास-भूमि, अफ्रीका में **वेल्ड्स** घास-भूमि और यूरोप और एशिया में **स्टेपिस** घास-भूमि के नाम से जाना जाता है।

यहाँ वायु का वेग अधिक और वाष्पोत्सर्जन की दर अधिक है। मृदा उपजाऊ है और परिणामस्वरूप कृषि के लिए इन घास-भूमियों का सफाया किया जा रहा है।

(ग) **ध्रुवीय घास-क्षेत्र** **(Polar Grasslands)** — ये घास-भूमियाँ आर्कटिक के ध्रुवीय क्षेत्रों में पाई जाती हैं जहाँ शीत ऋतु शुष्क और लंबी है, वर्ष भर शीत लहर चलती है और यहाँ जलवायु पेड़ों के उगने में सहायक नहीं है। ग्रीष्म ऋतु में सूर्य का प्रकाश

उपलब्ध होता है और छोटे पौधे उगते हैं। यहाँ आर्कटिक भेड़िया, सफेद लोमड़ी, रेंडियर आदि जानवर पाए जाते हैं। मृदा के नीचे जल की बर्फ जम जाती है। ग्रीष्म ऋतु में यहाँ छोटे तालाब बन जाते हैं जहाँ कुछ कीट और प्रवासी पक्षी पाए जाते हैं।

■ मरुस्थलीय पारिस्थितिक-तंत्र (Desert Ecosystem)

ये पारिस्थितिक-तंत्र उन क्षेत्रों में पाए जाते हैं जहाँ वाष्पीकरण की दर वर्षण की दर से अधिक है। इन क्षेत्रों में वर्षण 25 सेंटीमीटर प्रतिवर्ष से भी कम है। विश्व का लगभग 1/3 भाग मरुस्थल है। मरुस्थलों में जैव-विविधता न्यूनतम और मुख्यत:, अकाल-रोधी क्षमता वाले पौधे पाए जाते हैं। यहाँ वायुमंडल शुष्क है तथा रात के समय धरातल जल्दी ठंडा हो जाता है और रातें ठंडी होती हैं। जलवायु के आधार पर मरुस्थल तीन प्रकार के हैं-

(क) **उष्ण कटिबंधीय मरुस्थल** जैसे अफ्रीका के सहारा और नमीब व भारत का थार मरुस्थल (राजस्थान) विश्व के सबसे शुष्क मरुस्थल हैं। रेत के टिब्बे यहाँ मामान्य हैं और कुछ सीमित जीव ही यहाँ की जैव-विविधता हैं।

(ख) **शीतोष्ण कटिबंधीय मरुस्थल** जैसे दक्षिण कैलीफोर्निया का 'मोज़ेव' मरुस्थल जहाँ दिन गर्मियों में गर्म व सर्दियों में ठंडे होते हैं।

(ग) **शीत मरुस्थल** जैसे चीन का गोबी मरुस्थल जहाँ शीत ऋतु ठंडी और ग्रीष्म ऋतु गर्म है।

जल के संरक्षण हेतु मरुस्थलीय जीव और वनस्पति विशेष रूप से रूपांतरित हैं। इन पेड़ों के पत्ते संकुचित अथवा कांटों के रूप में होते हैं और इससे जल-संरक्षण में सहायता मिलती है। अधिकतर पेड़ों के तने चपटे होते हैं और इनमें क्लोरोफिल होता है जिससे ये पौधे भोजन संश्लेषित करते हैं। कुछ पौधों की जड़ें पानी प्राप्त करने के लिए बहुत लंबी होती हैं। वाष्पोत्सर्जन की दर कम करने के लिए इन पत्तों पर मोम की परत होती है। मरुस्थल में पाए जाने वाले जीवों की त्वचा मोटी और खुरदरी होती है जो जल-संरक्षण में सहायक है। अधिकतर जीव बिलों में रहते हैं जहाँ उष्णता कम व आर्द्रता अधिक होती है। मरुस्थलीय मृदा पोषक तत्वों में समृद्ध और पानी की कमी से प्रभावित है।

पानी की कमी, कम जैविक-विविधता और उच्च तापमान के कारण ये जीव पर्यवरणीय दबाव और तनाव से उभरने में अधिक समय लेते हैं।

■ जलीय पारिस्थितिक-तंत्र (Aquatic Ecosystem)

जलीय पारिस्थितिक-तंत्र जल के गुणों के आधार पर महासागरीय एवं ताजा जल पारिस्थितिक तंत्र, दो भागों में विभाजित हैं। ताजा-जल पारिस्थितिक-तंत्र को स्थिर (Lentic) और अस्थिर (Letic) दो वर्गों में बाँटा गया है।

(क) **तालाब पारिस्थितिक-तंत्र**-यह एक छोटा एवं स्थिर जलीय पारिस्थितिक-तंत्र है। ये तालाब बरसाती भी हो सकते हैं। तालाब उथले जल के स्रोत हैं। गाँवों में अधिकतर

गतिविधियाँ इन्हीं तालाबों से जुड़ी रहती हैं। इनमें अनेक प्रकार की काई, जलीय पौधे, कीट, मछली और पक्षी पाए जाते हैं। तालाबों पर मानव-गतिविधियों का दबाव अक्सर बना रहता है। इनका प्रयोग कपड़े धोने, नहाने, तैरने, पशुओं को नहलाने आदि के लिए किया जाता है जिससे ये प्रदूषित हो रहे हैं।

(ख) **झील पारिस्थितिक-तंत्र**– झील ताजा जल का बड़ा एवं स्थिर स्रोत है। इसके उथले क्षेत्र को **उथला तटीय अनुक्षेत्र** (Littoral zone), खुले क्षेत्र जहाँ सूर्य का प्रकाश आसानी से उपलब्ध है–**खुला प्रकाशीय अनुक्षेत्र** (Linnetic zone) और गहरे क्षेत्र जहाँ सूर्य का प्रकाश उपलब्ध नहीं है, **नितल अनुक्षेत्र** (Profundal zone) कहते हैं। (चित्र 3.16)

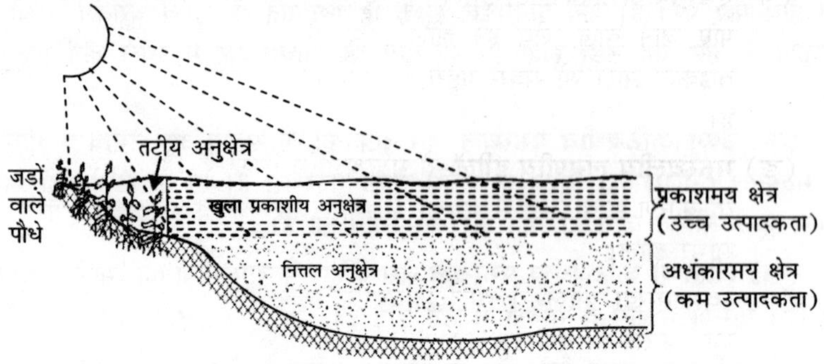

चित्र. 3.16. झील पारिस्थितिक-तंत्र का क्षेत्रीकरण

श्रीनगर की डल झील (जम्मू-कश्मीर), नैनीताल की नैनी झील (उत्तराखंड) और मणिपुर की लोकटक झील भारत की कुछ प्रमुख झीलें हैं।

जीव–झीलों में विभिन्न प्रकार के जीव पाए जाते हैं–

(क) **प्लवक**–ये जल की सतह पर तैरते हैं जैसे पादप-प्लवक (काई व शैवाल) और प्राणि-प्लवक (सूक्ष्म जीव जैसे रोटिफर)।

(ख) तैरने वाले जीव (जैसे–मछली)

(ग) सतह पर तैरने वाले जीव

(घ) नितल अवसादों पर रहने वाले जीव

(ङ) **सहजीवी**–जो दूसरे पौधों और जीवों पर रहते हैं।

स्तरीकरण–तापमान में अंतर के आधार पर झीलों को विभिन्न स्तरों में विभाजित किया गया है। ग्रीष्म ऋतु में सतही जल निचले क्षेत्रों की अपेक्षा अधिक गर्म हो जाता है। अतः केवल सतही परत गति करती है और यह ठंडे जल की परत से अलग ही रहती है।

झील के प्रकार–झीलों के मुख्य प्रकार निम्नलिखित हैं–

(क) **ओलिगोट्रोफिक (Oligotrophic) झील**–इन झीलों में पोषक तत्वों की मात्रा कम होती है।

(ख) **यूट्रोफिक (Eutrophic) झील**–इन झीलों में कृषि क्षेत्रों से आए जलवाह के कारण, नाइट्रेट और फॉस्फेट की अधिकता होती है। इनमें काई की अधिक वृद्धि दर्ज की गई है। उदाहरणार्थ–डल झील।

(ग) **डायस्ट्रोफिक (Dystrophic) झील**–इन झीलों के जल का रंग भूरा, pH कम (अम्लीय) और हयूमिक अम्ल की मात्रा अधिक होती है।

(घ) **एंडेमिक** (Endemic) **झील**–ये झीलें अत्यंत प्राचीन और गहरी हैं। इनमें पाए जाने वाले जीव इन झीलों तक ही सीमित हैं। उदाहरणार्थ-रूस की बाइकल झील जो सबसे गहरी है, आजकल, औद्योगिक प्रदूषण की चपेट में है।

(ङ) **मरुस्थलीय लवणीय झीलें**–ये मरुस्थलों में स्थित हैं और अधिक वाष्पीकरण के कारण इनके जल में लवणों की मात्रा बढ़ गई है। उदाहरण–राजस्थान की सांभर झील।

(च) **ज्वालामुखी झील**–ये झीलें ज्वालामुखी विस्फोट के पश्चात् मैग्मा से जल प्राप्त करती हैं। उदाहरण–जापान की कई झीलें। यहाँ जीवों की संख्या सीमित है।

(छ) **मिरोमिक्टिक (Meromictic) झील**–इन झीलों का जल लवणीय है और इनका स्थायी स्थिरीकरण हो चुका है। उदाहरण–नेवादा झील।

(ज) **कृत्रिम झील**–इनका निर्माण बाँधों के कारण हुआ है। उदाहरण भाखड़ा-नाँगल की गोविंद-सागर झील।

नदी-निर्झर (Streams)

यह ताजा जल का पारिस्थितिक-तंत्र है जिसमें धाराएँ महत्त्वपूर्ण घटक है। इनमें ऑक्सीजन और पोषक-तत्वों की मात्रा समान है और जल-धरातल संपर्क विस्तृत है। हालाँकि नदी-निर्झर में पाए जाने वाले जीवों को तापमान में अंतर और धाराओं के वेग का दबाव सहना पड़ता है, प्राकृतिक रूप से इन्हें ऑक्सीजन की कमी नहीं होती है। इसका कारण इनका उथला जल व धाराओं के कारण जल और वायु का निरंतर होने वाला संपर्क है। जलीय पौधों की संख्या कम होने के बावजूद इनमें विलयित ऑक्सीजन की मात्रा झीलों के जल की अपेक्षा अधिक है। इनमें पाए जाने वाले जीव ऑक्सीजन की मात्रा के प्रति संवेदनशील होते हैं। यही कारण है ये जीव प्रदूषण से सर्वाधिक प्रभावित हैं और नदी-निर्झर औद्योगिक प्रदूषण का प्रमुख शिकार हैं।

नदी पारिस्थितिक–तंत्र–नदियाँ पर्वतीय क्षेत्रों से मैदानी क्षेत्रों की ओर बहने वाला जल है, जो अंततः समुद्र में मिलती हैं। इसी कारण नदी पारिस्थितिक-तंत्र विभिन्न दशाएँ दर्शाता है।

ऊँचे पर्वतीय क्षेत्रों में नदी का जल शीतल, स्वच्छ एवं तेज वेग से बहता है। इसमें विलयित ऑक्सीजन की मात्रा भी अधिक होती है। पौधे चट्टानों के बीच उगते हैं और मछलियाँ ठंडे पानी में पनपने वाली प्रजातियाँ होती हैं।

दूसरे चरण में ढलान अपेक्षाकृत कम होता है और जल गर्म होने के कारण वनस्पति और जीव भरपूर मात्रा में पनपते हैं।

तीसरे चरण में, नदी जल में जैव-विविधता समृद्ध होती है। नदियाँ मैदानी भागों में बहती हैं। नदियों के साथ लाई गई जलोढ मिट्टी मैदानी क्षेत्रों में जमा होती रहती है।

महासागर (Oceans)

ये जल के असीम भंडार हैं जो पृथ्वी के धरातल के लगभग 70% भाग को ढके हुए हैं और लगभग 2,50,000 महासागरीय प्रजातियों के अस्तित्व में महत्त्वपूर्ण भूमिक निभा रहे हैं। मनुष्य के लिए महासागर भोजन, महासागरीय उत्पाद, औषधि, खनिज लवण जैसे फॉस्फोरस, मैग्नीशियम, जीवाश्म-ईंधन, प्राकृतिक गैस आदि का प्रमुख स्रोत हैं।

महासागर पृथ्वी की जलवायु, जल-चक्र व कार्बन-डाई-ऑक्साईड को संग्रहित करने में भी महत्त्वपूर्ण भूमिका निभा रहे हैं।

महासागरों को दो भागों में बाँटा गया है–

तटीय क्षेत्र–इन क्षेत्रों का जल उथला, अपेक्षाकृत गर्म और पोषक तत्वों से समृद्ध है। पोषक तत्वों के भंडार और सूर्य के प्रकाश की उपलब्धता के कारण ये प्राथमिक उत्पादन के केन्द्र हैं।

खुला समुद्र–यह महासागरों का भीतरी और गहरा क्षेत्र है जो तटरेखा से दूर है। इस क्षेत्र को तीन भागों में बाँटा गया है। (चित्र 3.17)

(*i*) **प्रकाशमय क्षेत्र**–यहाँ सूर्य के प्रकाश की उपलब्धता में प्रकाश संश्लेषण क्रिया संभव है।

(*ii*) **प्रकाशरहित क्षेत्र**–यहाँ सूर्य का प्रकाश उपलब्ध नहीं है। ये गहरे क्षेत्र हैं और यहाँ भूगर्भ सक्रिय है।

(*iii*) **अतल क्षेत्र**–यह अंधकार से पूर्ण क्षेत्र है जो 2,000 से 5,000 मीटर गहरा है। यहाँ सूर्य का प्रकाश उपलब्ध नहीं है और यह अधूरा पारिस्थितिक-तंत्र है।

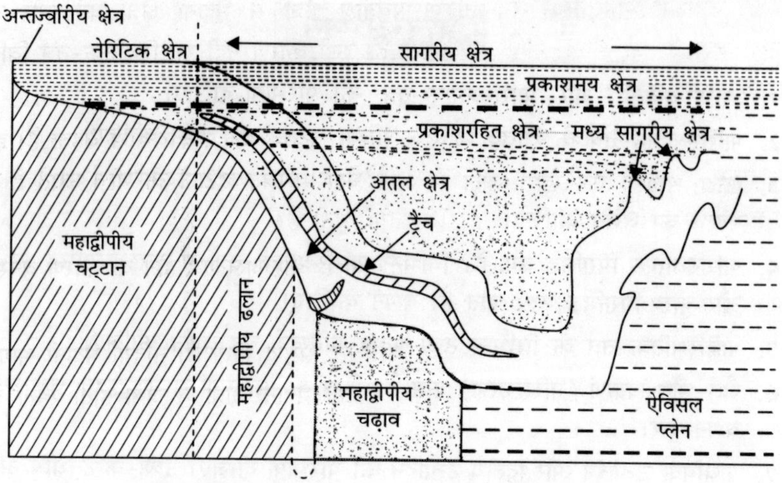

चित्र. 3.17. महासागरीय पारिस्थितिक-तंत्र का क्षेत्रीकरण

नदी-मुहाने (Estuaries)

ये क्षेत्र आंशिक रूप से घिरे हुए समुद्री तट हैं जहाँ नदी का ताज़ा जल और महासागरीय जल मिलते हैं। ये ज्वार से प्रभावित क्षेत्र हैं। जल की निरंतर गति के कारण जल में उपस्थित पोषक तत्व प्राथमिक उत्पाद आसानी से उपलब्ध हैं। समय और स्थान के जलवायु परिवर्तन के साथ जल के गुणों में भी परिवर्तन दर्ज किया गया है और इन क्षेत्रों में उपस्थित जीव इन परिवर्तनों को आसानी से झेल जाते हैं। ये तापमान और लवणता से अधिक प्रभावित नहीं होते। तटीय खाड़ी और दलदली क्षेत्र नदी-मुहानों के उदाहरण हैं।

नदी-मुहानों में समृद्ध जैव-विविधता है जो इन क्षेत्रों तक ही सीमित है। यहाँ 'ईल' और 'सालमन' जैसी प्रवासी मछलियाँ भी पाई जाती हैं जो अपना आधा जीवन-काल ताजा-जल में व्यतीत करती हैं और शेष महासागरीय जल में। नदी-मुहानों में इनके लिए भरपूर भोजन उपस्थित है। ये अति उत्पादक पारिस्थितिक-तंत्र है। नदी का प्रवाह और ज्वार भाटा इस क्षेत्र की उत्पादकता को अतिरिक्त ऊर्जा प्रदान करते हैं। भोजन के असीम भंडार के रूप में नदी मुहाने मानव के लिए भी उपयोगी हैं। इन पारिस्थितिक-तंत्रों का संरक्षण और बुद्धिमत्ता से प्रबंधन आवश्यक है।

प्रश्न-अभ्यास

1. 'पारिस्थितिकी' और 'पारिस्थितिक-तंत्र' की परिभाषा दीजिए।
2. पारिस्थितिक-तंत्र के जैविक और अजैविक घटकों का वर्णन कीजिए।
3. खाद्य-शृंखला एवं खाद्य-जाल से आप क्या समझते हैं? उदाहरण देकर इनके महत्व का वर्णन कीजिए।
4. पारिस्थितिक पिरामिड क्या है? विभिन्न पारिस्थितिक-तंत्रों में कुछ पिरामिड सीधे और कुछ पिरामिड उल्टे होते हैं। वर्णन कीजिए।
5. पारिस्थितिक-तंत्र के विभिन्न उर्जा-प्रवाह प्रतिरूपों का वर्णन कीजिए।
6. जैव-भौम चक्रण (परिसंचरण) क्या हैं? चित्र की सहायता से नाइट्रोजन-चक्र का वर्णन करें।
7. प्राथमिक उत्पादन और द्वितीय उत्पादन की परिभाषा दीजिए। उष्ण-कटिबंधीय आर्द्र वन और नदी-मुहाने अधिक उपजाऊ क्यों हैं ?
8. 'होमियोस्टेसिस' से आप क्या समझते हैं? पर्यावरणीय तनाव विपरीत दिशा में होने वाली प्रक्रिया से आप क्या समझते हैं?
9. पारिस्थितिक वंशक्रम प्रक्रिया का वर्णन करें।
10. निम्नलिखित पर संक्षिप्त टिप्पणी लिखें–
    (क) उष्ण-कटिबंधीय वर्षा वन
    (ख) सवाना घासभूमियाँ
    (ग) आर्कटिक टुंड्रा
11. झील पारिस्थितिक तंत्र के विभिन्न वर्ग कौन से हैं?
12. निम्नलिखित से क्या अभिप्राय है–
    (क) ओलिगोट्रोफिक झील
    (ख) मिरोमिक्टिक झील
13. झील और नदी की प्रमुख विशेषताएँ किस प्रकार भिन्न हैं?
14. महासागर के क्षेत्रीकरण का वर्णन करें। संसाधनों की उपलब्धता और जलवायु नियंत्रण में महासागरों की क्या भूमिका है?
15. नदी-मुहाना पारिस्थितिक तंत्र की मुख्य विशेषताएँ क्या हैं ?

वस्तुनिष्ठ प्रश्न

(क) खाली स्थान भरें–

1. ईकोसिस्टम (पारिस्थितिक-तंत्र) शब्द की रचना ...... ने की थी।
2. उत्पादकों से प्रत्यक्ष रूप से भोजन प्राप्त करने वाले जीवों को ...... कहते हैं।

3. रासायनिक-संश्लेषण अभिक्रिया में जीव सूर्य के प्रकाश की अनुपस्थिति में ...... का प्रयोग करके जैविक पदार्थ उत्पन्न करते हैं।
4. किसी पारिस्थितिक-तंत्र में भोजन एवं भक्षण के क्रम को ...... कहते हैं।
5. ...... कीटनाशक का जैव-सांद्रण पक्षियों के अंडों के ऊपरी कवच के पतलेपन के लिए उत्तरदायी है।
6. ...... का पिरामिड सदैव सीधा होता है।
7. पारिस्थितिक-तंत्र में पोषक तत्वों का प्रवाह चक्रीय है जबकि उर्जा का प्रवाह ...... है।
8. पेरू के तट पर बने 'गुआनो' अवसाद ...... से समृद्ध हैं।
9. पर्यावरणीय प्रभाव को सहन करने की जीवों की क्षमता ...... कहलाती है।
10. वंशक्रम के दौरान स्थाई रूप से स्थापित अंतिम समुदाय ...... कहलाता है।
11. सबसे बड़ा फूल ...... है।

(ख) निम्नलिखित में सही उत्तर चुनिए–

1. मृत पशुओं और जीवों के अपशिष्टों का भक्षण करने वाले जीव कहलाते हैं।
   (क) रासायनिक संश्लेषक (ख) माँसाहारी
   (ग) परभक्षी (घ) अपघटनकारी
2. खाद्य-शृंखला द्वारा घातक रसायनों की निरंतर बढती मात्रा कहलाती है।
   (क) पारिस्थितिक संतुलन (ख) जैव-सांद्रण
   (ग) खाद्य-स्तर (घ) जैव अपघटन
3. कुल प्राथमिक उत्पादकता अधिकतम है–
   (क) खुले समुद्रों में (ख) घासभूमियों में
   (ग) आर्द्र उष्ण कटिबंधीय वनों में (घ) कृषि पारिस्थितिक तंत्र में
4. एक चट्टान पर होने वाले वंशक्रम को कहते हैं–
   (क) हैलो क्रमिक (ख) आश्मिक क्रमिक
   (ग) जलीय क्रमिक (घ) इनमें से कोई नहीं
5. अफ्रीका की घासभूमियों से पाई जाने वाली लंबी घास जिसमें कहीं-कहीं झाड़ियाँ उगती हैं कहलाती है।
   (क) सवाना (ख) पम्पास
   (ग) स्टेपस (घ) प्रेयरी
6. झीलों का वह गहरा क्षेत्र जहाँ सूर्य का प्रकाश नहीं पहुँचता–
   (क) तटीय अनुक्षेत्र (ख) सतही खुला अनुक्षेत्र
   (ग) गहरा अनुक्षेत्र (घ) नितल अनुक्षेत्र

7. काई की अत्यधिक वृद्धि व पोषक तत्वों से समृद्ध झील को कहते हैं–
   (क) यूट्रोफिक (ख) ओलिगोट्रोफिक
   (ग) डाइस्ट्रोफिक (घ) मिरोमिक्टिक
8. नदी-मुहानों के लक्षण हैं–
   (क) ताजा एवं खारे जल के लक्षण
   (ख) समृद्ध जैव-विविधता
   (ग) अधिक उत्पादकता
   (घ) ऊपर दिये गये सभी

(ग) निम्नलिखित कथनों में सही/गलत की पुष्टि कीजिए :

1. पारिस्थितिक-तंत्र जैविक समुदायों का समूह है जिसमें जीव एक-दूसरे से अभिक्रिया करते हैं और भौतिक पर्यावरण से उर्जा एवं पदार्थ का आदान-प्रदान नहीं करते। (सही/गलत)
2. पारिस्थितिक-तंत्र के जैविक एवं अजैविक घटक उर्जा प्रवाह एवं पदार्थ परिसंचरण से जुड़े हुए हैं। (सही/गलत)
3. खाद्य जाल खाद्य-शृंखलाओं की अपेक्षा कम स्थिरता प्रदान करते हैं। (सही/गलत)
4. द्विपथीय उर्जा प्रवाह प्रतिरूप में उर्जा का प्रवाह चराई और अपरदी दोनों भोजन शृंखलाओं से होकर गुजरता है। (सही/गलत)
5. पदार्थों के चक्रण में सूक्ष्म-जीवों की महत्वपूर्ण भूमिका है। (सही/गलत)
6. फॉस्फोरस का प्रमुख स्रोत वायुमंडल हैं। (सही/गलत)
7. शुद्ध प्राथमिक उत्पादन, सदैव, कुल प्राथमिक उत्पादन से अधिक होता है। (सही/गलत)
8. समुद्रों से आने वाली जल-धाराएँ अपने साथ पोषक तत्व लाती है जिनसे नदी-मुहानों की प्राथमिक उत्पादकता बढती है। (सही/गलत)
9. अगर हमें पर्यावरण का संतुलन बनाए रखना है तो हमें पर्यावरणीय तनाव की दिशा में होने वाले बदलावों को बढावा देना चाहिए। (सही/गलत)
10. पर्यावरणीय तनाव की दिशा में होने वाले बदलाव पारिस्थितिक-तंत्र को अधिकतम नियंत्रित स्थितियों से दूर ले जाते हैं। (सही/गलत)
11. पारिस्थितिक वंशक्रम के दौरान समुदायों में क्रम से परिवर्तन आते हैं, परंतु, भौतिक रूप समान बना रहता है। (सही/गलत)
12. भू-स्खलन, सूखा, कड़ाके की सर्दी अथवा ज्वालामुखी एक नग्न क्षेत्र का निर्माण करते हैं जिससे वंशक्रम आरंभ हो सके। (सही/गलत)

13. ऑर्किडस परपोषी वनस्पति है जो उष्ण-कटिबंधीय वर्षा-वनों में बहुतायत से पाए जाते हैं और सुंदर फूलों के लिए जाने जाते हैं। (सही/गलत)

14. महासागरों का अतल अनुक्षेत्र सूर्य का प्रकाश ग्रहण नहीं कर पाता और फलस्वरूप अधूरा पारिस्थितिक-तंत्र है। (सही/गलत)

इकाई 4

जैव-विविधता एवं संरक्षण

Biodiversity and Its Conservation

अगर हम पृथ्वी को 10 बिलियन हिस्सों में विभाजित कर दें तो पाएँगे कि केवल एक भाग पर ही जीवन है और यह मृदा, जल एवं वायु की केवल 1 किलोमीटर की परत में लगभग 50 मिलियन प्रजातियों को सहेजे हुए है। ये आश्चर्य की बात है कि प्रकृति ने भौतिक पदार्थों के एक छोटे से भाग से जीवों की विविधता की रचना की है।

जैव-विविधता (Biodiversity) सभी जीवों व पारिस्थितिक-तंत्रों की विभिन्नता एवं असमानता को कहा जाता है। मरुस्थलों से लेकर घने उष्ण-कटिबंधीय वनों तक हिम-आच्छादित पर्वत-शिखरों से महासागरों की गहराइयों तक विभिन्न आकार, प्रकार, रंग एवं रूपों में प्राणी जगत् विद्यमान है। ज़रा विचार कीजिए, अगर विश्व में कुछ प्रजातियाँ ही होती तो जीवन कितना नीरस बनकर रह जाता।

1992 में ब्राज़ील के रियो-द-जनेरियो में हुए **जैव-विविधता अधिवेशन** के अनुसार जैव-विविधता की परिभाषा इस प्रकार है- **धरातलीय, महासागरीय एवं अन्य जलीय पारिस्थितिक-तंत्रों में उपस्थित अथवा उससे संबंधित तंत्रों में पाए जाने वाले जीवों के बीच विभिन्नता जैव विविधता है।**

जैव-विविधता के स्तर (Levels of Biodiversity)

जैव-विविधता की इकाइयाँ अनुवांशिक स्तर से किसी क्षेत्र विशेष के समुदाय और बायोम में पाई जाने वाली विविधता तक फैली हुई हैं।

■ अनुवांशिक-विविधता (Genetic Diversity)

यह जैव-विविधता का मुख्य स्रोत है। जीवों में पाई जाने वाली 'जीन' विभिन्न प्रकार से मिलकर जीवों में विविधता लाने के लिए उत्तरदाई है। 'जीन' एक पीढ़ी से दूसरी पीढ़ी तक विभिन्न लक्षणों को ले जाने वाली मूल इकाई है। जब एक ही प्रजाति के जीन विभिन्न प्रकार से मिलकर जीवों में अंतर पैदा कर दें तो इसे अनुवांशिक विविधता कहते हैं।

उदाहरण के लिए चावल की सभी किस्में एक ही प्रजाति 'ओराइजा सटाईवा' से बनी हैं। परन्तु अनुवांशिक विविधता के कारण इनका रंग, आकार, खुशबू एवं पोषक तत्व विभिन्न प्रकार के हैं।

प्रजाति-विविधता (Species Diversity)

यह किसी समुदाय अथवा जनसंख्या में पाए जाने वाले जीवों के बीच की विविधता है। यह किसी समुदाय में जीवों की समृद्धता एवं प्रचुरता को दर्शाती है। प्रजाति-विविधता को आँकने के दो मापक हैं – 'शैनन-वीनर इन्डैक्स' और 'सिम्पसन इन्डैक्स'।

हमारे जैव-मंडल में जीवों की संख्या कितनी होगी? 1992 में विल्सन द्वारा दिए गए आँकड़ों के अनुसार प्रजातियों की कुल संख्या 1 करोड़ से 5 करोड़ के बीच है। आज तक केवल 10 लाख 50 हज़ार जीवित है एवं 3 लाख जीवाश्मों की पहचानकर उनके वैज्ञानिक नाम दिए गए हैं। संभावना है कि इनको खोजकर सूचीबद्ध करने से पहले ही बहुत-सी प्रजातियाँ इस धरती पर से विलुप्त हो जाएँगी और हम इनके बारे में, इनसे मिलने वाले लाभों को जानने से पहले ही प्रकृति के इन उपहारों को खो देंगे।

पारिस्थितिक-विविधता (Ecosystem Diversity)

यह पारिस्थितिकीय जटिलता जैसे आवास, खाद्य-स्तर, खाद्य-जाल, पदार्थ-चक्रण आदि के बीच पाई जाने वाली विविधता है। पारिस्थितिक-तंत्र भौतिक घटकों जैसे तापमान, आर्द्रता, ऊँचाई, वर्षण आदि के साथ भी विभिन्नता दर्शाता है। अतः, पारिस्थितिक-तंत्र के इन घटकों के बीच भी असमानता है। विभिन्न प्रकार के जंगलों में, जहाँ मुख्यतः पेड़ों की प्रभुता है, वहाँ भी अलग-अलग क्षेत्रों में विविधता देखने को मिलती है। उष्ण-कटिबंधीय वनों, पतझड़ी वनों और शीतोष्ण वनों में इन्हीं भौतिक घटकों की विविधता के कारण जैव-विविधता विकसित हुई है। यह विविधता करोड़ों वर्षों में विकसित हुई है और इसका संरक्षण अतिआवश्यक है। जैव-विविधता को नुकसान पहुँचाने का अर्थ है पर्यावरणीय संतुलन को बिगाड़ना। हम जैव-विविधता को एक स्थान से दूसरे स्थान पर स्थानांतरित भी नहीं कर सकते। यह विविधता क्षेत्र-विशेष की जलवायु पर निर्भर करती है। यह संभव नहीं कि हम शीतोष्ण वनों की विविधता को बढ़ाने के लिए उष्ण कटिबधीय वनों की प्रजातियों को वहाँ स्थानान्तरित कर दें। प्रकृति के हर क्षेत्र की जैव-विविधता वर्षों के प्राकृतिक-चयन द्वारा विकसित हुई है।

भारत का जैव-भौगोलिक वर्गीकरण (Bio-geographic Classification of India)

भारत में विभिन्न प्रकार की जलवायु एवं धरातलीय लक्षण विद्यमान हैं। इन विभिन्नताओं के परिणामस्वरूप ही, भारत में प्राणी एवं वनस्पति-विविधता भी भरपूर है। भारत में जैव-विविधता की समृद्धता है और वनस्पति-समृद्धता के आधार पर भारत विश्व में दसवें स्थान पर है।

पौधों एवं अन्य जीवों के वितरण, विकास एवं पर्यावरणीय संबंधों का अध्ययन आवश्यक है। जैव-भूगोल पौधों एवं जीवों के इन संबंधों का अध्ययन है। हमारे देश को प्राणी एवं वनस्पति के अध्ययन की दृष्टि से दस जैव-भौगोलिक भागों में विभाजित किया गया है। प्रत्येक क्षेत्र की विशेष प्रकार की जलवायु, मृदा, भौतिक-लक्षण एवं जैव-विविधता है।

तालिका 4.1 : भारत के प्रमुख जैव-भौगोलिक आवास

क्र० सं०	जैव-भौगोलिक क्षेत्र	क्षेत्र	कुल क्षेत्रफल (वर्ग कि०मी०)	प्रमुख प्रजातियाँ
1.	परा-हिमालय	ऊपरी क्षेत्र	186200	• जंगली भेड़, याक, तिब्बती गधा, बर्फ का तेंदुआ, मारमट, भेड़िया, काली गर्दन वाला सारस • चीड़, देवदार।
2.	हिमालय	उत्तर-पश्चिमी हिमालय पश्चिमी हिमालय मध्य हिमालय पूर्वी हिमालय	6900 720000 123000 83000	• जंगली भालू, सांबर, कस्तूरी मृग, गोरल, तेंदुआ, सिक्किमी बारहसिंगा • चीड़, सरु, कार्क, साल, ढाक, ऑर्किड।
3.	मरुस्थल	कच्छ थार लद्दाख	45000 180000 NA	• ऊँट, बस्टर्ड, जंगली गधा, लोमड़ी, रेगिस्तानी बिल्ली व चूहा। • बेर, कीकर, खेजड़ी, खजूर।
4.	उपोष्ण क्षेत्र	मध्य भारत गुजरात-राजवाड़ा	107600 400400	• सिंह (गीर वन), बाघ (सरिस्का, रणथम्बोर, रिज़र्व) • बबूल, खजूर, पीपल।
5.	पश्चिमी घाट	मलाबार तट पश्चिमी घाट के पहाड़	59700 99300	• कछुआ, मेंढक, छिपकलियाँ, साँप • शीशम, पीपल, टूना, बहेड़ा।
6.	दक्कन का पठार	दक्षिणी दक्कन पठार मध्य पठार पूर्वी पठार छोटा नागपुर मध्य ऊँची भूमियाँ	378000 341000 198000 217000 287000	• सांबर, स्लौथ भालू, बाघ, चीतल, चौसिंघा, बारहसिंगा, जंगली हाथी व भैंसा • कीकर, पलाश, टेसू, टूना चीड़, ऑर्किड।
7.	गंगा का मैदान	ऊपरी मैदान निचले मैदान	206400 153000	• काला चिंकारा, बारहसिंगा गैंडा, गज़ेला, घड़ियाल, कछुआ। • साल, बेल, कीकर, जामुन, आम।

Contd…..

8.	उत्तर-पूर्वी भारत	ब्रह्मपुत्र की घाटी उत्तर-पूर्वी पहाड़ियाँ	65200 106200	• हाथी, गैंडा, याक, हिरण, सेही • बाँस, साल, कटहल, टूना, बक्सा बादाम, ऑर्किड।
9.	द्वीप समूह	अंडमान द्वीप निकोबार द्वीप लक्षद्वीप	6397 1930 180	• डॉलफिन, घड़ियाल, घोंघे। • बहेड़ा, हरड़, कटहल, इलायची, नारियल, लौंग।
10.	समुद्र तट	पश्चिमी तट पूर्वी तट	6500 6500	• ड्यूगौंग, डॉलफिन, समुद्री कछुआ, घड़ियाल, शंख। • नारियल, केला, काजू।

स्रोत : 'कंजरविंग अवर बायोलोजिकल वैल्थ,' WWF (भारत) एवं भारतीय प्राणि-विज्ञान सर्वेक्षण।

■ जैव-विविधता का महत्व (Value of Biodiversity)

वाणिज्यिक उपयोग, पारिस्थितिकीय सेवाओं, सामाजिक एवं आर्थिक दृष्टि से जैव-विविधता का विशेष महत्व है। हमें जीवों से अनेक लाभ प्राप्त होते हैं। कभी-कभी हम जीवों के विलुप्त होने के पश्चात ही उनकी उपयोगिता को समझ पाते होते हैं। एक सामान्य-सा प्रतीत होने वाला जीव भी असंख्य गुणों का स्रोत अथवा कैंसर और एड्स जैसी भयावह बीमारी का संवाहक हो सकता है। मैक्नीले ने 1990 में जैव-विविधता के महत्व का वर्गीकरण किया जो निम्नलिखित है-

1. उपभोगी मूल्य (Consumptive use value)— सीधे उपभोग से संबंधित मूल्य वे हैं जहाँ जैव-विविधता के उत्पादन को बाजार में ले जाए बिना सीधे ही वहाँ के लोगों द्वारा उपभोग किया जाता है। उदाहरण के लिए, भोजन, ईंधन की लकड़ी आदि।

भोजन—मनुष्यों द्वारा अनेक पौधों का उपयोग भोजन के तौर पर किया जाता है। अब तक लगभग 80,000 पौधों की प्रजातियों का भोजन-संबंधी महत्व पहचाना जा चुका है। लगभग 90% कृषि की किस्में इन्हीं प्रजातियों से प्राप्त की गई हैं। आज भी वैज्ञानिकों द्वारा प्रजातियों का प्रयोग अधिक बेहतर किस्मों के विकास के लिए किया जा रहा है। अनेक जीव भी मनुष्य के लिए भोजन का स्रोत हैं।

औषधियाँ—विश्व की जलभग 75% जनसंख्या औषधियों के लिए पौधों एवं पौधों से प्राप्त रसायनों पर आश्रित है। 'पेनिसिलीन' नामक एंटीबायोटिक को भी पेनिसीलियम' नामक कवक से प्राप्त किया जाता है। 'टैट्रासाईक्लिन' जीवाणु से प्राप्त की जाती है। मलेरिया के लिए 'कुनीन' और हृदय-विकारों के लिए 'डिजिटैलीन' भी क्रमशः 'सिनकोना' और 'डिजिटैलिस' नामक पौधों से प्राप्त किए जाते हैं। हाल ही में 'विनब्लास्टिन' और 'विनक्रिस्टिन' नामक कैंसर-रोधी दवाइयाँ भी 'पेरीविंकल' नामक पौधे से प्राप्त की गई हैं।

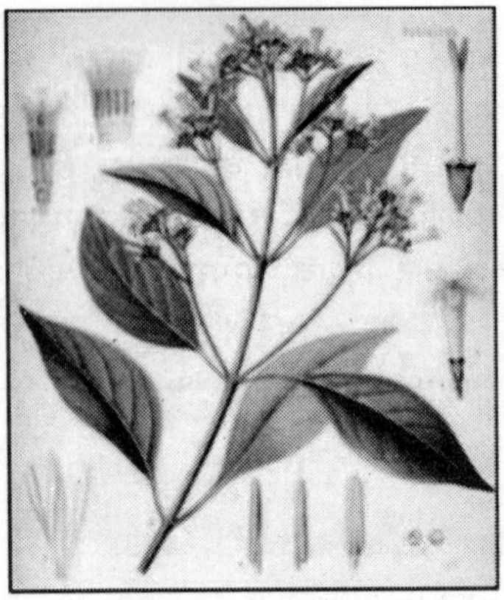

सिनकोनाः छाल कुनैन देता है

प्लांटैगोः भूसी में औषधीय गुण है (ईसबगोल)

कैथरैन्थस (पेरिविंकल): दो कैंसर रोधी अल्कलॉइड उससे प्राप्त हुए हैं।

नाइन-बैंडेड आर्मडिलोः कुष्ठ अनुसंधान में उपयोगी

चित्र 4.1. उपभोग्य उपयोग मूल्य वाली कुछ महत्वपूर्ण प्रजातियाँ।

ईंधन–मनुष्य, वर्षों से, ईंधन के लिए वनों पर आश्रित है। जंगल से प्राप्त होने वाली ईंधन की लकड़ी जैव-विविधता के उपभोगी मूल्य का उदाहरण है।

2. उत्पाद-संबंधी मूल्य (Productive use value)—ये वाणिज्यिक दृष्टि से उपलब्ध वस्तुएँ हैं जिन्हें बाजार में बेचा जा सकता है। इनमें वैज्ञानिकों की खोज हेतु 'जीन' का व्यापार, हाथी-दाँत, जानवरों की खाल, चमड़ा, रेशम, ऊन आदि सम्मिलित हैं। कई उद्योग जैसे कागज उद्योग, रेशम उद्योग, कपड़ा उद्योग, चमड़ा उद्योग आदि जंगली जीवों व वनस्पति पर आश्रित हैं।

संकटग्रस्त प्रजातियों से प्राप्त उत्पादों के अन्तर्राष्ट्रीय एवं राष्ट्रीय व्यापार पर लगे प्रतिबंध के बावजूद करोड़ों रुपये के उत्पाद अन्तर्राष्ट्रीय बाजार में उपलब्ध हैं। एशिया, अफ्रीका एवं लैटिन अमरीका के क्षेत्र जैव-विविधता के प्रमुख केन्द्र हैं और ये देश पश्चिमी देशों से मूल्यवान उत्पादों का करोड़ों का सौदा करते हैं।

3. सामाजिक मूल्य (Social value)—ये जैव-विविधता के वे मूल्य हैं जिनका सामाजिक, पारंपरिक, धार्मिक व मानसिक मूल्यों से संबंधित महत्व हैं। तुलसी, पीपल, आम, बेलपत्र आदि वृक्षों की पूजा की जाती है। इन पेड़ों के पत्ते एवं फल पूजा के दौरान प्रयोग किए जाते हैं। जंगलों में रहने वाली प्रजातियाँ इन वनों को अपना घर मानती हैं। इन लोगों के तीज-त्यौहार, गीत-संगीत, रीति-रिवाज, परंपराएँ आदि प्रकृति से पूर्णतः जुड़े हुए हैं। गाय, बैल, नाग, मोर, उल्लू आदि पशुओं को हमारे समाज में पवित्र माना गया है। इस प्रकार जैव-विविधता के साथ सामाजिक एवं धार्मिक महत्व भी जुड़े हुए हैं जो विभिन्न संस्कृतियों की पहचान हैं।

4. नैतिकता-संबंधी मूल्य (Ethical value)—इन्हें हम अस्तित्व-संबंधी मूल्य भी कहते हैं। हर प्रकार के जीवन का संरक्षण आवश्यक है। ये मूल्य इस प्रकार के व्यावहारिक मुद्दों से जुड़े हैं। ये मूल्य 'जीओ और जीने दो' की धारणा पर आधारित हैं। अगर हम मानव-जाति का अस्तित्व चाहते हैं तो हमें सभी जीवों को संरक्षित रखना होगा। व्यवहार के अनुसार किसी प्रजाति से हमें कोई लाभ प्राप्त हो या न हो, हमें यह मानना होगा कि उस प्रजाति के अस्तित्व से हमें खुशी प्राप्त होती है। भले ही हमें कंगारू, जेब्रा या जिराफ से कोई सीधा लाभ नहीं मिल रहा, पर हम सभी यह चाहेंगे कि इन प्रजातियों को इस धरती पर जीना चाहिए। यही अस्तित्व संबंधी मूल्य है। सभी जीवों के प्रति प्रेम-भाव आवश्यक है।

5. सौंदर्य-संबंधी महत्व (Aesthetic value)—जैव-विविधता से अपार सौंदर्य जुड़ा हुआ है। कोई भी व्यक्ति जीव-रहित बंजर धरती में रहने या घूमने जाने की कल्पना नहीं कर सकता। लोग जीवों और प्रकृति के सौंदर्य-प्रेम के कारण ही मीलों दूर पर्यटन की दृष्टि से घूमने जाते हैं। यह जैव-विविधता के सौंदर्य का परिणाम ही तो है। साथ ही पर्यटन और दूसरे शब्दों में जैव-विविधता, मुद्रा अर्जन करने का महत्त्वपूर्ण साधन है।

6. अप्रत्यक्ष मूल्य (Indirect value)—आज भी, प्रकृति के अनेक पहलू और उनकी उपयोगिता हमारी समझ से परे है। हो सकता है कि एड्स और कैंसर जैसी भायनक बीमारी का उपचार प्रकृति के किसी कोने में छिपा हो। अतः, अप्रत्यक्ष महत्व से अभिप्राय है जैव-विविधता के वे महत्व जिनसे हम अनभिज्ञ हैं और जिनकी खोज अभी बाकी हैं। जैव-विविधता प्रकृति की ओर से एक उपहार है और इसका संरक्षण आवश्यक है।

7. पारिस्थितिकीय सेवाएँ (Ecosystem services)—आमतौर पर जैव-विविधता विषय के पारिस्थितिकीय महत्व को नजरअंदाज कर दिया जाता है। पारीस्थितिकी से संबंधित महत्त्वपूर्ण मुद्दे मृदा-अपरदन की रोकथाम, बाढ़ों की रोकथाम, उर्वरता बनाए रखने में सहायता, पोषक तत्वों का चक्रण, नाइट्रोजन का यौगिकीकरण, जल का चक्रण, भूमंडलीय तापमान वृद्धि की रोकथाम आदि हैं।

जैव-विविधता की विभिन्न श्रेणियाँ और इनके महत्व स्पष्टरूप से यह दर्शाते हैं कि जैव-विविधता एक असीम भंडार है और इसका क्षरण आर्थिक, पारिस्थितिक और सामाजिक एवं सांस्कृतिक दृष्टि से लाभदायक न होगा।

जीवों का आर्थिक मूल्य : कुछ तथ्य

- एक नर शेर अपने सौंदर्य के आधार पर, लगभग 7 वर्ष में, पर्यटन से 515,000 डॉलर की मुद्रा अर्जित कर सकता है जबकि इसकी खाल की कीमत के 1,000 डॉलर हैं।
- कीनिया का एक हाथी अपने जीवनकाल में पर्यटन से 1 मिलियन डॉलर की मुद्रा अर्जित करता है।
- रवांडा में पाए जाने वाले पहाड़ी गुरिल्ला प्रतिवर्ष 4 मिलियन डॉलर अर्जित करने का साधन है।
- हर्वी खाड़ी और क्वीन्सलैंड तट पर व्हेल मछलियाँ प्रतिवर्ष 12 मिलियन डॉलर अर्जित करने का साधन हैं।
- आस्ट्रेलिया के 'ग्रेट बैरियर रीफ' द्वारा पर्यटन से प्रतिवर्ष 2 मिलियन की मुद्रा अर्जित होती है।
- एक पेड़ ऑक्सीजन, साफ हवा, उपजाऊ भूमि, अपरदन-नियंत्रण, जल चक्रण आदि के द्वारा लगभग 196,2150 डॉलर की सेवाएँ प्रदान करता है, जबकि लकड़ी के लिए इसे मात्र 590 डॉलर में बेचा जा सकता है।

■ भूमंडलीय जैव-विविधता (Global Biodiversity)

रियो-डि-जनेरियो में 1992 में हुए पृथ्वी सम्मेलन के पश्चात् यह निश्चित हो गया है कि हमें पृथ्वी पर उपस्थित सभी प्रजातियों को ढूँढ़कर उनका वैज्ञानिक नामकरण करना आवश्यक है। हम लगभग 1.5 लाख प्रजातियों का पता लगा चुके हैं और एक अनुमान के अनुसार यह भाग कुल संख्या का केवल 2% अथवा 15% हैं। जंगलों की कटाई एक बड़े पैमाने पर जैव-विविधता के घटने के लिए उत्तरदायी हैं जैव-विविधता का संरक्षण और नई प्रजातियों की खोज एक महत्त्वपूर्ण मुद्‌दा बन चुके हैं।

पृथ्वी की धरातलीय जैव-विविधता 'बायोम' इकाइयों में है जो सबसे बड़ी पारिस्थितिकीय इकाइयाँ हैं और अलग-अलग भौगोलिक श्रेणियों में उपस्थित हैं। उदाहरणार्थ–उष्ण-कटिबंधीय वर्षा वन, प्रेयरी व सवाना घासभूमियाँ, मरुस्थल, टुंड्रा आदि।

उष्ण-कटिबंधीय वर्षा वन पौधों, पशुओं, पक्षियों, कीटों और स्तनधारियों की सैकड़ों प्रजातियों से भरे पड़े हैं। ये पृथ्वी के जैव-विविधता भंडार हैं। अधिकतर प्रजातियाँ विशेष जलवायु एवं निवास के आधार पर करोड़ों वर्षों में विकसित हुई हैं और पर्यावरण का ह्रास इनके अस्तित्व के लिए खतरा पैदा कर सकता है। कुल जैव-विविधता का 50 से 80% भाग इन वनों में उपस्थित हैं। इन वनों से एक-चौथाई से अधिक औषधियाँ प्राप्त होती हैं। कैंसर के उपचार में सहायक चुने हुए 3,000 पौधों में से लगभग 70% इन वनों में पाए जाते हैं। हाल ही में कैमरून के जंगलों की एक लता

का प्रयोग एड्स फैलाने वाले विषाणु की रोकथाम में सहायक सिद्ध हुआ है। भारत में पाया जाने वाला नीम, औषधीय दृष्टि से, पश्चिमी देशों में भी प्रसिद्ध हो रहा है।

उष्ण-कटिबंधीय जंगलों में लगभग 1,25,000 फूलों वाले पौधे पाए जाते हैं। परंतु, हम अभी तक 1-3% प्रजातियों को ही जान पाए हैं। भारत में केवल केरल की शांत-घाटी (साइलैंट वैली), में ये वन पाए जाते हैं।

शीतोष्ण वनों में जैव-विविधता अपेक्षाकृत कम है, परंतु, यहाँ इनकी पहचान की जा चुकी है। विश्व में लगभग 1,70,000 फूलों वाले पौधों की प्रजातियाँ, 30,000 रीढ़धारी पशु और लगभग 2,50,000 अन्य प्रजातियों के समूह हैं। अभी भी बची हुई प्रजातियों को पहचानने का बहुत बड़ा कार्य बाकी हैं क्योंकि इनकी संख्या 80 लाख से 1 करोड़ तक हो सकती हैं।

महासागरों में पृथ्वी के धरातल से भी अधिक जैव-विविधता विद्यमान है। नदी-मुहानों और तटीय प्रदेशों में तो जैव-विविधता के भंडार हैं। अब तक के वर्णित 35 वर्गों में से 34 वर्गों के प्राणी महासागरों में पाए जाते हैं जिनमें से 16 तो पूरी तरह महासागरों में ही होते हैं।

तालिका 4.2 : अनुमानित जीवित प्रजातियाँ (विश्व स्त्रोत संस्थान, 1999)

प्रजातियों का वर्ग	संख्या
प्रोटोज़ोआ	31,000
शैवाल	27,000
कवक	45,000
उच्चतर पौधे	2,50,000
स्पंज	5,000
जैली फिश, मूंगे आदि	10,000
केंचुए, राउंड वर्म	36,000
घोंघे, स्लग	70,000
कीट-पतंगे	7,50,000
माइट, टिक, झींगा आदि	1,20,000
मछलियाँ, शार्क	22,000
ऐम्फीबीयन (मेंढक आदि)	4,000
रेप्टाइल (सर्प, छिपकली आदि)	5,000
पक्षी	9,000
स्तनधारी	4,000
कुल	**1,400,000**

■ राष्ट्रीय-स्तर पर जैव-विविधता (Biological Diversity at National Level)

प्रत्येक राष्ट्र की जैव-विविधता जलवायु पर निर्भर करती है। भारत में वनस्पति एवं प्राणियों की अनेक प्रजातियाँ हैं। भारत में लगभग 6% जैव-विविधता का भाग उपस्थित है। भारत विश्व में वनस्पति-विविधता के आधार पर दसवें, क्षेत्र-सीमित प्रजातियों (Endemic species) के आधार पर ग्यारहवें और फसलों के उद्भव तथा विविधता केन्द्र के आधार पर छठे स्थान पर है।

हमारे देश में लगभग 1,50,000 प्राणियों की प्रजातियाँ हैं। विश्व के कुल 25 जैव-विविधता के सक्रिय केन्द्रों (Hot spots) में से दो केन्द्र भारत में स्थित हैं। भारत विश्व के अधिकतम जैव-विविधता समेटे 12 देशों में से एक है।

■ स्थानीय स्तर पर जैव-विविधता (Regional or Local Biodiversity)

स्थानीय स्तर पर जैव-विविधता को स्थानीय वितरण के आधार पर चार श्रेणियों में बाँटा गया है-

(1) **बिन्दु समृद्धता (Point richness)**—किसी स्थान विशेष के एक ही केन्द्र पर ही पाई जाने वाली प्रजातियों की संख्या बिन्दु समृद्धता कहलाती है।

(2) **अल्फा-समृद्धता (Alpha richness)**—यह एक छोटे क्षेत्र में एक समान रूप के परिवेश में पाई जाने वाली प्रजातियों की संख्या है।

(3) **बीटा-समृद्धता (Beta richness)** — विभिन्न आवासीय क्षेत्रों के विस्तार के साथ बढ़ने वाली प्रजातियों की समृद्धता को बीटा समृद्धता कहा जाता है।

(4) **गामा-समृद्धता (Gamma richness)**—यह भौगोलिक क्षेत्र के विस्तार के साथ देखी जाने वाली प्रजातियों की संख्या में वृद्धि की दर का मापक है।

अल्फा समृद्धता भौतिक पर्यावरण के साथ संबंधित है। यह मुख्यतः तापमान पर निर्भर करती है। बीटा-समृद्धता से अभिप्राय है विभिन्न आवासों के बढ़ने के साथ-साथ जीवों की संख्या में वृद्धि। उदाहरणार्थ उत्तरी ध्रुव के क्षेत्रों में चीटियों की केवल 10 प्रजातियाँ पाई जाती हैं जबकि भूमध्य रेखा तक आते-आते यह संख्या 2,000 तक पहुँच जाती है।

■ भारत–एक समृद्ध जैव-विविधता राष्ट्र (India as a Megadiversity Nation)

भारत विश्व के 12 समृद्ध जैव-विविधता देशों में से एक है। पर्यावरण एवं वन मंत्रालय के वर्ष 2000 के आँकड़ों के अनुसार भारत में पौधों की 47,000 और पशुओं की 81,000 प्रजातियाँ पाई जाती हैं जो विश्व की कुल संख्या का क्रमशः 7% एवं 6.5% भाग है।

तालिका 4.3 : भारत में पौधों व पशुओं के कुछ प्रमुख वर्गों में प्रजातियों का वितरण

वर्ग के आधार पर प्रजातियों का वितरण			
पौधे	**संख्या**	**पशु**	**निम्न वर्ग**
बैक्टीरिया	850	निम्न वर्ग	9979
कवक	23,000	मोलस्क (घोंघे आदि)	5042
शैवाल	2500	आर्थोपोडा (मकड़ी आदि)	57,525
ब्रायोफाइट	2564	पाइसिस (मछली)	2546
		ऐम्फीबिया (मेंढक)	428
टेरीडोफाइट	1022	रेप्टाइल (सर्प, छिपकली)	1228
जिम्नोस्पर्म	64	पक्षी	204
एंजियोस्पर्म (फूल वाले पौधे)	15,000	स्तनधारी	372

क्षेत्र-सीमित प्रजातियाँ (Endemism)—कुछ प्रजातियाँ एक क्षेत्र-विशेष तक ही सीमित होती हैं। भारत में ऐसी अनेक प्रजातियाँ हैं। छिपकलियों की लगभग 50% प्रजातियाँ केवल भारत में ही सीमित हैं।

उद्भव का केन्द्र (Centre of origin)—लगभग 5,000 फूलों वाले पौधों की उत्पत्ति भारत में हुई है। भारत में लगभग 166 फसलों की प्रजातियों एवं 320 फसली प्रजातियों के जंगली आत्मीयों (Wild relatives) की उत्पत्ति का केन्द्र है।

महासागरीय-विविधता (Marine diversity)—भारत की लगभग 7500 कि.मी. लंबी तटीय रेखा, नदी मुहानों और डेल्टा में जैव-विविधता के अपार भंडार हैं। विश्व की लगभग 340 कोरल प्रजातियाँ भारत में मिलती हैं। हमारे देश में मैंग्रोव पौधों और समुद्री घास की भी बहुतायत है।

भारतीय जैव-विविधता का एक बड़ा भाग अभी तक अनदेखा है। भारत में लगभग 93 झीलें, रीफ और मैंग्रोव हैं जिनका बारीकी से अध्ययन आवश्यक है। यहाँ हिमालय, गंगा के मैदान, दक्कन के पठार, पूर्वी और पश्चिमी घाट के लगभग 60.4 मिलियन हैक्टेयर भूभाग पर वन पाये जाते हैं जो जैव-विविधता का प्रमुख केन्द्र हैं। विभिन्न जलवायु क्षेत्रों के कारण यहाँ जैव-विविधता भी भरपूर है।

■ जैव-विविधता के सक्रिय क्षेत्र (Hot Spots of Biodiversity)

वह क्षेत्र जहाँ विभिन्न प्रजातियों की समृद्धता है और ये प्रजातियाँ उस क्षेत्र-विशेष तक सीमित हैं, जैव विविधता के सक्रिय क्षेत्र या हॉट-स्पॉट कहलाते हैं। जैव-विविधता के हॉट-स्पॉट शब्द 1988 में मैयर्स द्वारा दिया गया था। पहले विश्व में ऐसे 25 सक्रिय क्षेत्र थे जिनमें से दो क्षेत्र पूर्वी हिमालय और पश्चिमी घाट, भारत में थे। बाद में कुल

मिलाकर 11 अतिरिक्त हॉट-स्पॉट जोड़े गए जिससे टोटल 36 हो गया। नवीनतम घोषित 36वां हॉट-स्पॉट है- उत्तर अमेरिकी तटीय मैदान (एनएसीपी) है।

- ये सक्रिय क्षेत्र जो विश्व के सम्पूर्ण क्षेत्रफल के 2.3% से भी कम भाग में स्थित हैं, लगभग 50% धरातलीय जैव-विविधता को समेटे हुए हैं। मैयर्स (2000) के अनुसार जब किसी क्षेत्र की 0.5% या 1500 संवहनी पौधों को प्रजातिया क्षेत्र-विशेष तक सीमित हो और कम से कम इसकी 70% प्राथमिक वनस्पति खो चुके हों। सक्रिय क्षेत्र का दर्जा प्राप्त कर लेता है।
- लगभग 40% धरातलीय वनस्पति एवं 25% रीढ़धारी जन्तु सक्रिय क्षेत्रों में ही सीमित हैं।
- उष्ण-कटिबंधीय वर्षा वनों के पश्चात्, मेडिटेरेनियन क्षेत्र में सर्वाधिक प्रजातियाँ पाई जाती हैं।
- ये क्षेत्र पश्चिमी अमेजन, मैडागास्कर, उत्तरी एवं पूर्वी बोर्नियो, उत्तर-पूर्व आस्ट्रेलिया, पश्चिमी अफ्रीका एवं ब्राज़ील के वन हैं।
- इन क्षेत्रों में मनुष्य की गतिविधियाँ भी बहुत अधिक हैं जो जैव-विविधता के लिए एक खतरा है। विश्व की जनसंख्या का छठा भाग जिनमें से अधिकांश गरीब लोग हैं, इन क्षेत्रों में रहते हैं।
- अत: यह जरूरी है कि इन क्षेत्रों के संरक्षण की योजना यहाँ की जनजातियों एवं उनके निवास को ध्यान में रखकर ही बनाई जाए।

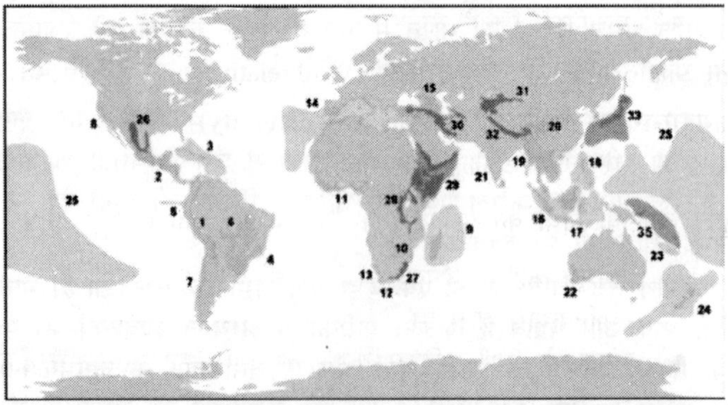

चित्र 4.2. विश्व मानचित्र जैव विविधता के 35 हॉट-स्पॉट दिखा रहा है, हाल ही में जोड़ा गया 36वां हॉट-स्पॉट है-उत्तर अमेरिकी तटीय मैदान (एनएसीपी), www.cepf.net.

साइट (नंबर) के विवरण के लिए तालिका 4.4 देखें। मायर्स एट अल (2000) और मिटरमीयर एट अल। (2005) से अपनाया गया।

कुछ समय पूर्व तक विश्व में 12 सक्रिय क्षेत्र थे। बाद में वर्ष 2000 में, मैयर्स द्वारा 25 सक्रिय क्षेत्रों की पहचान की गई, बाद में 11 और हॉट-स्पॉट जोड़ने से इनकी

कुल संख्या 36 हो गई है, इनमें से 4 सक्रिय क्षेत्र भारत में हैं जिनकी सीमा पड़ोसी देशों के क्षेत्रों तक फैली हुई है। ये क्षेत्र केवल वनस्पति ही नहीं, अपितु, वन्य जंतुओं की दृष्टि से भी समृद्ध हैं।

इंडो-बर्मा हॉट-स्पॉट– यह गंगा-ब्रह्मपुत्र तराई के पूर्व में उष्ण-कटिबंधीय एशिया के 2 मिलियन किमी^{2} से अधिक को समाहित करता है। पहले इसमें हिमालय श्रृंखला और नेपाल, भूटान और भारत में संबद्ध तलहटी शामिल थी। अब यह केवल भारत-चीनी उप-क्षेत्र को कवर करता है।

- विशिष्ट मौसमी पैटर्नहॉट स्पॉट की विशेषता है। मौसम और पारिस्थितिक तंत्र की एक विस्तृत विविधता, मिश्रित आर्द्र सदाबहार, शुष्क सदाबहार, पर्णपाती और पर्वतीय वन, झाड़ियों, जंगलों के पैच भी हैं, चूना पत्थर, तराई बाढ़ के मैदान दलदल, मैंग्रोव और मौसमी रूप से जलमग्न घास के मैदान हैं।
- पिछले बारह साल में छह बड़े स्तनपायी प्रजातियों की खोज की गई है।
- यह हॉट-स्पॉट मीठे पानी में उल्लिखनीय स्थानिकता भी रखता है। अधिक कटाई और व्यापक निवास स्थान के नुकसान के कारण कछुओं की प्रजातियाँ, जिनमें से अधिकांश विलुप्त होने के कगार पर हैं, यहाँ पाई जाती हैं।
- हॉट-स्पॉट में निचला मेकांग जलग्रहण क्षेत्र है। पूर्वी बांग्लादेश, उत्तर-पूर्वी भारत, ब्रह्मपुत्र नदी के दक्षिण में, दक्षिणी और पश्चिमी चीन का हिस्सा, कंबोडिया और वियतनाम, थाईलैंड का विशाल बहुमत और प्रायद्वीपीय मलेशिया का एक छोटा हिस्सा और कई अपतटीय द्वीप।
- इंडो-बर्मा में पक्षी जीवन का अविश्वसनीय रूप से लगभग 1,300 विभिन्न पक्षी प्रजातियाँ, जिनमें संकटग्रस्त भी शामिल हैं, यहाँ पाई जाती हैं।

पश्चिमी घाट-श्रीलंका हॉट-स्पॉट– गर्म स्थान वनों की 17,000 किमी^{2} पटट्‌ी के साथ महाराष्ट्र, कर्नाटक, तमिलनाडु और केरल में फैला हुआ है। हाल ही में जुलाई 2012 में पश्चिमी घाटों को विश्व विरासत साइटों में शामिल किया गया है।

कुल स्थानिक पौधों की प्रजातियों का 40% भाग यहाँ है-

- लगभग 62% उभयचर और 50% छिपकली के लिए पश्चिमी घाट स्थानिकमारी वाले हैं।
- जंगल के 20% हिस्से को कवर करते हुए 500 मीटर की ऊँचाई तक के वन क्षेत्र विस्तार सदाबहार हैं जबकि 500-1500 मीटर रेंज में हैं अर्ध-सदाबहार।
- विविधता के प्रमुख केंद्र अगस्त्यमलाई हिल्स और साइलेंट घाटी हैं।

यह बताया गया है कि मूल वनों में से केवल 6.8% ही आज विद्यमान हैं जबकि बाकी को वनों की कटाई या अवक्रमित कर दिया गया है, जो एक अलार्म का गंभीर कारण है, क्योंकि इसका मतलब है कि हम पहले ही बहुत बड़ा जैव-विविधता का अनुपात खो चुके हैं।

हिमालय हॉट-स्पॉट– हॉट-स्पॉट एक अति-विविध स्थलाकृति प्रदर्शित करता है जो प्रजातियों की विविधता और स्थानिकता को बढ़ावा देता है।

यहाँ सिक्किम में कई गहरी और अर्ध-पृथक घाटियाँ हैं जो स्थानिक पौधों की प्रजातियों विशेषरूप से ऑर्किड में अत्यंत समृद्ध हैं।

- सिक्किम के 7298 वर्ग किमी के क्षेत्र में लगभग 4250 पौधों की प्रजातियाँ पाई जाती हैं जिनमें से 60% स्थानिकमारी वाले होते हैं।
- पूर्वी हिमालय का वनावरण घटकर इसके मूल आवरण का लगभग 1/3 भाग रह गया है।
- कुछ प्रजातियाँ जैसे सप्रिया हिमालयाना, एक परजीवी एंजियोस्पर्म पिछले 70 वर्षों में इस क्षेत्र में केवल दो बार देखा गया था।
- यह गर्म स्थान जैविक विकास का एक सक्रिय केंद्र है और फूलों के पौधों का पालना माना जाता है।
- विश्व के दर्ज वनस्पतियों में से 30% भारत के लिए स्थानिकमारी वाले हैं जिनमें से 35 हजार प्रजातियाँ हिमालय में हैं।

सुंदरलैंड हॉट-स्पॉट– इसमें निकोबार द्वीप समूह (इंडोनेशिया, मलेशिया के साथ सिंगापुर, ब्रुनेई और फिलीपींस। यह जैविक रूप से सबसे समृद्ध (Rich) हॉट-स्पॉट में से एक है। इसमें संवहनी पौधों की लगभग 25000 प्रजातियाँ हैं, जिनमें से 60% स्थानिक हैं।

■ जैव-विविधता को खतरा (Threats to Biodiversity)

किसी प्रजाति का विलुप्त होना भी प्राकृतिक चयन और विकास में सहायक है। कई प्रजातियाँ सामूहिक स्तर पर विलुप्त हो चुकी हैं। विकास के दौरान एक प्रजाति दूसरी को स्थानांतरित करती रहती है। परन्तु प्रजातियों के विलुप्त होने की दर वर्तमान स्थिति में बहुत बढ़ गई है। यह इतना बढ़ चुका है कि प्रतिवर्ष हजारों प्रजातियाँ विलुप्त हो रही हैं। प्रसिद्ध पारिस्थितिक वैज्ञानिक ई०ओ० विल्सन के अनुमान के अनुसार पृथ्वी पर प्रजातियों के विलुप्त होने की दर 10,000 प्रतिवर्ष अथवा प्रतिदिन 27 प्रजातियों की है। ये आँकड़े जैव-विविधता पर निरंतर बढ़ते खतरे की ओर संकेत करते हैं। अगर यही दर बनी रही तो इक्कीसवीं सदी के मध्य तक हम एक-तिहाई अथवा दो-तिहाई जैव-विविधता को खो चुके होंगे।

आइए, जैव-विविधता पर प्रभाव डालने वाले कुछ कारकों का अध्ययन करें।

■ आवास की कमी (Loss of Habitat)

पशुओं के प्राकृतिक आवास में बदलाव के कारण जैव-विविधता प्रभावित हो रही है। मनुष्य ने घर, उद्योग एवं कृषि भूमि के लिए वनों के एक बड़े भाग को साफ कर दिया है। ये वन सैकड़ों प्रजातियों के निवास का स्थान थे। झीलों व अन्य जल-स्रोतों के संदूषण के कारण इनमें रहने वाली प्रजातियाँ बहुत प्रभावित हुई हैं। झीलों, नदियों, नदी-मुहानों,

तालिका 4.4: जैव विविधता के भूमंडलीय सक्रिय-क्षेत्र (हॉट-स्पॉट)

सक्रिय क्षेत्र (हॉट-स्पॉट)	पौधों की प्रजातियाँ	क्षेत्र-सीमित पौधे	भूमण्डलीय पौधों का प्रतिशत	रीढ़धारी प्रजातियाँ	क्षेत्र-सीमित रीढ़धारी जीव	भूमण्डलीय जीवों का प्रतिशत
1. उष्ण-कटिबंधीय ऐंडेस	45000	20000	6.7	3389	1567	5.7
2. मध्य/अमरीकी वन	24000	5000	1.7	2859	1159	4.2
3. कैरिबियन	12000	7000	2.3	1518	779	2.9
4. ब्राज़ील के अटलांटिक वन	20000	8000	2.7	1361	567	2.1
5. पनामा के चॉक/डेरियन, पश्चिमी इक्वाडोर	9000	2250	0.8	1625	418	1.5
6. ब्राज़ील का सिराडो	10000	4400	1.5	1268	117	0.4
7. मध्य चिली	3429	1605	0.5	335	61	0.2
8. कैलिफोर्निया का फ्लोरिस्टिक प्रांत	4426	2125	0.7	584	71	0.3
9. मैडागास्कर	12000	9704	3.2	987	771	2.8
10. पूर्वी आर्क व तंज़ानिया एवं केन्या के तटीय वन	4000	1500	0.5	1019	121	0.4
11. पश्चिम अफ्रीकी वन	9000	2250	0.8	1320	270	1.0
12. केप फ्लोरिस्टिक प्रांत	8200	5682	1.9	562	53	0.2
13. सक्युलेंट कारु	4849	1940	0.6	472	45	0.2
14. मेडिटेरेनियन बेसिन	25000	13000	4.3	770	235	0.9
15. कौकासस	6300	1600	0.5	632	59	0.2

16. सुंडालैंड	25000	15000	5.0	1800	701	2.6
17. बलेशिया	10000	1500	0.5	1142	529	1.9
18. फिलीपीन्स	7620	5832	1.9	1093	518	1.9
19. भारत-म्यामार पूर्वी हिमालय	13500	7000	2.3	2185	528	1.9
20. दक्षिण-मध्य चीन	12000	3500	1.2	1141	178	0.7
21. पश्चिमी घाट-श्री लंका	4780	2180	0.7	1073	355	1.3
22. दक्षिण-पश्चिमी आस्टेलिया	5469	4331	1.4	456	100	0.4
23. न्यू कैलेडोनिया	3332	2551	0.9	190	84	0.3
24. न्यूज़ीलैंड	2300	1865	0.6	217	136	0.5
25. पौलीनिशिया/माइक्रोनेशिया	6557	3334	1.1	342	223	0.8
कुल	–	**133,149**	**44.4**	–	**9645**	**35.3**

स्रोत: मायर्स, एन. एट अल, 2000. संरक्षण प्राथमिकताओं के लिए जैव-विविधता हॉट-स्पॉट। नेचर 403 : 853-858.

अब और दस हॉट-स्पॉट जुड़ गए हैं, जो इस प्रकार हैं:

26. मैड्रियन-पाइन-ओक वुडलैंड्स	29. द हॉर्न ऑफ अफ्रीका	33. जापान
27. मापुतालैंड-पोंडोलैंड-अल्बानी	30. ईरानो-अनातोलियन	34. पूर्वी मेलानेशियन द्वीप समूह
28. पूर्वी एफ्रोमोंटेन	31. मध्य एशिया के पर्वत	35. पूर्वी ऑस्ट्रेलिया के वन
	32. हिमालय	36. उत्तरी अमेरिकी तटीय मैदान (एनएसीपी)।

स्रोत: www.conservation.org and www. Cepf.net

मैंग्रोव और डेल्टा प्रदेशों में जैव-विविधता में भारी कमी दर्ज की गई है। कभी-कभी यह नुकसान किश्तों में हुआ है जिसके फलस्वरूप जैव-आवासों का टुकड़ों में विभाजन (भ्ंइपजंज तिंहउमदजंजपवद) हुआ है। भालू, शेर, बाघ आदि प्रजातियों को अस्तित्व की दृष्टि से काफी बड़े क्षेत्रों की अवाश्यकता है। आवास की कमी के कारण ऐसे जीव सर्वाधिक प्रभावित हुए हैं। गाने वाले पक्षियों की बहुत-सी प्रजातिया; आज लुप्त हो गई हैं।

हमारे देश में भी वनों के क्षेत्र में कमी आई है। वनों की कमी की दर लगभग 0.6% प्रतिवर्ष है। आवास की कमी की दर यही रही तो अगले कुछ वर्षों में 20-25% वन्य-जीव विलुप्त हो जाएँगे। मनुष्य के अतिक्रमण के कारण मछलियों व अन्य महासागरीय जीवों के प्रजनन क्षेत्रों का भी ह्रास हुआ है और इनकी संख्या में खासी कमी दर्ज की गई है।

■ शिकार (Poaching)

वन्य जीवों का अवैध शिकार और उनसे प्राप्त मूल्यवान उत्पादों की तस्करी जैव-विविधता पर मंडराता दूसरा खतरा है। जंगली जीवों से प्राप्त उत्पादों पर लगी अन्तर्राष्ट्रीय रोक के बावजूद इनका अवैध व्यापार हो रहा है। एशिया, अमरीका एवं अफ्रीका के देशों में जैव-विविधता का पर्याप्त भंडार है। उत्तरी अमरीका एवं यूरोप के समृद्ध देश वन्य-जीवों से बने उत्पादों के आयात के केन्द्र हैं। वन्य-जीव उत्पादों का व्यापार मुद्रा अर्जित करने का आसान तरीका है। साथ ही अन्तर्राष्ट्रीय बाजार में इनकी कीमत करोड़ों में है। हाथी दाँत की कीमत 100 डॉलर प्रति किलोग्राम, तेंदुए की खाल की कीमत 1,00,000 डॉलर और ब्राजील में पाए जाने वाले मकाओं की कीमत लगभग 10,000 डॉलर है। इस पहलू की दूसरी दयनीय कथा यह है कि ऐसे एक जानवर के शिकार के दौरान 50 अन्य जानवर भी मारे जाते हैं।

जैव-विविधता के संरक्षण के लिए आवश्यक है कि प्रयास व्यक्तिगत स्तर पर हों। अनूठे जीवों को पालने का शौक रखने वाले यह जान लें कि वे प्रत्यक्ष अथवा परोक्ष रूप से संकटग्रस्त जैव-विविधता को नुकसान तो नहीं पहुँचा रहे हैं।

घरेलू जानवरों का आक्रमण–

वन्यजीवों को विभिन्न बीमारियों के संचरण का जोखिम जंगलों के अंदर कुत्तों और पशुओं की संख्या में वृद्धि से होता है। अधिक कुत्ते और जानवरों को कम से कम 30 बाघ अभयारण्यों (Tiger reserves) में दर्ज किया गया है। 2017 के वैश्विक अध्ययन ने बताया कि कुत्तों ने 11 कशेरुक विलुप्त (Vertebrate extinction) होने में योगदान दिया और दुनिया-भर में कम से कम 188 संकटग्रस्त प्रजातियों के लिए खतरा पैदा करते हैं।

■ मनुष्य-वन्य-जीव द्वन्द (Man-Wildlife Conflicts)

में

हालाँकि मनुष्य की गतिविधियों का प्रभाव वन्य-जीवों पर पड़ा है, अनेक स्थितियों में

वन्य-जीवों ने भी मनुष्य पर प्रभाव डाला है। मानव व वन्य-जीवों के बीच द्वन्द के अनेक मामले सामने आए हैं। सम्बलपुर, उड़ीसा में पिछले 5 सालों में हाथियों ने 195 लोगों की जान ली है। बदले में, गाँववालों ने 98 हाथियों को मार डाला और 30 को बुरी तरह घायल किया है। कोट-छमराजनगर के इलाके में भी हाथियों द्वारा फसल को नुकसान पहुँचाने का मामला सामने आया है। इसके नियंत्रण के लिए लोगों ने खेतों के चारों ओर बिजली के तार और विस्फोटक लगाने शुरू कर दिए। इस प्रकार शिकारियों की अपेक्षा ग्रामीणों ने अधिक जानवरों को मारा है। वर्ष 2004 में एक नरभक्षी बाघ ने 16 लोगों और
एक बच्चे की जान ले ली। इस प्रकार 'रॉयल चितवन राष्ट्रीय उद्यान' जो वन्यजीवन संरक्षण की मिसाल है, आतंक का केन्द्र बन गया है। ऐसे ही मामले कॉर्बेट, दुधवा, रणथंबौर आदि राष्ट्रीय उद्यानों से भी प्राप्त हुए हैं। संजय गाँधी राष्ट्रीय उद्यान, मुंबई में जनवरी से अब तक 19 आक्रमणों में 14 लोगों की जानें गई हैं।

मानव वन्य-जीव द्वन्द के कारण

इस द्वन्द के मूल कारण निम्नलिखित हैं-

(*i*) बाघ, चीता, हाथी, शेर आदि के आवास निरंतर बढ़ते अतिक्रमण के कारण घटते जा रहे हैं। फलस्वरूप ये जंगलों से निकलकर फसलों व मनुष्य को निशाना बना रहे हैं।

(*ii*) कमजोर, बीमार और घायल जानवर भोजन के लिए मानव-आवासों व उसकी फसलों पर निर्भर करते हैं। एक कारण यह भी है कि मनुष्य का माँस मुँह लगने के पश्चात् बाघों को अन्य जीवों का माँस अच्छा नहीं लगता। ऐसे नरभक्षी बाघ को मारने के क्रम में अन्य बाघ भी बलि चढ़ जाते हैं।

(*iii*) पहले वन-विभाग इन संरक्षित क्षेत्रों के अंदर ही बाँस, गन्ना और चावल उगाते थे ताकि ये जीव अंदर ही पेट भर सकें और बाहर न निकलें। परंतु, इनकी कमी के कारण
ये जीव फसलों को अपना निशाना बना रहे हैं।

(*iv*) अधिकतर लोग जानवरों से सुरक्षा के लिए खेत के चारों ओर बिजली के तार लगा देते हैं। बिजली का झटका लगने के बाद ये जानवर और भी उग्र हो जाते हैं।

(*v*) वन्य-जीव गलियारों (Wild Life Corridor) की कमी के कारण भी जंगली जानवरों के आक्रमण बढ़े हैं।

(*vi*) किसानों को उजड़ी हुई फसल का मुआवजा कम मिलता है। फलस्वरूप, किसान अपना गुस्सा इन जानवरों का शिकार कर उतारते हैं।

द्वन्द को रोकने के उपाय
(Remidial Measures of Curb the Conflict)

(*i*) बाघ संरक्षण परियोजना के अन्तर्गत नरभक्षी बाघ से निपटने के लिए उसे मारने की अपेक्षा बेहोश कर जंगल में छोड़ देना एक सरल उपाय है।

(*ii*) किसानों को दिया जाने वाला मुआवजा बढ़ा दिया जाए।

(*iii*) खेत के चारों ओर बिजली के तारों का प्रयोग बंद हों।

(*iv*) जंगल के निकटवर्ती क्षेत्रों की भूमि में चारा इत्यादि उपलब्ध कराने वाली वनस्पति लगाई जाए।

(*v*) जानवरों के स्थानांतरण के लिए वन्य-जीव गलियारे उपलब्ध हों।

(*vi*) 'अखंड शिकार' (जंगली जानवरों का सामूहिक शिकार) की प्रथा बंद हो। यह प्रथा उड़ीसा में आज भी प्रचलित है।

भारत की संकटग्रस्त प्रजातियाँ
(Endangered Species of India)

प्रकृति एवं प्राकृतिक संसाधनों के संरक्षण हेतु अन्तर्राष्ट्रीय संगठन, IUCN, की 'रेड डाटा बुक' में संकटग्रस्त प्रजातियों को दर्ज किया जाता है। 'रेड डाटा' एक चेतावनी है कि अगर इन प्रजातियों का संरक्षण न हुआ तो ये विलुप्त हो जाएँगी। भारत में 450 प्रजातियों को संकटग्रस्त अथवा विलुप्त होने के कगार पर दर्ज किया गया है। लगभग 150 स्तनधारी व 150 पक्षियों का अस्तित्व खतरे में है और कीटों की अनेक प्रजातियाँ विलुप्त होने की कगार पर हैं। उनमें प्रमुख प्रजातियाँ निम्नलिखित हैं-

(*i*) सरीसृप	:	घड़ियाल, कछुआ, अजगर आदि।
(*ii*) पक्षी	:	ग्रेट इंडियन बस्टर्ड, साइबेरियन क्रेन आदि।
(*iii*) माँसाहारी स्तनधारी	:	भेड़िया, लोमड़ी, भालू, रेड पांडा, बाघ, तेंदुआ, शेर, सुनहरी बिल्ली आदि।
(*iv*) वनमानुष	:	गिब्बन, मकाक्, नीलगिरि लंगूर, सुनहरी बंदर आदि।
(*v*) पौधे	:	फूलों की अनेक प्रजातियाँ, रोडोडैंड्रोन, रावलफिया सर्पेंटीना, चंदन आदि।

भारतीय प्राणि-विज्ञान सर्वेक्षण के अनुसार चीता, लाल सिर वाली बत्तख और 'पहाड़ी कुऐल' भारत से विलुप्त हो चुके हैं।

- किसी प्रजाति को 'विलुप्त' (Extinct) कहा जाता है जब यह पचास वर्षों तक वन्य रूप में कहीं भी नहीं देखी गई हो। उदाहरणार्थ : डोडो।
- किसी प्रजाति को 'संकटग्रस्त' (Endangered) कहा जाता है जब

इनकी संख्या बहुत कम हो और संरक्षण के अभाव में इनके विलुप्त होने की संभावना हो।

- किसी प्रजाति को 'संकटापन्न' (Threatened) कहा जाता है जब इनकी संख्या निरंतर घटती जा रही हो और संरक्षण के अभाव में ये प्रजातियाँ 'संकटग्रस्त' प्रजातियों की श्रेणी में आ सकती हों।
- ऐसी प्रजातियाँ जो 'संकटापन्न' अथवा 'संकटग्रस्त' नहीं हैं 'दुर्लभ' (Rare) प्रजातियाँ कहलाती हैं। ये विशेष क्षेत्रों तक ही सीमित रहती हैं।

प्लेट-III में भारत की कुछ महत्त्वपूर्ण संकटग्रस्त व विलुप्त प्रजातियाँ दिखाई गई हैं।

पथिक कबूतर
(Passenger pigeon)

डोडो
(Dodo)

विलुप्त प्रजातियाँ

धब्बेदार उल्लू
(Spotted owl)

कछुआ
(Tortoise)

ग्रेट इंडियन बस्टर्ड
The great Indian bustard

काला गैंडा
(Black rhinoceros)

ड्यूगॉग
(Dugong)

लाल पांडा
(Red panda)

हरित समुद्री कछुआ
(Green sea turtle)

बाघ
(Tiger

बर्फ का तेंदुआ
(Snow leopard)

मोर
(Peacock)

चीता
(Cheetah)

प्लेट IV. विलुप्त एवं संकटग्रस्त जानवरों की कुछ महत्त्वपूर्ण भारतीय प्रजातियाँ

संकटग्रस्त प्रजातियाँ

■ भारत की 'क्षेत्र-सीमित' प्रजातियाँ (Endemic Species of India)

भारत में जैव-विविधता की दृष्टि से दो सक्रिय क्षेत्र हैं तथा अनेक प्रजातियाँ इन क्षेत्रों तक ही सीमित हैं। विश्व में पाई जाने वाली 47,000 प्रजातियों में 7,000 केवल भारत में सीमित हैं। भारत में लगभग 62% वनस्पति सीमित है जो हिमालय, खासी की पहाड़ियों और पश्चिमी पहाड़ियों में पाई जाती हैं। ऐसी सीमित प्रजातियों में फूलों वाले पौधे, सैपरिया हिमालयाना, उवेरिया ल्युरीडा, निपेन्थिस खासियाना आदि शामिल हैं।

हमारे देश में प्राणियों की लगभग 81,000 प्रजातियाँ यहीं सीमित हैं। पश्चिमी घाट मुख्यत: मेंढक, साँप, मगरमच्छ आदि से समृद्ध क्षेत्र हैं। 62% मेंढक प्रजातियाँ और 50% छिपकलियाँ भारत में सीमित हैं। 'अजगर' और 'सैलामैंडर' की कई प्रजातियाँ भी भारत में सीमित हैं।

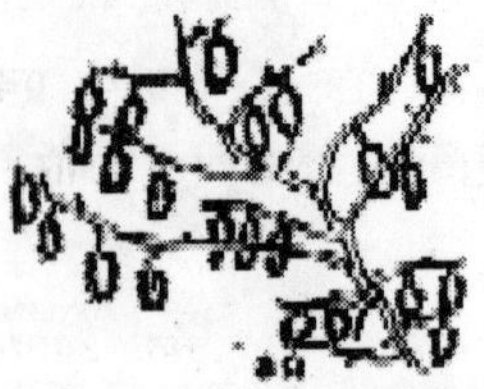

टूथब्रश ऑर्किड
सिक्किम में

नेपेन्थिस खासियाना, (घड़ा-पौधा)
संकटग्रस्त व क्षेत्र-सीमित

पूर्वी हिमालय का एक
संकटग्रस्त व क्षेत्र-सीमित ऑर्किड

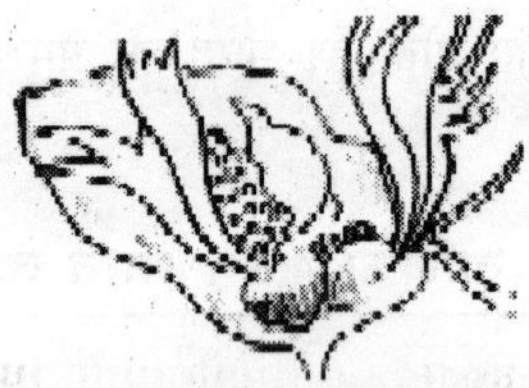

प्लैटिसेरियम, दुर्लभ व
मणिपुर में क्षेत्र-सीमित

प्लेट V. भारत के कुछ क्षेत्र-सीमित व संकटग्रस्त पौधे।

■ जैव-विविधता का संरक्षण (Conservation of Biodiversity)

जैव-विविधता का आर्थिक, पर्यावरणीय, सामाजिक एवं साँस्कृतिक महत्व इसके संरक्षण के विषय पर और भी बल देता है। वन्य जीवन कोई शिकार की वस्तु नहीं अपितु 'प्रकृति का उपहार' है। आजकल जैव-विविधता के संरक्षण के लिए विश्व-स्तर पर अनेक कदम उठाए जा रहे हैं। जैव-विविधता के संरक्षण के दो प्रमुख उपाय हैं–

(*i*) अन्तःआवासीय संरक्षण–यह विधि जीवों के प्राकृतिक आवास में ही संरक्षण पर बल देकर अपनाई जा सकती है। जैसे- जैव संरक्षित क्षेत्र, राष्ट्रीय उद्यान, वन्य-जीव संरक्षण क्षेत्र आदि।

(*ii*) बाह्य-आवासीय संरक्षण–यह विधि जीवों के आवास से दूर संरक्षण द्वारा अपनाई जाती है। जैसे- चिड़ियाघर वनस्पति उद्यान, बीज-बैंक, जीन-बैंक आदि।

अन्तःआवासीय संरक्षण (*In situ* Conservation)

हाल में हमारे देश में 13 प्रमुख जैव-संरक्षित क्षेत्र, 89 राष्ट्रीय उद्यान, 490 वन्य-जीव संरक्षण क्षेत्र और 120 वनस्पति उद्यान हैं।

जैव-संरक्षित क्षेत्र (Biosphere reserves) पर्यावरण की दृष्टि से महत्त्वपूर्ण पारिस्थितिक-तंत्रों के संरक्षण पर केन्द्रित है। भारत में नंदा देवी (उ०प्र०), नोकरेक (मेघालय), मानस (असम), सुंदरवन (प० बंगाल), मन्नार की खाड़ी

(तमिलनाडु), नीलगिरि (केरल, कर्नाटक और तमिलनाडु), निकोबार और सिम्लीपाल (उड़ीसा) जैव-संरक्षित क्षेत्र हैं। एक जैव-संरक्षित क्षेत्र में एक या एक से अधिक राष्ट्रीय उद्यान हो सकते हैं। उदाहरणार्थ–नीलगिरि में बांदीपुर और नगरहोल, दो राष्ट्रीय उद्यान हैं।

राष्ट्रीय उद्यान (National parks) 'वन्य जीवों के प्राकृतिक आवास में संरक्षण' से जुड़े क्षेत्र हैं। यहाँ पर्यटन की अनुमति है। पशुओं की चराई और पेड़ों की कटाई इस क्षेत्र में प्रतिबंधित है। प्रत्येक राष्ट्रीय उद्यान प्रजातियों के विशेष समूह के संरक्षण के लिए समर्पित होता है। भारत के प्रमुख राष्ट्रीय उद्यान तालिका 4.5 में दर्शाए गए हैं।

तालिका 4.5 : भारत के कुछ प्रमुख राष्ट्रीय उद्यान

राष्ट्रीय उद्यान का नाम	प्रदेश	महत्त्वपूर्ण वन्य जीवन
काज़ीरंगा	असम	एक सींग वाला गैंडा
गीर	गुजरात	सिंह
दाचीगाम	जम्मू-कश्मीर	हंगुल
बांदीपुर	कर्नाटक	हाथी
पेरियार	केरल	हाथी, बाघ
कान्हा	मध्य प्रदेश	बाघ
कौरबेट	उत्तर प्रदेश	बाघ
दुधवा	उत्तर प्रदेश	बाघ
रणथम्बौर	राजस्थान	बाघ
सरिस्का	राजस्थान	बाघ

वन्य-जीव संरक्षित क्षेत्रों (Wildlife sanctuaries) में अनुमति के बिना शिकार आदि पर प्रतिबंध होता है। यहाँ पेड़ों की कटाई आदि की अनुमति भी होती है, परंतु, इसका प्रभाव वन्य-जीवों पर नहीं पड़ना चाहिए। भारत के कुछ प्रमुख वन्य-जीव संरक्षित क्षेत्र निम्नलिखित हैं।

तालिका 4.6 : भारत के कुछ प्रमुख वन्य-जीवन संरक्षित क्षेत्र (सैंक्चुयरी)

संरक्षित क्षेत्र काम	प्रदेश	प्रमुख वन्य जीवन
घाना पक्षी सैंक्चुयरी	राजस्थान	पक्षियों की 300 प्रजातियाँ
हज़ारीबाग सैंक्चुयरी	बिहार	शेर, तेंदुआ
नल सरोवर पक्षी सैंक्चुयरी	गुजरात	जलीय पक्षी
सुल्तानपुर पक्षी सैंक्चुयरी	हरियाणा	प्रवासी पक्षी
अबोहर वन्यजीव सैंक्चुयरी	पंजाब	काला तीतर
मुदामलाई वन्यजीव सैंक्चुयरी	तमिलनाडु	शेर, हाथी, तेंदुआ
वेदान्थगल पक्षी सैंक्चुयरी	तमिलनाडु	जलीय पक्षी
जलदापारा वन्यजीव सैंक्चुयरी	प० बंगाल	गैंडा, हाथी, शेर
जंगली गर्दभ सैंक्चुयरी	गुजरात	जंगली गधा, भेड़िया नीलगाय, चिकांरा

पौधों में 'नींबू' की प्रजातियों और 'पिचर प्लांट (कीटभक्षी पौधा)' व ऑर्किडों के लिए उत्तर-पूर्वी भारत में दो संरक्षित क्षेत्र हैं। जंगली जीवों के संरक्षण के लिए बाघ परियोजना, गीर बाघ परियोजना, मगरमच्छ प्रजनन परियोजना, हाथी परियोजना आदि चलाए गए हैं।

बाह्य-आवासीय संरक्षण (Ex-situ conservation)—यह मुख्यत: फसलों, उनके जंगली अपरूप और स्थानीय कृषि उपजों के संरक्षण में उपयोगी हैं। इस विधि में पौधों के 'जीनों' को 'जीन-बैंकों' और 'बीज-बैंकों' में संग्रहित किया जाता है।

(*i*) नेशनल ब्यूरो ऑफ प्लांट जेनेटिक रिसोर्सिज (NBPGR) दिल्ली में स्थित है।

यहाँ कृषि एवं बागवानी संबंधी फसलों के बीजों को अतिहिमयीकरण (—196°C) द्वारा संग्रहित किया गया है। चावल, बाजरा, सरसों, शलगम, मूली, प्याज, गाजर, मिर्च आदि बीजों को सफलतापूर्वक संग्रहित किया गया है।

(*ii*) नेशनल ब्यूरो ऑफ एनीमल जेनेटिक रिसेर्सिज (NBAGR) करनाल, हरियाणा में स्थित है। यह पालतू पशुओं, अंडाणु एवं शुक्राणु के संग्रहण से संबंधित है।

(*iii*) नेशनल फेसिलिटी फॉर प्लांट टिश्यू कल्चर रिपोजिटरी (NFPTCR) टिश्यू कल्चर विधि द्वारा फसलों एवं पौधों के विकास से संबंधित है। यह सुविधा NBPGR के साथ संबंध से जुटाई गई है।

G-15 देशों ने भी औषधीय एवं अन्य लक्षणों वाले पौधों की प्रजातियों के संग्रहण काम शुरू किया है। इसके अन्तर्गत 'जीन बैंक' की स्थापना की जाएगी और इस प्रयास में भारत का भी योगदान है।

प्रश्न-अभ्यास

1. जैव-विविधता को परिभाषित कीजिए। अनुवांशिक-विविधता, प्रजाति-विविधता और पारिस्थितिक-विविधता का वर्णन कीजिए।
2. जैव-विविधता के उपभोगी महत्व, उत्पादन महत्व, सामाजिक महत्व एवं व्यवहारिक महत्व से क्या अभिप्राय है?
3. अल्फा, बीटा और गामा समृद्धता से क्या अभिप्राय है? उदाहरण देकर स्पष्ट करें।
4. भारतीय जैव-विविधता की, महा जैव-विविधता राष्ट्र के संदर्भ में, टिप्पणी लिखें।
5. जैव-विविधता के सक्रिय क्षेत्र क्या हैं? भारत में कौन से क्षेत्र सक्रिय है ? इनके प्रमुख लक्षण क्या है?
6. जैव-विविधता के प्रमुख खतरे क्या हैं?
7. मानव-वन्यजीव मतभेद के प्रमुख कारण क्या हैं? इन मतभेदों की रोकथाम के उपायों का वर्णन कीजिए।
8. 'रेड-डाटा बुक' क्या हैं ? विलुप्त, संकटग्रस्त, संकटापन्न एवं विरल प्रजातियों से आप क्या समझते हैं? भारत की वनस्पति एवं जीवों की संकटग्रस्त प्रजातियों के नाम दीजिए।
9. जैव-विविधता के अन्तःक्षेत्रीय एवं बाह्य-क्षेत्रीय संरक्षण से आप क्या समझते हैं? उदाहरण दीजिए।
10. भारत के प्रमुख पाँच जैव-संरक्षित क्षेत्रों, राष्ट्रीय उद्यानों (प्रमुख वन्य-जीवों सहित) और वन्य-जीव संरक्षित क्षेत्रों (प्रमुख वन्य-जीवों सहित) का वर्णन कीजिए। उन राज्यों के नाम भी दीजिए जिनमें ये क्षेत्र स्थित हैं।
11. NBPGR और NBAGR का अर्थ क्या है? ये कहाँ स्थित हैं ?
12. (क) भारत में किस वनस्पति के लिए जीन-संरक्षण की सुविधा है ?
    (ख) भारत में शुरू हुई विभिन्न संरक्षण परियोजनाओं में सम्मिलित वन्य-जीवों के नाम दीजिए।

वस्तुनिष्ठ प्रश्न

(क) उचित उत्तर चुनिए–

1. वर्गीकरण के आधार पर निम्नलिखित में कौन-सा क्षेत्र भारत का जैव-भौगोलिक क्षेत्र नहीं है?

   (क) हिमालय   (ख) पश्चिमी घाट

   (ग) सुंदरवन   (घ) मरुस्थल

2. विन्ब्लास्टिन और विन्क्रिस्टीन नामक कैंसररोधी औषधियाँ प्राप्त होती हैं।
   (क) पेरीविंकल से (ख) सिन्कोना से
   (ग) बैक्टीरिया से (घ) जैली मछली से
3. पश्चिमी घाट किन सीमित प्रजातियों से समृद्ध हैं?
   (क) पक्षियों से (ख) शेरों से
   (ग) मेंढकों से (घ) कछुओं से
4. निम्नलिखित में कौन-सा जैव-विविधता सक्रिय क्षेत्र वनस्पति एवं रीढ़धारी प्राणियों से समृद्ध है-
   (क) कैरीबियन (ख) उष्ण-कटिबंधीय एंडीज
   (ग) मैडागास्कर (घ) इंडो-बर्मा पूर्वी हिमालय
5. निम्नलिखित में कौन-सी प्रजाति विलुप्त हो चुकी है?
   (क) डूगोंग (ख) ग्रेट इंडियन बस्टर्ड
   (ग) डोडो (घ) रेड पांडा
6. निम्नलिखित में कौन-सा बाह्य-क्षेत्रीय संरक्षण का उदाहरण है-
   (क) जैव-संरक्षित क्षेत्र (ख) जीन बैंक
   (ग) राष्ट्रीय उद्यान (घ) ऊपर दिए गए सभी
7. काजीरंगा राष्ट्रीय उद्यान निम्नलिखित के लिए प्रसिद्ध है-
   (क) एक सींग वाला गैंडा (ख) हंगुल
   (ग) बाघ (घ) हाथी
8. भारत में पौधों के संरक्षण के लिए केवल दो संरक्षित क्षेत्र हैं। ये पौधे हैं—
   (क) सिंकोना और ऑर्किड (ख) सिटरस और पिचर प्लांट
   (ग) आम और सिटरस (घ) आम और पिचर प्लांट
9. बीजों और पराग कणों के संरक्षण हेतु अतिहिमयीकरण प्रक्रिया में प्रयोग होती हैं—
   (क) बर्फ (ख) कार्बन टैट्रा क्लोराइड
   (ग) तरल नाइट्रोजन (घ) अमोनिया
10. निम्नलिखित में कौन-से राष्ट्रीय उद्यान में बाघ मुख्य पशु नहीं है?
   (क) गिर (ख) कॉर्बेट
   (ग) दुधवा (घ) रणथंभौर

(ख) खाली स्थान भरें—

1. अनुवांशिक इकाई, जीनों, के नवीन मेलों से प्रजातियों में उत्पन्न विभिन्नताओं को ...... विविधता कहते हैं।

2. शैनन-वीनर ...... विविधता को मापने की विधि है।
3. औषधि, ईंधन की लकड़ी एवं भोजन ...... संबंधी जैव-विविधता के महत्व को दर्शाते हैं।
4. कुनीन ...... पेड़ की छाल से प्राप्त होती है।
5. विश्व में 25 जैव-विविधता सक्रिय क्षेत्र हैं, जिनमें ...... भारत में हैं।
6. वनस्पति समृद्धता के आधार पर भारत का स्थान ...... है।
7. छोटे एवं निश्चित क्षेत्र में पाई जाने वाली प्रजातियों की संख्या ...... समृद्धता कहलाती है।
8. एक निश्चित क्षेत्र में पाई जाने-वाली प्रजाति ...... कहलाती हैं।
9. आवास का किश्तो में विनाश और कहीं-कहीं पाई जाने वाली प्रजातियाँ ...... कहलाती हैं।
10. संकटग्रस्त प्रजातियों का अवैध शिकार ...... कहलाता है।
11. संकटग्रस्त पौधों एवं प्राणियों की रेड डाटा बुक ...... द्वारा छापी जाती है।
12. नंदा देवी, मानस और सुंदरवन ...... के उदाहरण हैं।

(ग) निम्नलिखित कथनों मे सही/गलत की पुष्टि कीजिए–

1. जैव-विविधता में न केवल प्रजातियों की विविधता है बल्कि पारिस्थितिक तंत्र में भी विविधताएँ हैं। (सही/गलत)
2. जैव-विविधता की वाणिज्यिक रूप से उपयोगी वस्तुएँ जिन्हें बाजार में बेचा जा सकता है, उपभोग संबंधी महत्व है। (सही/गलत)
3. पारिस्थितिक सर्वेक्षणों को इकोटूरिज़्म की संज्ञा दी गई है।(सही/गलत)
4. मृदा-अपरदन एवं बाढ़ की रोकथाम, पदार्थों का चक्रण, जल-चक्र का संचालन एवं भूमंडलीय तापमान वृद्धि में कमी आदि पेड़ों के पारिस्थितिकी संबंधी महत्व है।(सही/गलत)
5. पेड़ों की लकड़ी की वाणिज्यिक उपयोगिता पारिस्थितिक उपयोगिता से कम है। (सही/गलत)
6. अधिकतम जैव-विविधता उष्ण-कटिबंधीय वर्षा वनों में पाई जाती है। (सही/गलत)
7. पशुओं में जीवित प्रजातियों की अधिकतम संख्या स्तनधारियों की है। (सही/गलत)
8. धरातलीय विविधता महासागरीय विविधता से अधिक है। (सही/गलत)
9. भारत में वनस्पति की 47,000 और प्राणियों की 81,000 प्रजातियाँ दर्ज की गई है। (सही/गलत)
10. भारत में वनस्पति की अधिकतम संख्या कवकों की है। (सही/गलत)
11. हालाँकि भारत जैव-विविधता से समृद्ध 12 राष्ट्रों में एक है, परंतु यह किसी भी फसल की उत्पति का केन्द्र नहीं है। (सही/गलत)

12. बड़े मैदानों में गामा समृद्धता अधिक पाई जाती है। (सही/गलत)
13. जंगली जानवरों का मनुष्य पर आक्रमण का कारण मनुष्य का वन-क्षेत्रों में अतिक्रमण है। (सही/गलत)
14. संकटग्रस्त प्रजातियों को विशेष संरक्षण देकर बचाया नहीं जा सकता। (सही/गलत)

इकाई

5 पर्यावरण प्रदूषण
Environmental Pollution

मनुष्य, जीव-जंतु, पेड़-पौधे एवं अन्य सभी जीवों को जीवन के लिए उचित पर्यावरण की आवश्यकता है। प्रदूषण-मुक्त पर्यावरण की संरचना निश्चित है। पर्यावरण की यह संरचना किसी भी अवांछित पदार्थ के प्रवेश से बिगड़ सकती है। ये हानिकारक पदार्थ प्रदूषक कहलाते हैं और इस प्रक्रिया को प्रदूषण कहा जाता है। अत: पर्यावरण प्रदूषण, पर्यावरण की भौतिक, रासायनिक एवं जैविक विशेषताओं में वह अवांछित बदलाव है जो पर्यावरण व संबंधित जीवों और संपत्ति पर हानिकारक प्रभाव डालते हैं। पर्यावरण प्रदूषण, घटकों के आधार पर विभिन्न रूपों में है।

■ वायु-प्रदूषण (Air Pollution)

यह वायुमंडल की वह स्थिति है जिसमें वायु में उपस्थित विशेष पदार्थों की मात्रा इतनी बढ़ जाती है कि इनका दुष्प्रभाव मनुष्य और पर्यावरण पर भी पड़ता है। ये पदार्थ गैस, धूल के कण, रेडियोधर्मी पदार्थ इत्यादि हैं।

गैसीय प्रदूषकों में सल्फर के ऑक्साइड, नाइट्रोजन के ऑक्साइड, कार्बन-मोनो-ऑक्साइड, हाइड्रोकार्बन इत्यादि हैं। **धूल कण** प्रदूषकों में धुआँ, धूल, भाप और पराग-कण इत्यादि आते हैं। रेडियोधर्मी प्रदूषकों में रेडॉन-222, आयोडीन-131, स्ट्रोनशियम-90 और प्लूटोनियम-239 प्रमुख हैं।

वायु-प्रदूषकों के स्त्रोत (Sources of Air Pollution)

वायु-प्रदूषकों के स्त्रोत प्राकृतिक एवं मानव-जनित दोनों प्रकार के होते हैं-

प्राकृतिक स्त्रोत-वायु-प्रदूषकों के प्राकृतिक स्त्रोत ज्वालामुखी का फटना, जंगलों की आग, समुद्री लवण, जैविक अपघटन, टरपीन जैसे रसायनों का आक्सीकरण, दलदल, फूलों के पराग-कण इत्यादि हैं। पृथ्वी के गर्भ में उपस्थित रेडियोधर्मी पदार्थ वायुमंडल में रेडियोधर्मिता के लिए उत्तरदायी हैं।

मानव-जनित स्त्रोत-इनमें विद्युत ताप-गृह, कारखाने, वाहन, पैट्रोलियम और कोयले का दहन, कृषि आदि शामिल हैं। विद्युत ताप-गृह वैसे तो ऊर्जा का प्रमुख स्त्रोत है,

साथ ही इनके पर्यावरणीय प्रभाव को भी अनदेखा नहीं किया जा सकता । इनसे निकलने वाले प्रदूषकों में SO_2 व फ्लाईऐश प्रमुख हैं।

धातु निर्माण कारखानों में कोयले को भारी मात्रा में जलाया जाता है और इनसे भी समान प्रदूषक निकलते हैं। उर्वरक कारखाने, कपड़ा उद्योग, चमड़ा उद्योग, तेल-परिष्करण इकाई, रासायन कारखाने, कागज और बोर्ड बनाने वाले कारखाने इत्यादि वायु-प्रदूषण के प्रमुख स्त्रोत हैं।

वाहनों से निकलने वाला धुआँ भी वायु प्रदूषण का एक प्रमुख स्त्रोत है। वाहनों से निकलने वाले धुएँ में कार्बन-मोनो-ऑक्साइड (77%), नाइट्रोजन के ऑक्साइड (लगभग 8%) और हाइड्रोजन (लगभग 14%) प्रमुख हैं। डीजल से चलने वाले वाहन पैट्रोल के वाहनों की अपेक्षा अधिक प्रदूषक छोड़ते हैं।

घरेलू वायु प्रदूषण (Indoor Air Pollution)

घरेलू वायु प्रदूषकों में रेडॉन गैस प्रमुख प्रदूषक हैं। यह, प्रतिवर्ष, फेफड़ों के कैंसर से मरने वालों का प्रमुख कारण है। रेडॉन गैस निर्माण में प्रयोग की गई ईंट, सीमेंट आदि से निकलती हैं जिसमें रेडियम उपस्थित है। रेडॉन भूमिगत जल और प्राकृतिक गैस में भी उपस्थित है।

अल्पविकसित और विकासशील देशों में आज भी लकड़ी, कोयला, गोबर के उपले मिट्टी का तेल इत्यादि का उपयोग ईंधन के रूप में होता है। ईंधन के अधूरे दहन के कारण कार्बन-मोनो-ऑक्साइड गैस उत्सर्जित होती है जो जहरीली है। ईंधन के जलने से निकलने वाले अन्य प्रदूषक भी स्वास्थ्य की दृष्टि से हानिकारक हैं। सिगरेट से निकलने वाले धुएँ में बैंजो-अल्फा-पाइरीन नामक रसायन पाया जाता है जो कैंसर जैसी घातक बीमारी के लिए उत्तरदायी है। ईंधन के लिए लकड़ी का प्रयोग करने वाली महिला प्रतिदिन 20 पैकेट सिगरेट के धुएँ के बराबर धुएँ को साँस के द्वारा अंदर लेती है।

वायु-प्रदूषण के दुष्प्रभाव (Effects of Air Pollution)

मनुष्य के स्वास्थ्य पर प्रभाव–वायु प्रदूषण के दुष्प्रभाव से बचने के लिए श्वास-तंत्र में कई प्रक्रियाएँ शामिल हैं। वायु में उपस्थित बड़े कण नाक के बालों द्वारा रोक लिए जाते हैं। अपेक्षाकृत सूक्ष्मकण श्वसननली में रुक जाते हैं। ये कण छींक के साथ बाहर निकल जाते हैं। वायु प्रदूषकों से निरंतर संपर्क के कारण बचाव की ये प्रक्रियाएँ लगभग निष्क्रिय हो जाती हैं और ऐसी स्थिति में खाँसी, दमा, कैंसर व अन्य श्वास-संबंधी विकारों का जन्म होता है। धूल के कण फेफड़ों के ऊतकों को नुकसान तो पहुँचाते ही हैं, साथ ही इनकी सतह पर जमा हुए हानिकारक तत्व कैंसर जैसी व्याधियों के लिए जिम्मेदार हैं। सल्फर-डाइ-ऑक्साइड के कारण साँस लेने में परेशानी होती है। धूल के कणों की उपस्थिति में SO_2 सल्फेट के कण बनाती है जो फेफड़ों में अंदर तक जाकर दुष्प्रभाव डालते हैं। नाइट्रोजन के ऑक्साइड के कारण भी दमा होता है। कार्बन-डाई-ऑक्साईड रक्त में हीमोग्लोबिन के साथ अभिक्रिया करके कार्बोक्सी- हीमोग्लोबिन बनाता है। इससे शरीर में ऑक्सीजन की कमी हो जाती है और दम घुटना व उल्टी आना इसके प्रभाव के संकेत हैं। लंबे समय तक संपर्क के दौरान मौत भी हो सकती है।

इनके अलावा अन्य प्रदूषक जैसे बैंजीन, फॉर्मलडीहाइड, पॉली–क्लोरीनेटिड–बाइफिनाइल, भारी धातुएँ, डाइऑक्सीन इत्यादि भी वायु में उपस्थित होते हैं जो कैंसर, प्रजनन से संबंधित विकार और अनुवांशिक इकाइयों में परिवर्तन के लिए उत्तरदायी हैं।

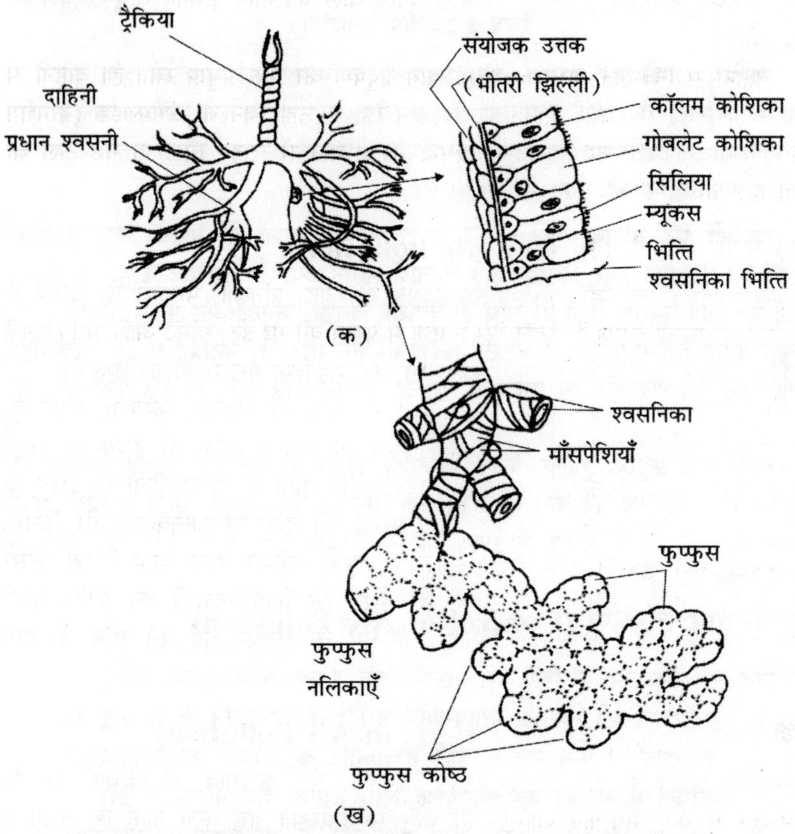

चित्र 5.1. मनुष्य का निचला श्वसन–तंत्र (क व ख) और श्वसनिका भित्ति का अंदरूनी भाग।

वनस्पति पर प्रभाव–वायु प्रदूषक पत्तों पर स्थित छिद्र 'स्टोमेटा' के जरिए अंदर तक चले जाते हैं और क्लोरोफिल को नष्ट कर देते हैं। फलस्वरूप प्रकाश–संश्लेषण रुक जाता है। ये प्रदूषक पत्तों पर उपस्थित तैलीय परत को भी नुकसान पहुँचाते हैं। फलस्वरूप पौधों से जल का उत्सर्जन और कीट बीमारियों का संक्रमण आसान हो जाता है। पत्तों पर प्रदूषकों के प्रभाव के कारण पत्तों का मुड़ना, पीला पड़ जाना और झड़ना इत्यादि प्रत्यक्ष प्रभाव हैं। इस प्रभाव के कारण समस्त वनस्पति भी नष्ट हो सकती है।

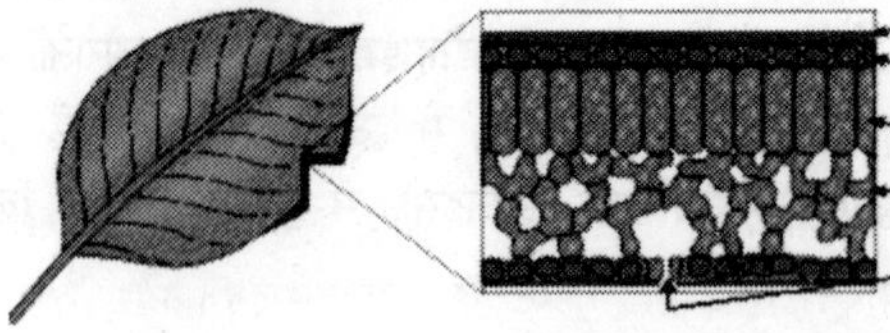

चित्र 5.2. लीफ एनाटॉमी

जलीय-जीवों पर प्रभाव–वायु प्रदूषकों के कारण हुई अम्लीय वर्षा झीलों व नदियों में अम्लता के लिए उत्तरदायी है। अम्लीय जल के कारण प्रत्येक जलीय जीव प्रभावित होता है, विशेषकर मछलियाँ। अम्लीय वर्षा के कारण कई झीलों में मछलियों का पूरी तरह सफाया भी हो चुका है।

पदार्थों पर प्रभाव–धूल के कणों के कारण कला के नमूनों और ऐतिहासिक स्मारकों का पीलापन और अपरदन की घटनाएँ सामने आई हैं। सल्फेट कणों के कारण धातुओं का आक्सीकरण होता है। साथ ही कपड़ा, चमड़ा, कागज और पत्थर पर भी इनका दुष्प्रभाव पड़ता है। वायुमंडल में ओजोन की उपस्थिति रबड़ के चटखने के लिए जिम्मेदार है। नाइट्रोजन के ऑक्साइड के प्रभाव से एसीटेट, कपास और रेयॉन के रेशे पीले पड़ जाते हैं।

वायु कण प्रदूषक सौलर पैनल पर जमा होकर और गैसीय प्रदूषक प्रकाश को बिखेरकर सौर विकिरण को कम करते हैं। एक अनुमान के अनुसार, भारत में वायु प्रदूषण से प्रति वर्ष सौर ऊर्जा क्षमता में 29% की कमी और 245–835 मिलियन डॉलर का नुकसान होता है।

वायु प्रदूषण नियंत्रण (Control of Air Pollution)

वायु प्रदूषण की रोकथाम के लिए हम निम्नलिखित उपाय अपना सकते हैं।

1. कारखानों की स्थापना पर्यावरणीय प्रभाव के आकलन के पश्चात् हो।
2. कारखानों में कम सल्फर वाले उच्चकोटि के कोयले का प्रयोग हो।
3. कोयले से सल्फर कम करने के लिए उसका जैव-परिष्करण हो।
4. दहन के पश्चात् निकलने वाले नाइट्रोजन के ऑक्साइड का नियंत्रण हो।
5. प्रदूषण-नियंत्रण उपकरणों का प्रयोग हो।
6. वाहनों की समय पर जाँच हो और प्रदूषण की रोकथाम के लिए वाहनों में 'कैटालिटिक कन्वर्टर' लगे हों।
7. साइकलों के प्रयोग पर बल दिया जाए।
8. गैर-परंपरागत ऊर्जा स्रोतों का प्रयोग हो।
9. अधिकाधिक वृक्षारोपण हो।

स्रोत पर वायु प्रदूषण नियंत्रण–

गैसीय प्रदूषक – गैसीय प्रदूषकों को भौतिक सक्रिया द्वारा चारकोल, सिलिकाजेल, फुलर की पृथ्वी आदि जैसे झरझरा ठोस पदार्थों पर सोखकर कम किया जा सकता है। अपशिष्ट

गैसों को तरल शोषक में अवशोषित किया जा सकता है, जैसे SO_2 अमोनिया के घोल में अवशोषित होता है। इन्हें संक्षेपण द्वारा भी हटाया जाता है, जो शीतलन ट्यूब माध्यम द्वारा जहाँ संपर्क में गैसें संघनित होती हैं किया जाता है और उसके बाद एकत्र की जा सकती हैं। दहन के द्वारा प्रदूषण को कम करने के लिए इष्टतम ऑक्सीजन और तापमान स्थितियों में दहन उपकरण का उपयोग किया जा सकता है।

पार्टिकुलेट मैटर – आजकल कई डिवाइस उपलब्ध हैं, जिनका चुनाव कण, प्रवाह दर, संग्रह दक्षता, लागत आदि की विशेषताओं पर निर्भर करता है (चित्र 5.4 क से 5.4 घ)।

सायक्लोन – इसमें तल पर संलग्न उल्टे शंकु वाला एक सिलेंडर होता है। इसमें कणों वाली गैस सिलेंडर के शीर्ष पर प्रवेश करती है और एक भंवर बनाने वाले स्पिन केन्द्र अपसारक बल के कारण, कण सिलेंडर की दीवार से टकराते हैं।

गुरुत्वाकर्षण के कारण कण फिर हॉपर में गिरते हैं जहाँ से उन्हें हटा दिया जाता है। कताई गैस एक आंतरिक भंवर बनाती है और ऊपर से निकलती है, चक्रवात बड़े कण हटाने के लिए बहुत कुशल है। हालाँकि छोटे कण जो मानव स्वास्थ्य समस्याओं को बनाते हैं को कुशलता से दूर नहीं किया जाता है। इसलिए चक्रवात अन्य महँगे उपकरणों के उपयोग से पहले कार्यरत हैं।

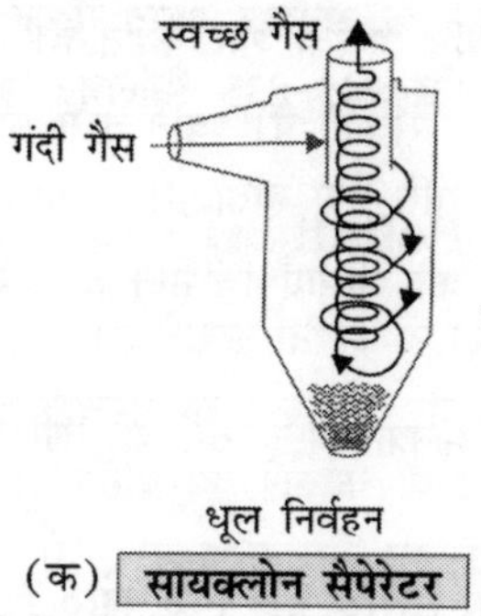

(क) सायक्लोन सैपेरेटर

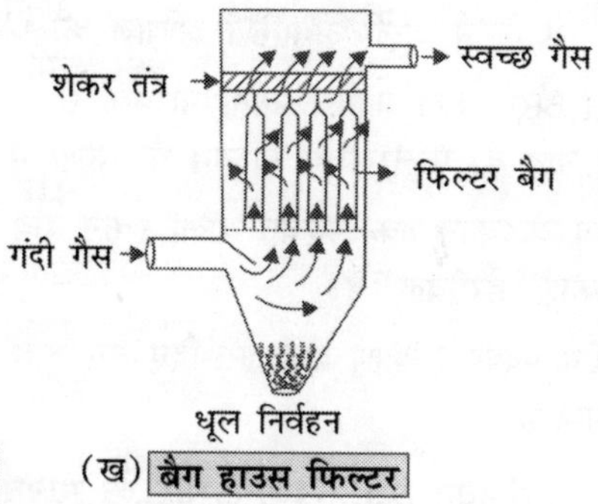

(ख) बैग हाउस फिल्टर

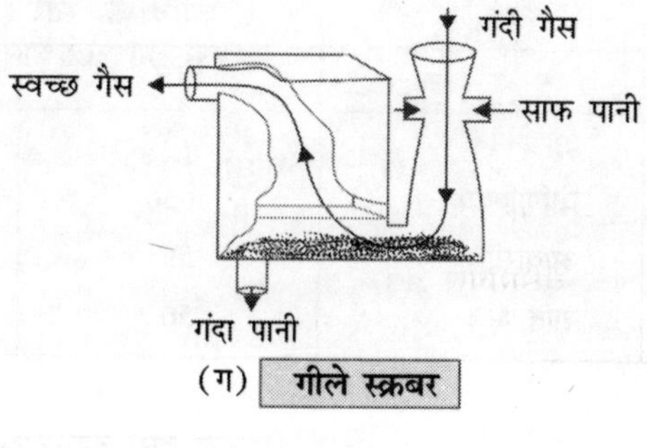

(ग) गीले स्क्रबर

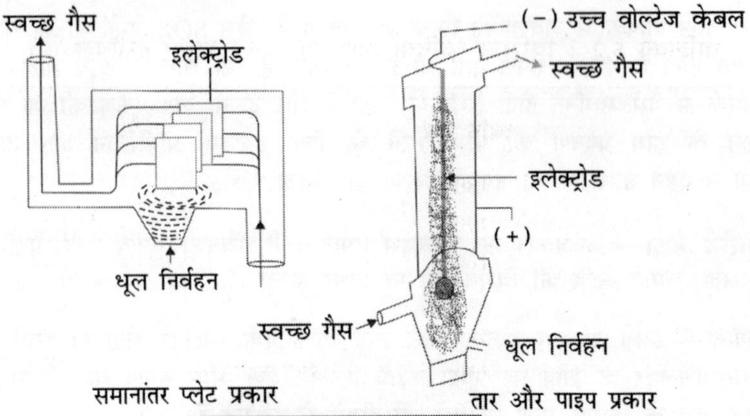

(d) इलेक्ट्रोस्टैटिक प्रीसिपिटेटर्स

चित्र 5.3. पार्टिकुलेट मैटर उत्सर्जन व्यापार द्वारा प्रदूषण पर नियंत्रण

■ ध्वनि-प्रदूषण (Noise Pollution)

हम प्रतिदिन विभिन्न प्रकार की ध्वनियाँ सुनते हैं। ध्वनि किसी भी कंपन कर रहे स्रोत से आ रही ऊर्जा है। किसी के लिए संगीत प्रतीत होने वाली ध्वनि दूसरे के लिए शोर हो सकती है। बुरी लगने वाली अवांछित आवाज को ध्वनि अथवा शोर कहते हैं।

ध्वनि ठोस, तरल व गैस–तीनों माध्यमों से गुजर सकती है। ध्वनि तरंग माध्यम में पड़ने वाली दाब है। फलस्वरूप माध्यम के कणों में गति पैदा होती है।

मनुष्य के कान तक पहुँचने वाली ध्वनि दाब की सीमाएँ विभिन्न हैं। ध्वनि दाब स्तर की इकाई 'डेसीबल' है।

केन्द्रीय प्रदूषण नियंत्रण बोर्ड द्वारा दिए गए कुछ मानक ध्वनि स्तरों को तालिका 5.1 में दर्शाया गया है।

तालिका 5.1 : ध्वनि स्तर के मानक (के० प्र० नि० लो०)

क्षेत्र कोड	क्षेत्र	ध्वनि का स्तर (डेसीबल में)	
		दिन	रात
A	औद्योगिक	75	70
B	वाणिज्यिक	65	55
C	आवासीय	55	45
D	शांत क्षेत्र	50	40

तालिका 5.2 : विभिन्न ध्वनियाँ और ध्वनि का स्तर (डेसीबल में)

	ध्वनि स्तर	स्त्रोत
	180	रॉकेट ईंजन
	170	
	160	
	150	जेट वायुयान
कान में दर्द	140	
	130	रॉक संगीत
	120	बिजली की गड़गड़ाहट
	110	हॉर्न (1 मीटर दूरी पर)
	100	निर्माण कार्य, छपाई प्रैस
	90	मोटर साइकिल
	80	
	70	बातचीत
	60	एयर कंडीशनर
	50	
		सामान्य कमरे में शोर
	40	
	30	फुसफुसाहट
	20	स्टूडियो
	10	पत्तों की आवाज
सुनने की शुरुआत	0	

ध्वनि प्रदूषण के स्त्रोत—ध्वनि प्रदूषण के प्रमुख स्त्रोत वाहन, उद्योग, निर्माण कार्य, समारोह इत्यादि हैं। विश्व के कुछ शहरों में ध्वनि स्तर बहुत अधिक दर्ज किया गया है। नानजिंग (चीन) में 105 डेसीबल, रोम में 90 डेसीबल, न्यूयार्क में 88 डेसीबल, कोलकत्ता में 85 डेसीबल, मुंबई में 82 डेसीबल, दिल्ली में 80 डेसीबल और काठमांडू में 75 डेसीबल ध्वनि स्तर दर्ज किया गया है।

ध्वनि प्रदूषण के प्रभाव (Effects of Noise Pollution)

(*i*) अधिक शोर में वार्तालाप में कठिनाई होती है।

(*ii*) अधिक शोर अस्थाई या स्थाई बहरेपन का कारण है।

(*iii*) अधिक शोर में सिर-दर्द, तनाव, बेचैनी, रक्तचाप, मानसिक तनाव व उदर-संबंधित व्याधियाँ उत्पन्न हो सकती हैं।

दीपावली पर ध्वनि प्रदूषण (Noise Pollution During Diwali)

दीपावली प्रकाश का त्यौहार है। इस दिन सभी लोग आतिशबाजी का आनंद लेते हैं। दुर्घटनाओं के अलावा इस दिन विभिन्न पटाखों की आवाज पर्यावरण (संरक्षण) (द्वितीय संशोधन) अधिनियम, 1999 द्वारा घोषित मानक स्तर, 125 डेसीबल से अधिक होती है।

दीवाली के दिन होने वाला ध्वनि-प्रदूषण चिंता का विषय है। शोधकर्ताओं द्वारा किए गए अध्ययन से यह बात सिद्ध हो चुकी है कि प्रदूषण का स्तर अधिक है। पटाखे बनाने वाली कंपनियों को कम आवाज करने वाले पटाखे बनाने के निर्देश दिए गए हैं और पटाखों से होने वाले ध्वनि प्रदूषण का स्तर उन पर अंकित करने की सलाह दी गई है। राष्ट्रीय भौतिक प्रयोगशाला, नई दिल्ली की रिपोर्ट के अनुसार, अधिकतर पटाखें मानक स्तर से अधिक शोर करते हैं।

तालिका 5.3 : पटाखों द्वारा जनित ध्वनि के स्तर

पटाखों के प्रकार	उत्पादक	उत्पन्न ध्वनि स्तर (डैसीबल
ऐटम बम (टाइमिंग बम)	कोरोनेशन फायरवर्क्स, सिवाकासी	135 ± 2
चाइनीस पटाखे (1,000 की लडी)	श्री कालीसवाड़ी फायरवर्क्स, सिवाकासी	128
चाइनीस पटाखे (600 की लडी)	श्री कालीसवाड़ी फायरवर्क्स, सिवाकासी	132
नाजी (ऐटम बम)	कोरोनेशन फायरवर्क्स, सिवाकासी	135 ± 0
मेजिक फार्मूला (फलावर बम)	राजन फायरवर्क्स, सिवाकासी	136 ± 1
ऐटम बम (फौयल्ड)	श्री कालीसवाडी फायरवर्क्स, सिवाकासी	131 ± 2
हाइड्रोजन बम	श्री पताकाली फायरवर्क्स, सिवाकाली	134 ± 2
राजन कलासिक धमाका (फौयल्ड बम)	राजन फायरवर्क्स, सिवाकासी	136 ± 0
सम्राट कलासिक बम (डीलक्स)	वेंकटेशवरा फायरवर्क्स, सिवाकासी	136 ± 0
हाइड्रो फौयल्ड (बम)	श्री कालीसवाड़ी फायवर्क्स, सिवाकासी	132 ± 2
श्री साऊंड (बम)	कोरोनेशन फायरवर्क्स, सिवाकासी	119 ± 7
ऐटम बम	स्थानीय	136 ± 0

स्रोत: पटाखों की टैस्ट रिर्पोट, राष्ट्रीय भौतिक प्रयोगशाला, नई दिल्ली, अप्रेल 21, 2003.

ध्वनि प्रदूषण की जाँच और पटाखे बनाने वाली कंपनियों को निर्देश देने के अलावा आवश्यक है कि लोगों को ध्वनि प्रदूषण के दुष्प्रभावों से अवगत कराया जाए। इस संबंध में रेडियो, टेलीविजन और अखबारों द्वारा दी गई जानकारी महत्वपूर्ण सिद्ध हो सकती है। 1998 में सर्वोच्च न्यायालय द्वारा दिए गए निर्देशों के अनुसार केन्द्र सरकार, राज्य सरकार और केन्द्रशासित प्रदेशों को पर्यावरण (संरक्षण) अधिनियम, 1986 के अनुसार निर्देश दिए गए हैं कि–

1. 125 डेसीबल से अधिक शोर वाले पटाखे बनाने वाली कंपनी को बंद कर दिया जाए।
2. आतिशबाजी को अनुमति सायं 6 बजे से रात 10 बजे के बीच हो।
3. शांत क्षेत्रों में आतिशबाजी बिल्कुल न हो। शांत क्षेत्र-अस्पताल, शिक्षण संस्थान, न्यायालय, धार्मिक स्थल व अन्य घोषित क्षेत्र और उसके आस-पास 100 मीटर का क्षेत्र हैं।
4. शिक्षण संस्थानों के प्राचार्य और अध्यापक विद्यार्थियों को पटाखों और ध्वनि के हानिकारक प्रभावों से अवगत कराएँ।

ध्वनि-प्रदूषण की रोकथाम (Control of Noise Pollution)

1. अधिक शोर करने वाले वाहनों और मशीनों का प्रयोग न हो।
2. अधिक शोर करने वाली मशीनों को बंद परिसर में रखा जाए ताकि शोर बाहर न आ सके।
3. मशीनों की समुचित मरम्मत व देखरेख की जाए। उनमें समय-समय पर तेल, ग्रीस, स्नेहक आदि डाले जाएँ।
4. ध्वनि प्रदूषण कम करने वाले रेशों की शीट, बोर्ड आदि का प्रयोग हो।
5. चौड़े पत्तों वाले वृक्षों का वृक्षारोपण हो जो ध्वनि को सोख कर कम कर सके।
6. ध्वनि प्रदूषण से निपटने के लिए कठोर नियम और कानून बनाए जाएँ और उन्हें सख्ती से लागू किया जाए।

■ जल-प्रदूषण (Water Pollution)

जल-प्रदूषण से अभिप्राय है जल के भौतिक, रासायनिक अथवा जैविक गुणों में परिवर्तन जिसके कारण यह जल प्राकृतिक अवस्था में प्रयोग करने योग्य न रहे।

जल-प्रदूषण के स्रोत–जल जीवन का आधार है। हमें पीने, भोजन बनाने, नहाने, कपड़े धोने व कारखानों हेतु जल की आवश्यकता होती है। इन क्रियाओं के लिए अधिकतर जल नदियों अथवा भूजल स्रोतों सें प्राप्त किया जाता है। अधिकतर पदार्थ जल में घुलनशील हैं। फलस्वरूप, जल आसानी से प्रदूषित हो जाता है। जल प्रदूषण के केन्द्रित स्रोत (point-source) व अकेन्द्रित स्रोत (non-point source)

दोनों रूपों में पाए जाते हैं। निश्चित केन्द्रों के रूप में कारखाने, ताप बिजलीघर, खदान, तेल के कुएँ इत्यादि आते हैं। अकेन्द्रित स्रोतों का निस्त्राव केन्द्रित नहीं हैं। खेतों से जल प्रवाह, नालों और नदियों का प्रदूषित जल व वायुमंडल से धूल का जमाव इत्यदि ऐसे स्रोत हैं।

भूजल प्रदूषण—कुल जल का 6.2% भाग भूजल के रूप में है। यह सतही जल की अपेक्षा 30 गुणा अधिक है। भूजल सतही जल की अपेक्षा कम प्रदूषित होता है क्योंकि यह जल मृदा से छनकर भूजल तक पहुँचता है। परंतु, भूजल प्रदूषण के अन्य स्रोत हैं। कारखानों द्वारा अवजल को भूजल में मिलाना, सेफ्टी टैंक से निस्त्राव, भूगर्भीय खनन आदि भूजल प्रदूषण के लिए उत्तरदायी हैं। भूजल का फ्लोराइड, नाइट्रेट व आर्सेनिक से संदूषण स्वास्थ्य के लिए गंभीर खतरा है।

सतही जल-प्रदूषण—सतही जल-प्रदूषण के प्रमुख स्रोत निम्नलिखित हैं—

1. **अपजल (Sewage)**—नदियों व झीलों में अपजल लाने वाले गंदे नालों का मिलना।

2. **कारखानों का अवजल (Industrial effluents)**—कारखानों से निकलने वाले रासायन, अम्ल, क्षार, फिनोल, अमोनिया, रेडियोधर्मी पदार्थ इत्यादि नदियों में डाल दिए जाते हैं।

3. **अपमार्जक (Surfactants)**—कपड़े और बर्तन धोने के लिए प्रयोग होने वाले अपमार्जक भी जल को प्रदूषित करते हैं।

4. **उर्वरक व रसायन**—कृषि में प्रयोग होने वाले उर्वरक और अन्य घातक रसायन जल प्रवाह के साथ नदियों में मिल जाते हैं।

5. **तेल**—तेल के कुओं ओर टैंकरों से निकलने वाला तेल महासागरीय जल को प्रदूषित करता है।

6. **ताप**—कारखानों से निकले अवजल का तापमान अधिक होने के कारण नदियों के जल का तापमान भी बढ़ जाता है और यह संवेदनशील जीवों के लिए हानिकारक है।

जल-प्रदूषण के प्रभाव (Effects of Water Pollution)

जल निकायों में पहुँचने वाले कार्बनिक पदार्थ पानी में मौजूद सूक्ष्म जीवों द्वारा विघटित हो जाते हैं। इस क्षरण के लिए पानी में घुली ऑक्सीजन की खपत होती है। घुलित ऑक्सीजन (DO) पानी में घुली ऑक्सीजन की वो मात्रा है जो पानी की दी गई मात्रा में एक विशेष तापमान और वायुमंडलीय दबाव पर निर्भर करती है। घुलित ऑक्सीजन की मात्रा वातन पर पानी में प्रकाश संश्लेषक गतिविधि, जानवरों और पौधों की श्वसन और परिवेश का तापमान पर, निर्भर करती है। डीओ का संतृप्ति मान 8–15 मिलीग्राम/लीटर होता है। मछली की ट्राउट और सैल्मन प्रजाति के लिए 5–8 मिलीग्राम/लीटर डीओ की आवश्यकता होती है जबकि कार्प जैसी कम वांछनीय प्रजातियाँ DO के 3.0 मिलीग्राम/लीटर पर जीवित रह सकती हैं।

1953 में जापान के मिनामाटा शहर में प्रदूषित मछलियाँ खाने पर सैकड़ों लोगों को मौत का शिकार होना पड़ा। इस दुर्घटना से लगभग दो हजार लोग प्रभावित हुए। लगभग 50 से ज्यादा लोगों की मृत्यु हो गई और लगभग 700 लोग स्थाई तौर से अपाहिज हो गए। 1956 में पता चला कि मिनामाटा त्रासदी के लिए जिम्मेदार रसायन 'मिथाइल युक्त पारा' (Methyl mercury) था। इससे यह तथ्य सामने आया कि जाने-अनजाने में नदियों में छोड़े जाने वाले अपशिष्ट पदार्थ मानव-जीवन के लिए भारी खतरा उत्पन्न कर सकते हैं। शहरों से निकलने वाले मल-मूत्र एवं अपशिष्ट पदार्थ जल में बीमारी फैलाने वाले सूक्ष्म जीवों का भंडारण करते हैं। ये पदार्थ महासागरों में नाइट्रेट और फॉस्फेट की सान्द्रता बढ़ा देते हैं जिससे जलीय स्रोतों में 'यूट्रोफिकेशन' यानि अतिपोषण की समस्या सामने आई है।

जल-प्रदूषण का दूसरा प्रमुख कारण है कच्चा तेल। टैंकरों से लगातार रिसाव और दुर्घटनाग्रस्त टैंकरों के कारण समुद्र में कच्चा तेल फैल जाता है। इस तेल और कार्बनिक कचरे के कारण जलीय वातावरण में ऑक्सीजन की कमी हो जाती है। जलीय वनस्पति और जीवों को ऑक्सीजन नहीं मिल पाती और इनकी संख्या पर प्रतिकूल प्रभाव पड़ता है। ऐसी स्थिति में जीव-जंतु दूसरे क्षेत्रों में चले जाते हैं या मारे जाते हैं। मृत जीव-जंतुओं और वनस्पति के सड़ने से स्थिति और भी गंभीर हो जाती हैं। टैंकर दुर्घटनाओं में फैले तेल से छुटकारा पाने के लिए अक्सर भारी संख्या में अपमार्जक समुद्र में डाले जाते हैं जिससे अतिपोषण की समस्या सामने आई है। नालों और सीवरों के रास्ते नदियों तक जाने वाले प्रदूषकों में भारी धातुएँ प्रमुख हैं। पारा, कैडमियम, क्रोमियम, निकिल और सीसा इनसे प्रमुख हैं। ये धातुएँ आहार-शृंखला के रास्ते भोजन के रूप में मनुष्य के शरीर में प्रवेश कर जाती हैं और निरंतर जमा होती रहती हैं।

भूजल में आर्सेनिक की उपस्थिति बांग्लादेश और पश्चिम बंगाल में विभिन्न रोगों का कारण है। भूजल में नाइट्रेट की अधिकता से 'मैटहीमोग्लोबीनिमिया' नामक बीमारी होती है। जल में फ्लोराइड की अधिकता के कारण 'फ्लोरोसिस' और दाँतों और हड्डियों से संबंधित विकार सामने आए हैं। जल में कीटनाशकों की उपस्थिति विभिन्न शारीरिक विकारों से जुड़ी हुई है। इसी कारण डी०डी०टी०, एल्ड्रिन, डाइ-एल्ड्रिन आदि कीटनाशकों के प्रयोग पर रोक लगा दी गई है।

जल-प्रदूषण की रोकथाम (Control of Water Pollution)

कानून और नियमों के आधार पर जल-प्रदूषण को प्रदूषक की उत्पत्ति के स्थान से ही आसानी से रोका जा सकता है। परंतु, जहाँ प्रदूषकों की उत्पत्ति का स्थान निश्चित नहीं है, जल-प्रदूषण को रोक पाना मुश्किल हो जाता है। निम्नलिखित बातों पर ध्यान रखकर जल-प्रदूषण को कम किया जा सकता है–

(*i*) उर्वरकों एवं कृषि में उपयोग होने वाले रसायनों का बुद्धिमता से उपयोग हो। ढलान वाले क्षेत्रों में इनका प्रयोग न्यूनतम हो।

(*ii*) उर्वरकों के स्थान पर नाइट्रोजन का यौगिकीकरण करने वाले पौधों का इस्तेमाल हो।

(*iii*) कीटनाशकों के न्यूनतम प्रयोग के लिए एकीकृत कीट प्रबंधन (Integrated pest management) की योजना अपनाई जाए।

(*iv*) जल प्रवाह के साथ मिट्टी की ऊपरी सतह का अपरदन रोका जाए।

(*v*) वर्षा जल के साथ अवजल के बह जाने की रोकथाम हो।

(*vi*) वृक्षारोपण से मिट्टी का कटाव कम होगा और अपवाह भी।

प्रदूषण के निश्चित केन्द्रों पर रोकथाम के लिए कारखानों से निकलने वाले अवजल का शोधन हो और प्रदूषण के सूचक घटकों पर निरंतर ध्यान रखा जाए।

जल में उपस्थित घुलनशील व अघुलनशील ठोस पदार्थ एवं लवण, जैविक ऑक्सीजन माँग (Biological oxygen demand, BOD), रासायनिक ऑक्सीजन माँग (Chemical oxygen demand, COD), नाइट्रेट, फॉस्फेट व हानिकारक धातुएँ जल के प्रदूषण का स्तर निर्धारित करते हैं। अवजल का शोधन इन प्रदूषकों की मात्रा कम कर देता है। नाइट्रेट और फॉस्फेट का शोधन यूट्रोफिकेशन की समस्या कम करता है। अवजल का विसंक्रमण भी एक प्रमुख घटक है। क्लोरीन, ओजोन व पराबैंगनी किरणों द्वारा जल का उपचार भी आवश्यक है।

उष्मा (तापीय) प्रदूषण (Thermal Pollution)

तापीय प्रदूषण से अभिप्राय है बची हुई उष्मा जो पर्यावरण में अवांछित परिणामों के लिए उत्तरदायी हैं।

तापीय प्रदूषण के कारण–उष्मा उत्पन्न करने वाले संयंत्र जैसे ताप बिजलीघर, नाभिकीय संयंत्र, तेल-शोधन संयंत्र, लौह-अयस्क कारखाने इत्यादि तापीय प्रदूषण के प्रमुख स्त्रोत हैं। ये ऊर्जा संयंत्र उत्पादित ऊर्जा का केवल 1/3 भाग प्रयोग करते हैं। शेष 2/3 ऊर्जा प्रशीतन के लिए प्रयोग होने वाले जल तक चली जाती है। ऐसे जल का तापमान प्राकृतिक अवस्था से 10–15°C अधिक होता है। यही उष्मा तापीय प्रदूषण का कारण है।

तापीय प्रदूषण के प्रभाव (Effects of Thermal Pollution)

(*i*) जल की विलयित ऑक्सीजन की मात्रा कम हो जाती है।

(*ii*) तापमान अधिक होने से ऑक्सीजन निचले ठंडे पानी तक नहीं पहुँच पाती।

(*iii*) तापमान बढ़ने के साथ घातक रसायनों और कीटनाशकों की मारक क्षमता बढ़ जाती है।

(*iv*) तापमान बढ़ने के कारण संवेदनशील वनस्पति और जीवों का विस्थापन हो जाता है।

(*v*) जीवों की क्रिया बढ़ जाती है परंतु जल में ऑक्सीजन की मात्रा कम ही रहती है।

(*vi*) इससे अंडों और नवजातों को नुकसान पहुँचता है।

(*vii*) मछलियों के उत्प्रवास पर भी प्रभाव पड़ता है।

तापीय प्रदूषण की रोकथाम (Control of Thermal Pollution)

तापीय प्रदूषण की रोकथाम के लिए निम्नलिखित पद्धतियाँ अपनाई जा सकती हैं-

1. प्रशीतन टैंक
2. छिड़काव टैंक
3. प्रशीतन मीनार

1. प्रशीतन टैंक–संघनक (Condenser) से प्राप्त होने वाले जल को जलाशयों में एकत्रित किया जा सकता है। यह जल वाष्पोत्सर्जन के पश्चात् ठंडा हो जाता है। इस जल को पुनःप्रयोग किया जा सकता है अथवा जल स्रोत में प्रवाहित किया जा सकता है।

2. छिड़काव टैंक–गर्म जल को फव्वारों की मदद से टैंक में छिड़का जाता है। जल की बूँदें वायु के संपर्क में आकर जल्दी ठंडी हो जाती हैं।

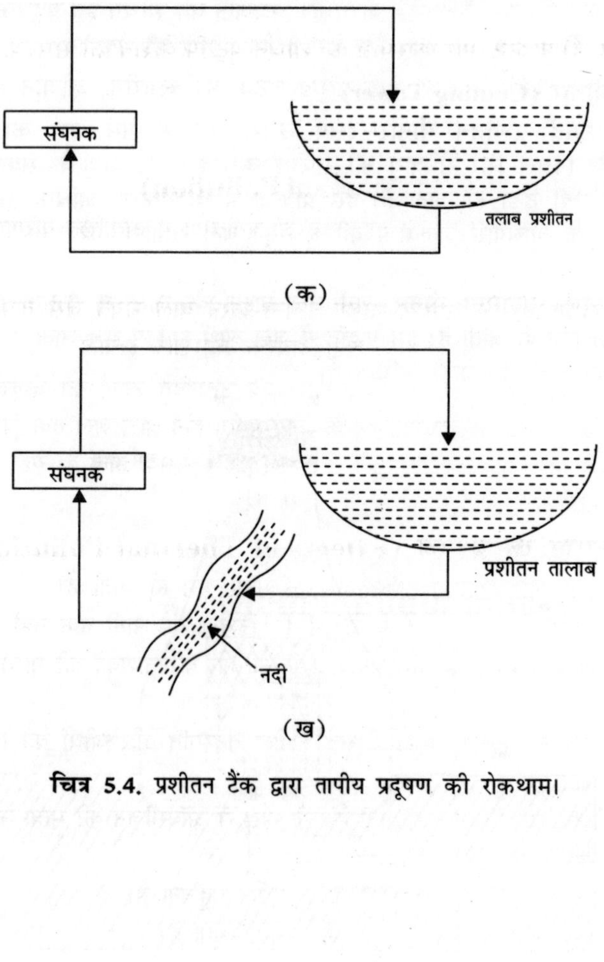

चित्र 5.4. प्रशीतन टैंक द्वारा तापीय प्रदूषण की रोकथाम।

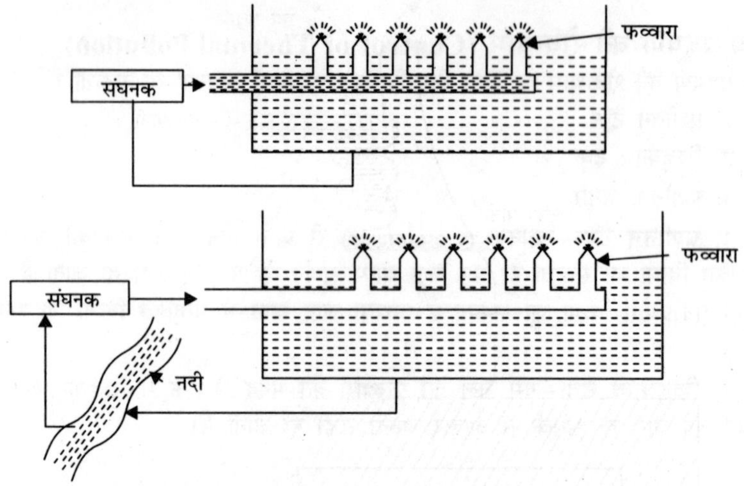

चित्र 5.5. छिड़काव टैंक द्वारा तापीय प्रदूषण की रोकथाम।

3. प्रशीतन मीनार (Cooling Tower)

(अ) आर्द्र प्रशीतन मीनार–इसमें ऊपरी सिरे से गर्म जल का छिड़काव किया जाता है। निचले सिरे से वायु की सप्लाई की जाती है। वायु के संपर्क में आने पर गर्म जल जल्दी ठंडा हो जाता है। इस प्रक्रिया में वाष्पीकरण अधिक होता है और प्रशीतन मीनार के आसपास जलवाष्प की धुंध-सी बनी रहती है जो वनस्पति के लिए हानिकारक है।

(ब) शुष्क प्रशीतन मीनार–गर्म जल पाइपों के जाल से गुजरता है और इन पाइपों पर ठंडी हवा दी जाती है। इस पद्धति में जल व्यर्थ होने से बच जाता है परंतु इसके निर्माण में लगने वाले धन कहीं अधिक है।

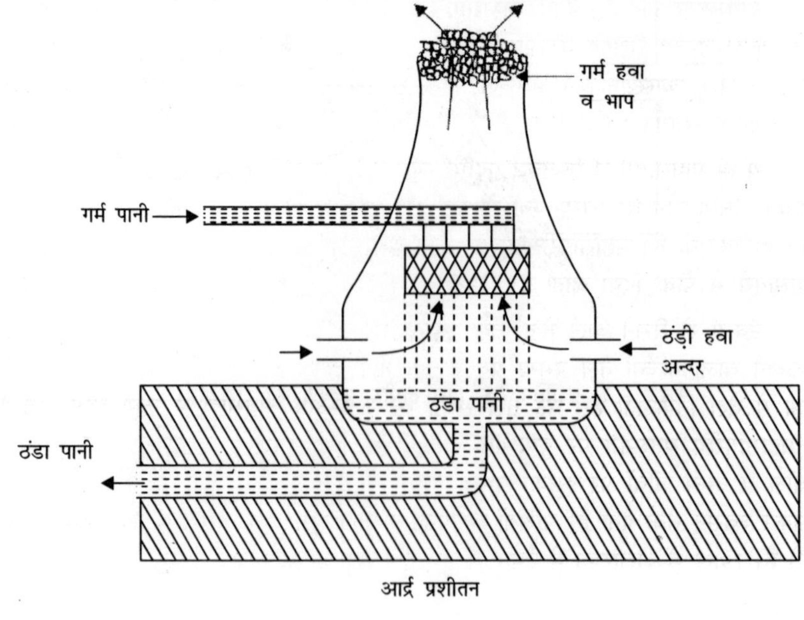

आर्द्र प्रशीतन

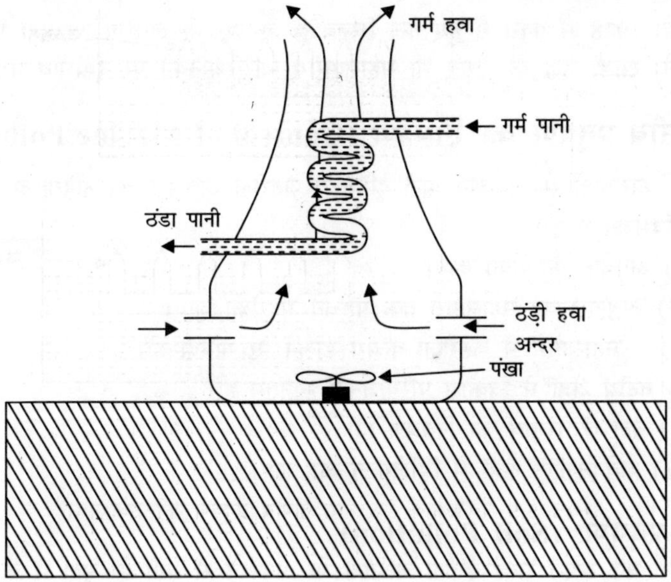

शुष्क प्रशीतन मीनार

चित्र 5.6. प्रशीतन मीनार : आर्द्र व शुष्क।

■ महासागरीय प्रदूषण (Marine Pollution)

महासागरीय प्रदूषण के प्रमुख स्रोत नदियाँ, तटीय क्षेत्रों के आवासीय, वाणिज्यिक और औद्योगिक परिसर व समुद्रों से निकलने वाला कच्चा तेल है।

अधिकतर नदियाँ, अंततः महासागरों में मिलती हैं। नदियों द्वारा लाया गया प्रदूषित जल, कूड़ा-कचरा इत्यादि महासागरों में मिल जाता है। प्रदूषित जल में शहरों से निकलने वाला अवमल, कारखानों का अवजल, खेतों से निकला अपवाह और कारखानों से निकले अन्य घातक रसायन भी होते हैं।

यूँ तो महासागरों में मिलकर प्रदूषित जल की विषक्तता कम हो जाती है। परंतु, कुछ रसायन दीर्घायु होने के कारण ज्यों के त्यों बने रहते हैं। ऐसे रसायन महासागरीय जीवों के लिए हानिकारक हैं। महासागरीय प्रदूषण का दूसरा प्रमुख कारण रेडियोधर्मी कचरा है जो महासागरों में फेंक दिया जाता है।

टैंकरों से रिसने वाले तेल, तेल शोधन संयंत्रों का कचरा और टैंकर दुर्घटनाओं से निकलने वाला कच्चा तेल प्रमुख प्रदूषक हैं। तेल टैंकरों की धुलाई इत्यादि से भी भारी मात्रा में तेल निकलता है- यह तेल समुद्र के जल और अवसादों में जमा होकर जीवों व महासागरीय वनस्पति पर दुष्प्रभाव डालता है। समुद्री पक्षी, मछलियाँ, पादप-प्लवक, शैवाल व अन्य जीवों पर इसका प्रभाव पड़ता है। कच्चा तेल मछलियों के गलफड़ों में घुसकर श्वसन रोक देता है। पक्षियों के पंखों में तेल घुसने के कारण ये पक्षी डूबकर मर जाते हैं। 1989 में अलास्का में टैंकर से हुए तेल रिसाव के कारण लगभग 3,90,000 पक्षी

मारे गए थे। 1978 में फ्रांस में हुए तेल रिसाव के कारण भी लगभग 20,000 मौत का शिकार बने। खाड़ी युद्ध के दौरान भी महासागरीय पारिस्थितिकी पर दुष्प्रभाव पड़ा।

महासागरीय प्रदूषण का नियंत्रण (Control of Marine Pollution)

(*i*) कारखानों से निकलने वाले दूषित व जहरीले अवजल का नदियों व तटीय क्षेत्रों में विसर्जन न हो।

(*ii*) अपवाह को रोका जाए।

(*iii*) अवजल को महासागरों तक पहुँचने से रोका जाए।

(*iv*) महासागरों में जहरीला कचरा डालने पर पाबंदी हो।

(*v*) तटीय क्षेत्रों में विकास परियोजनाएँ न्यूनतम हों।

(*vi*) तेल के रिसाव का नियंत्रण हो।

(*vii*) संवेदनशील क्षेत्रों में ड्रिलिंग न की जाए।

■ मृदा-प्रदूषण (Soil Pollution)

मृदा भूपर्पटी की ऊपरी सतह है जो चट्टानों के अपरदन से बनी है। मृदा में कार्बनिक पदार्थ की उपस्थिति जीवों के अस्तित्व के लिए आवश्यक है। विभिन्न प्रकार के घरेलू एवं औद्योगिक कचरे के पर्यावरण में मिलने के कारण मृदा प्रदूषण हुआ है। घरों से निकला कचरा, कागज, कारखानों का अवमल, प्लास्टिक, घातक रसायन इत्यादि मृदा-प्रदूषण के लिए उत्तरदायी हैं। सैनिटरी लैंडफिल से निकलने वाला धोवन भी मृदा प्रदूषण का स्रोत है।

रासायनिक निर्माण में जुटी औद्योगिक इकाइयाँ, कागज मिल, कपड़ा उद्योग, चमड़ा उद्योग, लौह-अयस्क कारखाने, तेल-शोधन संयंत्र, कीटनाशक एवं उर्वरक निर्माण की इकाइयाँ इत्यादि भारी मात्रा में प्रदूषित जल एवं अवमल उत्पादित करती हैं। औद्योगिक इकाइयों से निकलने वाला अपशिष्ट व कचरा उपचार के बिना ही विसर्जित कर दिया जाता है। ताप बिजलीघरों से निकलने वाली फ्लाईऐश मृदा प्रदूषण का प्रमुख कारण है।

कृषि में उपयोग होने वाले रसायन व उर्वरक मृदा मे मिलकर इसकी उर्वरता को कम कर रहे हैं। अधिकतर कीटनाशी दीर्घायु हैं और ये भोजन-शृंखला के रास्ते मृदा से मनुष्य तक पहुँच रहे हैं। औद्योगिक कचरे में उपस्थित भारी धातुएँ स्वास्थ्य की दृष्टि से हानिकारक हैं और मृदा प्रदूषण का कारण भी। पारा, सीसा, कैडमियम, आर्सेनिक इत्यादि स्वास्थ्य के लिए खतरा हैं।

शहरों एवं गाँवों में मल-मूत्र विसर्जन का स्थान भी मृदा है। यह क्रिया मृदा में रोगाणु पैदा करती है।

नाभिकीय संयंत्रों से निकलने वाला कचरा और नाभिकीय परीक्षण से निकले रेडियोधर्मी पदार्थ मृदा में मिल जाते हैं। रेडियम, थोरियम, युरेनियम, प्लूटोनियम, स्ट्रॉनशियम, आयोडीन इत्यादि मृदा मे मिलकर चिरकालीन प्रभाव उत्पन्न करते हैं।

मृदा-प्रदूषण के प्रभाव–अवजल व अवमल जो मृदा को प्रभावित करते हैं अंततः, मनुष्य के स्वास्थ्य पर प्रभाव डालते हैं। विभिन्न प्रकार के रसायन जैसे अम्ल, क्षार

कीटनाशक, भारी धातुएँ इत्यादि मृदा की उर्वरता कम करते हैं और मृदा के गुणों में परिवर्तन के लिए उत्तरदायी हैं।

कुछ हानिकारक रसायन अन्य जीवों को प्रभावित करते हैं, मृदा में उपस्थित सूक्ष्मजीवों को प्रभावित करते हैं और प्रत्यक्ष या परोक्ष रूप से मृदा की उर्वरता को कम करते हैं। भोजनशृंखला के जरिए ये घातक रसायन मनुष्य तक पहुँचते हैं। अवमल में विभिन्न प्रकार के रोगाणु होते हैं जो मनुष्य व अन्य जीवों में रोग एवं व्याधियाँ उत्पन्न करते हैं। रेडियोधर्मी पदार्थ भी भोजन के जरिए मनुष्य तक पहुँचकर स्वास्थ्य पर प्रतिकूल प्रभाव डालते हैं। उदाहरणार्थ स्ट्रॉनशियम-90 कैल्शियम के स्थान पर हड्डियों में जमा होता रहता है और इन्हें कमजोर बनाता है। मृदा में उपस्थित नाइट्रेट और फॉस्फेट जल में घुलकर सतही जल में यूट्रोफिकेशन की समस्या को जन्म देते हैं अथवा भूजल को प्रदूषित करते हैं।

मृदा-प्रदूषण का नियंत्रण (Control of Soil Pollution)

(*i*) कारखानों से निकलने वाले अवजल का उपचार हो।
(*ii*) अपशिष्ट पदार्थों को एकत्र करके निश्चित स्थान पर डाला जाए।
(*iii*) कूड़े-कचरे से उपयोगी पुनर्निर्माण एवं पुनर्चक्रण हो।
(*iv*) कूड़े से बायोगैस बनाई जाए।
(*v*) जानवरों के मल से बायोगैस बनाई जाए।
(*vi*) कूड़े के उपचार के लिए सूक्ष्मजीवों का प्रयोग हो।

■ नाभिकीय आपदाएँ (Nuclear Hazards)

रेडियोधर्मी पदार्थ प्राकृतिक रूप से उपस्थित हैं। ये पदार्थ निरंतर रेडियोधर्मी खंडन द्वारा अस्थाई आइसोटोप (Isotope) बनाते हैं जो अत्यंत गतिशील एवं उच्च उर्जा विकिरण छोड़ते हैं। यह क्रिया स्थाई समावयव बनने तक चलती रहती है। ये समावयव अल्फा, बीटा अथवा गामा विकिरणों के रूप में निरंतर ऊर्जा विसर्जित करते हैं। अल्फा विकिरण धन (+) आवेशित विकिरण हैं और बीटा ऋण (–) आवेशित। इन विकिरणों की भेदन क्षमता भिन्न-भिन्न है। अल्फा कण कागज द्वारा रोक दिए जाते हैं, बीटा कण लकड़ी द्वारा रोक दिए जाते हैं जबकि गामा विकिरण कंक्रीट की दीवार, पारा अथवा पानी की मोटी चादर द्वारा रोके जा सकते हैं।

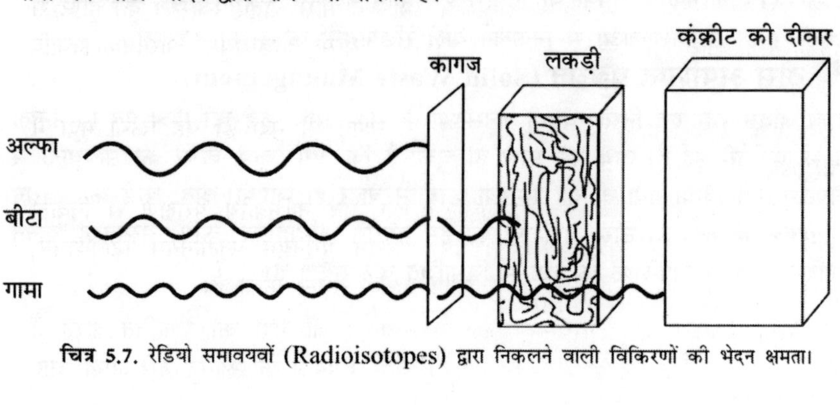

चित्र 5.7. रेडियो समावयवों (Radioisotopes) द्वारा निकलने वाली विकिरणों की भेदन क्षमता।

रेडियोधर्मिता के स्त्रोत (Sources of Radioactivity)

(*i*) **प्राकृतिक स्त्रोत**–बाह्य ब्रह्मांड से आने वाली किरणें, रेडॉन-222, मृदा, चट्टानें, हवा एवं जल रेडियोधर्मिता के प्राकृतिक स्त्रोत हैं।

(*ii*) **मानव-जनित स्त्रोत**–नाभिकीय ऊर्जा संयंत्र, नाभिकीय परीक्षण, नाभिकीय दुर्घटनाएँ, एक्स-रे व प्रयोगशालाओं से निकला कचरा रेडियोधर्मिता के मानव-जनित स्त्रोत हैं।

विकिरण के प्रभाव (Effects of Radiations)

(*i*) **अनुवांशिक (Genetic) प्रभाव**–ये विकिरण में डी०एन०ए० (DNA) अनुवांशिक परिवर्तन कर सकते हैं। फलस्वरूप अनुवांशिक रोग एवं परिवर्तन हो सकते हैं।

(*ii*) **अन्य प्रभाव**–अन्य प्रभावों में त्वचा का जलना, कैंसर, त्वचा एवं फेफड़ों का कैंसर इत्यादि शामिल हैं।

वैज्ञानिकों का मत है कि शरीर की रोगरोधी एवं प्रभावों को रोक देने की क्षमता के कारण विकिरणों का प्रभाव एक निश्चित मात्रा और अवधि के पश्चात् ही प्रत्यक्ष होता है। लेकिन, अन्य वैज्ञानिकों का मत है कि विकिरण की कम मात्रा भी हानिकारक है।

रेडियोधर्मी विकिरण का प्रभाव विकिरण की भेदन क्षमता व स्थिति पर निर्भर करता है। अधिक भेदन क्षमता वाले अल्फा विकिरण अपेक्षाकृत अधिक खतरनाक हैं। शरीर के अंदर पहुँचने पर इनका प्रभाव अधिक होता है। बीटा विकिरण शरीर के भीतरी अंगों पर अधिक प्रभाव डालते हैं जबकि अल्फा विकिरण त्वचा द्वारा रोक दिए जाते हैं। दीर्घायु रेडियोधर्मी पदार्थ स्वास्थ्य के लिए सबसे अधिक हानिकारक हैं।

रेडियोधर्मी पदार्थ यूरेनियम के खनन के दौरान पर्यावरण में प्रवेश करते हैं। रेडियोधर्मिता पेड़-पौधों व भोजन के द्वारा अन्य जीवों तक पहुँचती हैं। ये रेडियोधर्मी पदार्थ जल के स्त्रोतों में भी आसानी से प्रवेश कर जाते हैं।

रेडियोधर्मी आयोडीन (I^{131}) 'थायराइड' ग्रंथि में एकत्रित होकर कैंसर करता है जबकि 'स्ट्रॉनशियम-90' हड्डियों में जमा होकर कैंसर करता है।

नाभिकीय प्रदूषण का नियंत्रण (Control of Nuclear Pollution)

(*i*) नाभिकीय संयंत्रों के निर्माण एवं कार्य पर पूरी देखभाल की आवश्यकता।

(*ii*) प्रयोगशालाओं से निकलने वाले रेडियोधर्मी कचरे का उपचार।

■ ठोस अपशिष्ट प्रबंधन (Solid Waste Management)

उच्च जीवन-स्तर एवं निरंतर बढ़ती जनसंख्या के साथ-साथ कूड़े की मात्रा एवं विभिन्नता में भी बढ़ोतरी हुई है। अब यह स्पष्ट हो चुका है कि अगर कूड़े-कचरे का सावधानी से निपटारा नहीं किया गया तो यह समस्या काबू से बाहर हो जाएगी। अतः कूड़े का प्रबंधन आवश्यक हो गया है। ठोस अपशिष्ट को हम नगरीय, औद्योगिक, कृषि, अस्पताल, खनन आदि से उत्पन्न अपशिष्ट के रूप में विभाजित कर सकते हैं।

ओद्योगिक एवं नगरीय अपशिष्ट के स्त्रोत (Sources of Urban and Industrial Wastes)

नगरीय अपशिष्ट में अस्पतालों का कूड़ा, नगरीय कचरा, घरेलू कचरा, बाजार का कूड़ा, बागवानी आदि से निकला कूड़ा-कचरा शामिल हैं।

• **घरों से निकला कूड़ा**—इस तरह के कूड़े में पॉलीथीन, खाली डिब्बे, बोतल, कागज, कपड़े के टुकड़े, फल एवं सब्जियों के छिलके आदि शामिल हैं।

• **दुकानों से उत्पन्न कूड़ा**—इस कूड़े में कागज, खाली डिब्बे, बोतलें, पॉलीथीन बैग, अंडों के छिलके आदि शामिल हैं।

• **अस्पताल का कचरा**—इस तरह के कूड़े मे आप्रेशन से निकले अंग ऊतक, खून, दवाइयाँ, सुई इत्यादि शामिल हैं।

• भवन निर्माण से उत्पन्न कचरें में ईंट, पत्थर, लकड़ी, लोहा व मलबा शामिल हैं।

• बागवानी और बूचड़खाने से निकलने वाले कचरे में पत्ते, टहनियाँ, फलों और सब्जियों के छिलके, काटे गए जानवरों के बाल, पंख व ऊतक शामिल होते हैं।

शहरों से निकलने वाला कूड़ा-कचरा जो सूक्ष्मजीवों की मदद से अपघटित किया जा सकता है, जैव-अपघटनीय कचरा कहलाता है। इस तरह के अपशिष्ट के उदाहरण हैं फलों एवं सब्जियों के अंश, बचा हुआ भोजन, चाय पत्ती, अंडे के छिलके, सूखी पत्तियाँ, टहनियाँ इत्यादि। पॉलीथीन, धातु के डिब्बे, बोतलें इत्यादि का जैविक अपघटन संभव नहीं है।

• **औद्योगिक कचरा**—इस प्रकार के कचरे में कारखानों से निकला कचरा, पैकिंग के डिब्बे, कागज, अम्ल, क्षार व घातक रसायन शामिल हैं। कई प्रक्रियाओं में भारी मात्रा में हानिकारक रसायनों का उत्पादन होता है। औद्योगिक कचरे के प्रमुख स्त्रोत रसायन उद्योग, लौह एवं खनिज परिष्करण उधोग आदि हैं। ताप बिजलीघरों से भारी मात्रा में फ्लाईऐश उत्पन्न होती है। कई विकसित देशों में अपशिष्ट प्रबंधन की समस्या इतनी गहरा गई है कि अपशिष्ट का निर्यात करना पड़ता है।

ठोस अपशिष्ट के प्रभाव (Effects of Solid Wastes)

महानगरों में ठोस अपशिष्ट के ढेर, सड़कों के साथ-साथ, आसानी से देखे जा सकते हैं। लोग अपने घरों का कूड़ा बाहर फेंक देते हैं और अपने पर्यावरण के साथ सौतेला व्यवहार कर रहे हैं। ऐसी स्थिति में आसानी से गलनशील कूड़ा भी सड़कों पर सड़ता रहता है। ऐसे में मक्खी, मच्छरों, रोगाणुओं और बदबू का साम्राज्य प्रतीत होता है।

उद्योगों से निकलने वाले अपशिष्ट अपेक्षाकृत जहरीले और खतरनाक होते हैं। ऐसे कूड़े का आस-पास की मृदा, जल व वायु सभी पर प्रतिकूल प्रभाव पडता है। साधारण अपशिष्ट के साथ खतरनाक औद्योगिक अपशिष्ट भी मिल जाते हैं। ऐसे में अपशिष्ट का उपचार और भी कठिन हो जाता है। कूड़े में प्लास्टिक और लोहे के डिब्बे, बोतलें इत्यादि भी डाल दिए जाते हैं जबकि इनका पुनःउपयोग हो सकता है। प्लास्टिक के दहन से 'डाइऑक्सीन' और फ्यूरान' जैसे घातक रसायन निकलते हैं जो कैंसर को जन्म देते हैं।

ठोस अपशिष्ट का प्रबंधन (Management of Solid Wastes)

अपशिष्ट प्रबंधन के लिए अपशिष्ट का पुनःउपयोग, पुनर्चक्रण और अपशिष्ट की मात्रा में कमी लाना अति आवश्यक है।

(*i*) कच्चे माल की खपत में कमी–कच्चे माल की खपत में कमी निश्चित तौर पर अपशिष्ट उत्पादन को कम करेगी। साथ ही पुनःउपयोग और पुनर्चक्रण से आई माँग में कमी से उत्पादन की दर भी कम होगी।

(*ii*) अपशिष्ट का पुनःउपयोग–दोबारा उपयोग किये जाने वाले डिब्बे, बोतलें, प्लास्टिक आदि के सामान का पुनःउपयोग हो। इससे न केवल अपशिष्ट की मात्रा कम होगी, अपितु, उत्पादन पर बढ़ता दबाव भी कम होगा। यह तथ्य सामने आया है कि केवल गरीब लोग, धन के अभाव में, वस्तुओं का पुनःउपयोग करते हैं।

(*iii*) वस्तुओं का पुनर्चक्रण–पुनर्चक्रण से अभिप्राय है अपशिष्ट का प्रयोग करके नए साधन जुटाना कुछ उदाहरण निम्न प्रकार है–

(*a*) पुरानी वस्तुओं जैसे डिब्बों को दुबारा प्रयोग करना।

(*b*) पुरानी वस्तुओं जैसे कागज, रसोई का कचरा इत्यादि से नई वस्तुएँ जैसे अवरोधक, ईंधन आदि बनाना।

इन तरीकों को अपनाकर न केवल अपशिष्ट की मात्रा कम होगी अपितु ऊर्जा, पदार्थ एवं पैसे की भी बचत होगी।

कचरे और अपशिष्ट के निपटारे के लिए निम्नलिखित तरीके अपनाए जा सकते हैं–

(*i*) सैनिटरी लैंडफिल–इसमें कूड़े-कचरे को पतली सतहों के रूप में बिछाकर मिट्टी या प्लास्टिक से ढक दिया जाता है। आधुनिक लैंडफिल में निचली सतह को प्लास्टिक अथवा मिट्टी से अपारगम्य बना दिया जाता है। यह भूजल को धोवन के द्वारा प्रदूषित होने से बचाता है। धोवन को एक पंप के द्वारा बाहर खींचकर उपचार के लिए भेज दिया जाता है। जब लैंडफिल पूरी तरह से भर जाता है तो इसे चिकनी मिट्टी, कंकड़ आदि से ढक दिया जाता है ताकि पानी इसके अंदर न जा सके। लैंडफिल के पास कई कुएँ खोदे जाते हैं ताकि भूजल पर नजर रखी जा सके। अपघटन द्वारा उत्पन्न मीथेन गैस का प्रयोग बिजली अथवा उष्मा उत्पादन के लिए होता है।

(*ii*) कम्पोस्टिंग–बड़े शहरों में लैंडफिल के लिए पर्याप्त जगह न होने के कारण गलनशील कचरे का अपघटन ऑक्सीजन की उपस्थिति में किया जाता है जिससे उच्चकोटि का खनिज एवं पोषक तत्वों से भरपूर खाद तैयार की जाती है।

(*iii*) दहन–'ईन्सीनरेटर' उच्च तापमान पर कूड़े को जलाने के लिए प्रयोग होने वाला यंत्र है। कूड़े के दहन के दौरान 'डाइऑक्सीन' और 'फ्यूरान' जैसे खतरनाक प्रदूषक निकलते हैं। दहन के पश्चात् फ्लाईऐश भी उत्पन्न होती है। इन प्रदूषकों से निपटने के लिए आवश्यक है कि कूड़े से पहले ही रबड़, प्लास्टिक, बैटरी इत्यादि को अलग कर दें और इसका दहन न होने दें।

प्रदूषण नियंत्रण में नागरिकों की भूमिका
(Role of an Individual in Prevention of Pollution)

प्रदूषण नियंत्रण की दृष्टि से नागरिकों की भूमिका अह्म हैं और इनके योगदान का प्रभाव न केवल समुदाय, शहर, राज्य अथवा राष्ट्र के सामने आएगा; अपितु, अंतर्राष्ट्रीय स्तर पर भी पहचाना जाएगा। समस्त मानव सभ्यता, जो धरती पर निवास करती है, की जिम्मेदारी है कि वे अपने आवास, आसपास के जीव-जन्तु व वनस्पति की रक्षा करें। इस ओर उठाया गया एक कदम पर्यावरण संरक्षण की दृष्टि से सार्थक पहल होगी। संक्षेप में यह कदम अन्तर्राष्ट्रीय परिवर्तन के लिए जिम्मेदार होगा। आवश्यक है कि हमारी जीवनशैली पर्यावरण के हित में हो

- प्रदूषण नियंत्रण की अपेक्षा, प्रदूषण में कमी लाने पर जोर हो।
- प्रदूषण मुक्त उत्पादन पर जोर दिया जाए।
- सी०एफ०सी० के उत्पादन में कमी लाई जाए।
- रेफ्रीजरेटर और वातानुकुलन यंत्र में सी०एफ०सी० का प्रयोग न हो। प्रदूषण मुक्त उत्पादन हो चाहे आर्थिक दृष्टि से यह सौदा महँगा पड़े।

वायु प्रदूषण नियंत्रण के लिए स्वच्छ ईंधन जैसे हाइड्रोजन को अपनाया जाए। हाइड्रोजन उत्पादन के लिए सौर-उर्जा का प्रयोग हो-

- जीवाश्म ईंधन पर निर्भरता कम हो।
- बिजली की बचत की जाए।
- गैर-परंपरागत ऊर्जा स्त्रोतों के उपयोग पर बल दिया जाए।
- अपशिष्ट का पुन:प्रयोग और पुनर्चक्रण हो।
- यातायात के लिए सामुदायिक साधनों का प्रयोग हो।
- कृषि के लिए उचित मात्रा में रसायन और उर्वरकों का प्रयोग हो।
- अपेक्षाकृत कम हानिकारक रसायनों का प्रयोग हो।
- साबुन और अपमार्जक आदि के निर्माण में फॉस्फेट का प्रयोग न्यूनतम हो।
- रासायनिक उर्वरकों के स्थान पर जैविक खाद का प्रयोग हो।
- घातक रसायनों, विलायकों, तेल आदि का नदियों में विसर्जन न हो।
- विभिन्न क्रियाकलापों में जल का उपयोग न्यूनतम हो।
- अधिकाधिक वृक्षारोपण हो।
- जनसंख्या वृद्धि की दर पर रोक लगे।

विषय अध्ययन (CASE STUDY)

वायु प्रदूषण दुर्घटना–पिछले 75 वर्षों में बेल्जियम की मीयूज घाटी (1930) दुर्घटना से लेकर 1986 की चर्नोबिल नाभिकिय दुर्घटना तक विभिन्न वायु प्रदूषण से जुड़ी दुर्घटनाएँ सामने आईं।

डोनोरा वायु प्रदूषण दुर्घटना–डोनोरा, पेनीसिलविनिया का एक छोटा-सा कस्बा है जिसमें लौह अयस्क, जिंक परिष्करण एवं सल्फ्यूरिक अम्ल का कारखाना है। 25–31 अक्तूबर 1948 को यहाँ असामान्य धुंध देखी गई। मौसम के प्रतिचक्रवातीय अवस्था के कारण हवाओं की गति न के बराबर रही। सागर समीर के कारण कारखानों से निकलने वाले प्रदूषक घाटी में कैद होकर रह गए। धुंध की ऊपरी परत से सौर विकिरण परावर्तित होते रहे। फलस्वरूप, धुंध खत्म ही नहीं हुई। इसके अलावा रात के समय यह धुंध और भी स्थाई हो गई तथा प्रदूषकों की मात्रा बढ़ती ही गई। इसके कारण 14000 की जनसंख्या वाले कस्बे में लगभग 6000 लोग बीमार पड़ गए और 20 लोगों की मृत्यु हो गई।

भोपाल गैस त्रासदी–विश्व की सबसे भयावह औद्योगिक दुर्घटना भोपाल गैस त्रासदी मध्य प्रदेश राज्य में 2–3 दिसम्बर, 1984 में हुई। यह दुर्घटना कार्बारिल नामक कीटनाशक बनाने के लिए उपयोग किए जाने वाले रसायन मिथाइल आइसोसाइनेट (MIC) के कारण हुई। इस रसायन का रिसाव सयंत्रों की खराब देखरेख के कारण हुआ जिसकी वजह से लगभग 40 टन MIC वायुमण्डल में निकल गया जिसमें लगभग 40 किलो फॉसजीन गैस थी। सर्दियों की रात होने के कारण गैस का प्रभाव अधिक हुआ। यह गैस लगभग 40 वर्ग कि०मी० के क्षेत्र में फैल गई। इस दौरान लगभग 5100 लोग मौत का शिकार हो गए और लगभग 2,50,000 लोग इस दुर्घटना से प्रभावित हो गए। लगभग हजार लोग स्थाई तौर पर अन्धे हो गए।

लव कैनाल त्रासदी–लव कैनाल त्रासदी, नियागरा जल प्रपात के निकटवर्ती क्षेत्र में हुई। लव कैनाल का निर्माण विलियम लव ने करवाया था। बाद में इसका उपयोग हूकर कैमिकल एवं प्लास्टिक कार्पोरेशन से निकले रासायनिक अपशिष्ट के टैंकों को दबाने के लिए किया गया। इस जगह को चिकनी मिट्टी से ढककर 1953 में शिक्षा बोर्ड को बेच दिया गया और यहाँ प्राथमिक पाठशाला शुरू की गई। 1976 में यहाँ रहने वाले लोगों ने बदबू आने की शिकायत की। 1977 में दबाए गए टैंकों से अपशिष्ट निकलकर बाहर आ गया। इस अपशिष्ट में लगभग 26 घातक रसायनों की पहचानकी गई। प्रभावित परिवारों का विस्थापन किया गया और अपशिष्ट का उपचार किया गया।

भूजल में आर्सेनिक–बांग्लादेश और पश्चिम बंगाल आर्सेनिक से प्रभावित क्षेत्र हैं। आर्सेनिक प्रदूषण की पहली रिर्पोट 1978 में पश्चिम बंगाल से प्राप्त हुई। 1993 में बांग्लादेश में भी इस समस्या का पता चला। यहाँ के लोग 10 से 15 साल तक आर्सेनिक से प्रभावित रहे और फिर अचानक ही इनकी त्वचा पर आर्सेनिक का प्रभाव देखने को मिला। शुरू में होने वाले सफेद और काले धब्बे बाद में कोढ़ का रुप लेने लगे। अन्ततः ये फोड़ों और घावों का रूप लेने लगे। दीर्घ प्रभाव के कारण मूत्राशय और फेफड़ों का कैंसर भी होने लगा। आर्सेनिक से प्रभावित लोगों का सामाजिक बहिष्कार कर दिया गया। विश्व स्वास्थ्य संगठन के अनुसार, आर्सेनिक की मानक मात्रा 10 मिलीग्राम प्रति लीटर है। पश्चिम बंगाल में लगभग 4 करोड़ लोग आर्सेनिक प्रदूषित जल से प्रभावित हैं। हुगली, मुर्शिदाबाद, बेहाला और कोलकाता का दक्षिण-पूर्वी भाग इस समस्या से जूझ रहा है। जानकारी के अनुसार कीटनाशकों में लैड आर्सेनेट और कॉपर आर्सिनाइट, आर्सेनिक प्रदूषण के लिए जिम्मेदार हैं। सावधानी के तौर पर आर्सेनिक से प्रभावित ट्यूबवैलों को लाल रंग से रंग दिया गया है।

चर्नोबिल नाभिकीय दुर्घटना–यह दुर्घटना युक्रेन में 26 अप्रैल, 1986 को नाभिकीय रिऐक्टर में खराबी के कारण हुई। इस रिऐक्टर के बन्द करने के दौरान हुई असावधानी के कारण इसमें विस्फोट हो गया। तीन सैकेण्ड पश्चात् दूसरा विस्फोट हुआ और रिऐक्टर में आग लग गई। हजारों टन रेडियोधर्मी पदार्थ उत्तरी गोलार्ध के वायुमण्डल में फैल गया। इसका प्रभाव पौलेण्ड, नार्वे, डेनमार्क और स्वीडन पर पड़ा। पहले दिन 31 लोगों की मृत्यु हो गई और 239 लोगों को अस्पताल में भर्ती किया गया। आयोडीन-131, सीजियम-134 और सीजियम-137 के विसर्जन के कारण लगभग 57,16,000 लोग इनके विकिरण से प्रभावित हुए। बच्चों में थायराइड ग्रन्थी का कैन्सर प्रमुख प्रभाव रहा। इस दुर्घटना में लगभग 2000 लोग मारे गए और शेष त्वचा कैन्सर, एनिमिया व अन्य त्वचा रोगों से प्रभावित हुए। कृषि उत्पादन वर्षों तक ठप्प रहा। समस्त वनस्पति एवं जीव-जन्तु खत्म हो गए। रक्त संबंधी विकार, फेफड़ों का कैंसर, आँखों की बीमारियाँ एवं प्रजनन से सम्बन्धित बीमारियाँ सामने आई। स्वीडन और डेनमार्क में रूस के उत्पादों के आयात पर पाबंदी लगा दी गई। इस दुर्घटना के कारण अरबों रुपए का नुकसान आँका गया।

केन्द्रीय प्रदूषण नियन्त्रण बोर्ड द्वारा घोषित भारत के प्रदूषित क्षेत्र

क्रम संख्या	नाम	राज्य/केन्द्रशासित प्रदेश
1.	भद्रावती	कर्नाटक
2.	चेम्बूर	महाराष्ट्र
3.	डिगबोई	असम
4.	धनबाद	बिहार
5.	दुर्गापुर	प० बंगाल
6.	गोविंदगढ़	पंजाब
7.	ग्रेटर कोचीन	केरल
8.	हावड़ा	प० बंगाल
9.	जोधपुर	राजस्थान
10.	काला-अम्ब	हिमाचल प्रदेश
11.	कोरबा	मध्य प्रदेश
12.	मनाली	तमिलनाडु
13.	नागड़ा-रतलाम	मध्य प्रदेश
14.	नजफगढ़ डेन बेसिन	दिल्ली
15.	उत्तरी आर्कोट	तमिलनाडु
16.	पाली	राजस्थान
17.	परवाणु	हिमाचल प्रदेश
18.	पत्तनचेरू-बोलाराम	आंध्रप्रदेश
19.	सिंगरोली	उत्तर प्रदेश
20.	तालचेर	उड़ीसा
21.	वापी	गुजरात
22.	विशाखापटनम	आंध्रप्रदेश
23.	तारापुर	महाराष्ट्र
24.	अंकलेश्वर	गुजरात

स्रोत : वार्षिक रिपोर्ट, केन्द्रीय प्रदूषण नियन्त्रण बोर्ड (2002-2003).

प्राकृतिक आपदा प्रबंधन (Disaster Management)

पृथ्वी के विकास में ज्वालामुखी विस्फोट, भूकंप, बाढ़, भू-स्खलन आदि प्राकृतिक क्रियाओं की महत्त्वपूर्ण भूमिका रही है। परंतु, जब जब इनका प्रभाव आवासीय क्षेत्रों में हुआ, निश्चित ही ये विनाशकारी रही हैं।

■ भूकंप (Earthquake)

भूकंप भूपर्पटी में हुई अचानक हलचल का परिणाम है। पृथ्वी पर विभिन्न महाद्वीपीय प्लेट हैं जो निरंतर, एक-दूसरे के सापेक्ष, गति करती रहती हैं। जब घर्षण के कारण सामान्य गति न हो पाए तो घर्षण और झटकों के कारण भूकंप का जन्म होता है। जहाँ से भूकंप के कंपन का जन्म हो उसे भूकंप का केन्द्र कहते हैं। भूकंप की तीव्रता रिक्टर पैमाने पर मापी जाती है।

रिक्टर पैमाना	भूकंप की तीव्रता
< 4	बहुत कम
4 - 4.9	कम
5 - 5.9	सामान्य नुकसान देने वाली
6 - 6.9	अधिक नुकसान देने वाली
7 - 7.9	विनाशक
> 8	अतिविनाशक

सबसे अधिक विनाशक भूकंप चिली में 22 मई, 1960 को आया जिसकी तीव्रता रिक्टर पैमाने पर 9.5 थी। इस भूकंप में 90,000 वर्ग मील क्षेत्र प्रभावित हुआ और लगभग 6,000 लोग मारे गए।

गुजरात के भुज क्षेत्र में आए भूकंप में भी करोड़ों का नुकसान हुआ, 20,000–30,000 लोग मारे गए और सैंकड़ों घायल हुए। यह भूकंप 5.3 मेगाटन की शक्ति के हाइड्रोजन बम विस्फोट की शक्ति के सापेक्ष था।

भूकंप के कारण जन्मी जल-तरंगों को 'सुनामी' कहते हैं। तटीय क्षेत्र में ये भारी विनाश करती हैं। इन तरंगों के परिणामस्वरूप जलधाराएँ 1000 कि०मी०/घंटा की रफ्तार से गति करती हैं और तट तक पहुँचने तक ये 15 मीटर से 65 मीटर तक की ऊँचाई ग्रहण कर लेती हैं। इन सुनामी तरंगों के कारण चीन में 1556 ई० में 8,30,000 और 1976 में लगभग 50,000 लोग मारे गए।

मनुष्य द्वारा अपनाई गई विकास परियोजनाएँ भी भूकंपों को बढ़ावा देती हैं। ऐसी परियोजनाएँ हैं–

(1) बाँधों के पीछे अधिक मात्रा में जल-संचय।
(2) भूमिगत नाभिकीय परीक्षण।
(3) तरल अपशिष्ट का भूमिगत विसर्जन।

भूकंपों से होने वाले विनाश के प्रभाव को कम करने के लिए कुछ खास प्रयास होने चाहिए, जैसे, भूकंप-रोधी भवनों का निर्माण हो। भूकंप संवेदनशील क्षेत्रों में आवासीय परियोजनाओं को न रखा जाए। ऐसे क्षेत्रों में लकड़ी के मकानों को बढ़ावा दिया जाए। संवेदनशील क्षेत्रों में बाँध निर्माण, खनन व नाभिकीय परीक्षण न किए जाएँ और बाँधों के पीछे क्षमता से अधिक जल-संचय न किया जाए।

■ बाढ़ (Floods)

नदियाँ अपनी क्षमता के अनुसार ही जल का वहन कर सकती हैं। अचानक हुई अतिवृष्टि अथवा बर्फ के पिघलने के कारण नदियों का जल-स्तर अचानक बढ़ जाता है। यह जल किनारों को तोड़कर आसपास के क्षेत्रों में भर जाता है। ऐसी स्थिति को हम बाढ़ कहते हैं। बाढ़ में अन्य आपदाओं की अपेक्षा जानें तो कम जाती हैं, परंतु, इसमें संपत्ति का नुकसान अधिक होता है। ऐसे में संदूषण चरम पर होता है और महामारी जन्म लेती है।

चित्र 5.8. उत्तराखंड में 2012 की अचानक आई बाढ़ में बह गई एक इमारत।

बाढ़ों को बढ़ावा देने में हमारी क्रियाओं का योगदान भी रहा है। सड़कों, घरों व वाणिज्यिक परिसरों के निर्माण के फलस्वरूप जल के प्रवाह एवं भूमि में अन्त:स्त्रवण का क्षेत्र बहुत कम रह गया है। ऐसे में सीमित क्षेत्र से अधिक जल का प्रवाह निश्चित रूप से बाढ़ को बढ़ावा देगा। कृषि के लिए जंगलों का सफाया भी बाढ़ को बढ़ावा देगा। भारत में उत्तर प्रदेश बाढ़ से सर्वाधिक प्रभावित क्षेत्र माना गया है। कुल 40 मिलियन हैक्टेयर बाढ़ संवेदनशील क्षेत्र का 20% भाग उत्तर प्रदेश में है। बाढ़ से प्रभावित निचले क्षेत्र और बाढ़ के पश्चात खाली पड़े क्षेत्र बाढ़ नियंत्रण में सहायता करते हैं। बाढ़ को रोकने के लिए बनाए गए बाँध और नदियों की खुदाई के कारण निचले क्षेत्रों में बाढ़ की संभावनाएँ बढ़ती हैं।

तालिका 5.4 में भारत में होने वाली प्राकृतिक आपदाओं का विवरण है। औसतन, प्रतिवर्ष भारत में एक प्राकृतिक आपदा आती है। इन आपदाओं में जीवन और संपत्ति का भारी नुकसान होता है। हमारे देश में प्राकृतिक आपदाओं को कम करने और उनके प्रबंधन के विषय पर गहन विचार की आवश्यकता है।

बाढ़ों को नियंत्रित करने के लिए नदियों और झीलों को नया रूप देना होगा, नदियों की खुदाई करनी होगी, छोटे नालों और नहरों को सुचारू करना होगा और बाढ़ प्रभावित क्षेत्रों पर विशेष ध्यान देना होगा। इन क्षेत्रों में आवासीय परिसर की अपेक्षा मनोरंजन पार्क आदि की परियोजना को बढ़ावा देना होगा। नदियों को जोड़ा जाना भी इस ओर सहायक कदम होगा।

तालिका 5.4 : भारत में होने वाली प्राकृतिक आपदाएँ

आपदा	क्षेत्र	प्रभावित जनसंख्या (मिलियन)
बाढ़	भारत में 40 मिलियन हैक्टेयर क्षेत्र में 8 प्रमुख नदी, घाटियाँ हैं	260
सूखा	भारत के 14 राज्यों में, आंध्र प्रदेश, बिहार, गुजरात, हरियाणा, जम्मू-कश्मीर, कर्नाटक, मध्य प्रदेश, महाराष्ट्र, उड़ीसा, राजस्थान, तमिलनाडु, उत्तर प्रदेश, प० बंगाल, हिमाचल, के 116 जिलों व 740 खंडों में फैला हुआ है।	86
भूकंप	लगभग 55% भूभाग भूकंप संवेदनशील क्षेत्र IV और V में फैला हुआ है।	400
तूफान	5700 कि०मी० लंबी तटीय रेखा जो गुजरात, महाराष्ट्र, गोवा, कर्नाटक, केरल, तमिलनाडु, आंध्र प्रदेश, उड़ीसा और प० बंगाल से सटी है। इसके अलावा पाँडिचेरि, अंडमान-निकोबार व लक्षद्वीप द्वीप समूह।	10
भू-स्खलन	हिमालय और पश्चिमी घाट	10

स्रोतः 'स्टेट ऑफ एन्वायरमेंट, 1995, पर्यावरण एवं वन मंत्रालय, भारत सरकार।

■ भू-स्खलन (Landslides)

गुरुत्वाकर्षण के कारण पहाड़ों पर चट्टानों और मिट्टी के नीचे की ओर खिसकने की प्रक्रिया को भू-स्खलन कहते हैं। जमीन और चट्टानों का मंद गति से खिसकना चिंता का विषय नहीं है। चट्टानों और मिट्टी का अचानक खिसक जाना खतरनाक है।

जल और वनस्पति भू-स्खलन से जुड़े हैं। जल धीरे-धीरे चट्टानों से रासायनिक अभिक्रिया और अपरदन करके उनकी पकड़ कम कर देता है। ऐसे में भू-स्खलन की संभावना बढ़ जाती है। जबकि वनस्पति चट्टानों को बाँधकर रखने का काम करती है। वृक्षों की जड़े चट्टानों को खिसकने से रोकती हैं और जल द्वारा होने वाले अपरदन की दर को भी कम करती है।

अन्य कारक जो भू-स्खलन को प्रभावित करते हैं–

(1) भूकंप और कंपन

(2) चट्टानों की हलचल

(3) अपसादों में जल की अधिकता

(4) पहाड़ों पर सड़क एवं आवास निर्माण।

भू-स्खलन का नियंत्रण करना कठिन है, परंतु, इनकी दर निम्नलिखित उपायों द्वारा कम की जा सकती है–

(1) सतही एवं भूमिगत जल की उचित निकासी।

(2) तार और पत्थरों द्वारा अपरदन और स्खलन कम करना।

(3) पहाड़ी ढलानों पर कंक्रीट के खंड बनाकर स्खलन रोकना।

■ समुद्री तूफान (Cyclones)

समुद्री तूफान उष्ण-कटिबंधीय तटीय प्रदेशों में सामान्य विषय है। उष्ण-कटिबंधीय तूफान उच्च तापमान व आर्द्रता के कारण उत्पन्न होते हैं। समुद्री तूफान के लिए यह आवश्यक है कि समुद्र का सतही तापमान 26°C से अधिक हो। उष्ण-कटिबंधीय चक्रवात ज्यादातर भूमध्य रेखा के पास महासागरों के गर्म पानी के ऊपर बनते हैं। ऊपर उठती गर्म और नम हवा इसके नीचे कम दबाव का क्षेत्र बनाती है। इसके बाद आसपास से ठंडी हवा इन क्षेत्रों में आ जाती है। यह ठंडी हवा भी गर्म हो जाती है एवं ऊपर की ओर उठती है और अतिरिक्त ठंडी हवा अंदर आने का कारण बनती है। इस घटना की पुनरावृत्ति से चक्रवाती तूफान बनाता है।

उष्ण-कटिबंधीय चक्रवात एक कताई की तरह घूमते लट्टू (ज्वच) की तरह होता है जिसके केंद्र में एक शांत और स्पष्ट आँख बनती है। उष्ण-कटिबंधीय तूफान का नाम आधिकारिक तौर पर उन तूफानों को दिया जाता है जब हवा की गति 119 किमी प्रति घंटे तक पहुँच जाती है। परभूमि से टकराने से, उष्ण-कटिबंधीय चक्रवात कमजोर हो जाते हैं क्योंकि अब गर्म महासागर ऊष्मीय ऊर्जा और नमी प्रदान नहीं करते हैं जिसकी उनको चलाने के लिए बहुत आवश्यकता होती है। भारी बारिश और तेज हवाएँ बड़े क्षेत्र में तबाही मचाती हैं। अटलांटिक महासागर में इन तूफानों को 'हरीकेन', कैरीबिया और उत्तर-पूर्वी प्रशांत महासागर में 'टाईफून' और हिंदमहासागर में इन्हें 'विली विलीज' का नाम दिया गया है। अरब सागर की अपेक्षा बंगाल की खाड़ी में अधिक तूफान आते हैं। वर्षभर में आने वाले 5–6 तूफानों में 50% विनाशक होते हैं। हरीकेन वायुधाराएँ (74 मील प्रति घंटा या अधिक), वर्षा और तूफान (चक्रवातीय वर्षा) अक्सर पूरे क्षेत्र को प्रभावित करती हैं। ज्वार के समय यह तबाही और भी अधिक होती है। समुद्र का खारा जल भी तटीय प्रदेशों में अंदर तक प्रवेश कर जाता है।

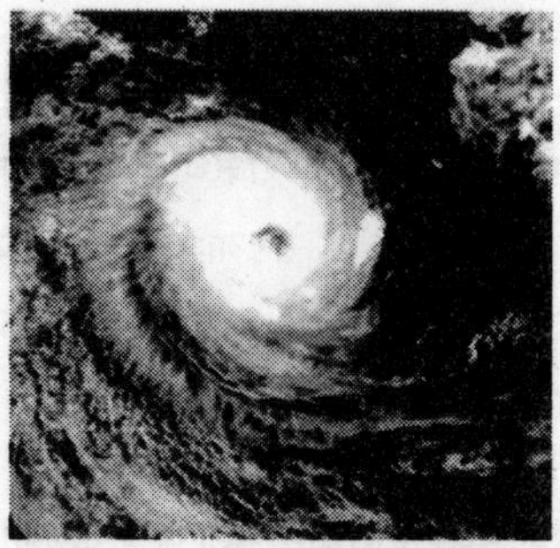

चित्र 5.9. चक्रवात कैटरीना की छवि

प्रबंधन–तूफानों का नियंत्रण कठिन है। चिरकालीन प्रबंधीय तरीके ही इनसे होने वाले नुकसान को कम कर सकते हैं। ऐसे तरीके हैं वृक्षारोपण, तटीय क्षेत्रों में बाँधों का निर्माण, डाईकों का निर्माण, समुचित जल-निकास इत्यादि।

प्रश्न-अभ्यास

1. 'प्रदूषण' की परिभाषा दीजिए। विभिन्न वायुमंडलीय प्रदूषकों के नाम दीजिए।
2. वायु प्रदूषण के लिए उत्तरदायी प्राकृतिक एवं मानव-जनित प्रदूषक कौन से हैं?
3. घरेलू वायु प्रदूषण पर टिप्पणी लिखें।
4. वायु प्रदूषण के दुष्प्रभावों का वर्णन कीजिए।
5. वायु-प्रदूषण नियंत्रण के विभिन्न तरीकों का वर्णन कीजिए।
6. अंतर स्पष्ट करें–
   (*i*) ध्वनि एवं शोर
   (*ii*) मनुष्य के कान की श्रवण-क्षमता और दर्द-क्षमता।
7. ध्वनि प्रदूषण के स्रोत, प्रभाव एवं नियंत्रण पर संक्षिप्त टिप्पणी लिखें।
8. दीवाली के दौरान शोर का वर्णन करें। इसकी रोकथाम के उपायों का वर्णन करें।
9. सतही एवं भूमिगत जल-प्रदूषण के प्रमुख स्रोतों का उदाहरण सहित वर्णन करें।
10. निम्नलिखित पर संक्षिप्त टिप्पणी लिखें–
    (क) मिनामाता बीमारी (ख) जैव-सांद्रण
    (ग) इटाई-इटाई बीमारी (घ) ब्लू-बेबी सिंड्रोम
    (ङ) जैविक ऑक्सीजन माँग
11. जल-प्रदूषण के दुष्प्रभावों एवं उनके नियंत्रण का वर्णन करें।
12. तापीय प्रदूषण से क्या अभिप्राय है? इसके दुष्प्रभावों एवं नियंत्रण के उपायों का वर्णन कीजिए।

13. महासागरीय प्रदूषण के विभिन्न स्रोतों का वर्णन कीजिए। महासागरों के प्रदूषण को किस प्रकार रोका जा सकता है?
14. मृदा-प्रदूषण के प्रमुख स्रोत क्या हैं? यह मृदा की उत्पादकता को किस प्रकार प्रभावित करता है? मृदा-प्रदूषण की रोकथाम के क्या उपाय हैं?
15. रेडियोधर्मिता से क्या अभिप्राय है? रेडियोधर्मिता के प्रमुख स्रोत क्या हैं?
16. आयनीकरण विकिरण (Ionisation radiations) के दुष्प्रभावों का वर्णन करें।
17. 'ठोस अपशिष्ट' क्या है? महानगरीय और औद्योगिक ठोस अपशिष्ट के प्रमुख स्रोत क्या हैं?
18. ठोस अपशिष्ट से होने वाले दुष्प्रभाव क्या हैं? इसके प्रबंधन के उपाय बताएँ।
19. आप, व्यक्तिगत स्तर पर, किस प्रकार पर्यावरण प्रदूषण को नियंत्रित कर सकते हैं? ऐसे प्रयास व्यक्तिगत स्तर पर क्यों महत्वपूर्ण हैं?
20. निम्नलिखित पर संक्षिप्त टिप्पणी लिखें–
    (क) डोनोरा वायु प्रदूषण दुर्घटना (ख) भोपाल गैस त्रासदी
    (ग) लव कैनाल त्रासदी (घ) चर्नोबिल नाभिकीय दुर्घटना
21. भूकंप क्यों आते हैं? भारत में हुई किसी एक भूकंप आपदा का वर्णन करें।
22. निम्नलिखित पर संक्षिप्त टिप्पणी लिखें–
    (क) बाढ़ (ख) भू-स्खलन
    (ग) चक्रवात

वस्तुनिष्ठ प्रश्न

(क) खाली स्थान भरें–

1. तापीय बिजलीघरों से निकलने वाले प्रमुख प्रदूषक ······ और ······ हैं।
2. वाहनों के धुएँ में अधिकतम मात्रा ······ की होती है।
3. वाहनों के दहन के दौरान उत्पन्न सल्फर-डाई-ऑक्साइड गैस कोयले में उपस्थित ······ के आक्सीकरण से पैदा होती है।
4. कार्बन-मोनो-ऑक्साइड की हीमोग्लोबिन से क्रिया करने की दर ऑक्सीजन से ······ गुणा अधिक है।
5. वायु प्रदूषक पौधों में ······ द्वारा प्रवेश करके नुकसान पहुँचाते हैं।
6. शोर की तीव्रता को ······ द्वारा दर्शाया जाता है।
7. कान में दर्द पैदा करने वाले शोर का स्तर ······ डेसीबल है।
8. पर्यावरण (संरक्षण) नियम (द्वितीय संशोधन, 1999) के अनुसार पटाखों के शोर की निर्धारित सीमा ······ डेसीबल है।

9. मिनामाता बीमारी ...... से संदूषित मछलियों को खाने से हुई।
10. ब्लू बेबी सिंड्रोम जल में ...... की उपस्थिति के कारण होता है।
11. बिजलीघर जीवाश्म ईंधन से प्राप्त कुल उर्जा का ...... भाग उपयोग करते हैं।
12. रेडियोधर्मी स्ट्रोंशियम ...... के स्थान पर एकत्र होकर हड्डियों को प्रभावित करता है।
13. भूकंप का वह क्षेत्र जहाँ कंपन्न का पहला झटका अनुभव हो ...... कहलाता है।
14. चक्रवातों के विभिन्न रूप ......, ... और ...... हैं।

(ख) निम्नलिखित में सही/गलत की पुष्टि कीजिए–

1. सिगरेट के धुएँ से निकला बैंजो-अल्फा-पाइरीन कैंसर का कारण है। (सही/गलत)
2. सल्फर-डाई-ऑक्साईड श्वसन नली को प्रभावित नहीं करती। (सही/गलत)
3. कोयले के धोवन से सल्फर नहीं निकलता। (सही/गलत)
4. ध्वनि किसी माध्यम के बिना गति नहीं कर सकती। (सही/गलत)
5. रॉकेट का ईंजन 90 डेसीबल शोर करता है। (सही/गलत)
6. दीवाली पर सायं 6 बजे से रात 10 बजे तक पटाखों पर प्रतिबंध है। (सही/गलत)
7. भूजल की मृदा द्वारा संदूषित होने की संभावनाएँ कम हैं। (सही/गलत)
8. भूजल प्रदूषण का उपचार नहीं हो सकता। (सही/गलत)
9. जल में उपस्थित उष्मा संवेदनशील प्रजातियों को प्रभावित नहीं करती। (सही/गलत)
10. जैव ऑक्सीजन माँग रासायनिक ऑक्सीजन माँग से, सदैव, अधिक होती है। (सही/गलत)
11. अधिक तापमान विलयित ऑक्सीजन की मात्रा को बढ़ा देता है। (सही/गलत)
12. ठोस अवशिष्ट जो सूक्ष्म जीवों द्वारा अपघटित कर दिया जाए, गैर-अपघटनीय अवशिष्ट कहलाता है। (सही/गलत)
13. बाढ़ हर पदार्थ को संदूषित कर देती है। (सही/गलत)
14. भू-स्खलन मृदा एवं चट्टानों के नीचे खिसकने के कारण होता है। (सही/गलत)

(ग) सही उत्तर चुनिए–

1. सबसे महत्वपूर्ण घरेलू वायु प्रदूषक है

(क) SO_2 (ख) CO_2

(ग) NO_2 (घ) रेडॉन गैस

2. वायु-प्रदूषकों द्वारा पत्तों की संरचना को नुकसान का परिणाम है

(क) पत्तों पर मृत क्षेत्रों का बनना (ख) क्लोरोफिल में कमी

(ग) पत्तों का झड़ना (घ) ऊपर दिए गए सभी

3. वायु-प्रदूषक वर्षा के साथ मिलकर बनाते हैं

(क) अधिक अम्लता (ख) कम अम्लता

(ग) सामान्य स्थिति (घ) इनमें से कोई नहीं

4. औद्योगिक अवशिष्ट में घातक हो सकते हैं-

(क) रसायन (ख) फिनोल

(ग) अम्ल (घ) ऊपर दिए गए सभी

5. जल में विलयित ऑक्सीजन आती है

(क) जलीय पौधों में प्रकाश संश्लेषण द्वारा

(ख) वायुमंडल से

(ग) इनमें से कोई नहीं

(घ) ऊपर दिए गए दोनों

6. जापान में इटाई-इटाई बीमारी का कारण था-

(क) पारा (ख) लोहा

(ग) कैडमियम (घ) जिंक

7. तापीय प्रदूषण नियंत्रित किया जा सकता है-

(क) प्रशीतन तालाबों द्वारा (ख) छिड़काव तालाबों द्वारा

(ग) प्रशीतन मीनारों द्वारा (घ) ऊपर दिए गए सभी

8. जल में तेल मछलियों के किन भागों पर प्रभाव डालता है?

(क) गलफड़ों पर (ख) त्वचा पर

(ग) आँखों पर (घ) इनमे से कोई नहीं

9. निम्नलिखित में किसकी भेदन क्षमता अधिक है-

(क) अल्फा कण (ख) बीटा कण

(ग) गामा कण (घ) इनमें से कोई नहीं

10. भोपाल गैस त्रासदी किस गैस के रिसने से हुई?

(क) मिथाईल आइसो साइनेट (ख) डी०डी०टी०

(ग) SO_2 (घ) डाईऑक्सीन

11. निम्नलिखित में कौन भूकंप की तीव्रता को बढाते हैं?

(क) बड़े बाँध

(ख) भूमिगत नाभिकीय परीक्षण

(ग) तरल अवशिष्टों का भूमिगत निष्कासन

(घ) ऊपर दिए गए सभी।

इकाई

6 पर्यावरण एवं सामाजिक मुद्दे

Social Issues and the Environment

मनुष्य जीवन में सामाजिक और प्राकृतिक दोनों ही घटक महत्वपूर्ण हैं । हमारे तकनीकी विकास के प्रभाव भी सामाजिक और प्राकृतिक, दोनों घटकों पर पड़े हैं। जब भी हम विकास की बात करते हैं, यह केवल उन पूँजीपतियों तक ही सीमित नहीं है जो समाज का एक छोटा-सा भाग होते हुए भी अधिकतम लाभ बटोर रहे हैं। विकास का अर्थ कुल राष्ट्रीय उत्पाद में विकसित देशों की बढ़ोतरी भी नहीं है। विकास का अर्थ है सभी को लाभ और वह भी केवल वर्तमान पीढ़ी के लिए नहीं अपितु भविष्य में आने वाली पीढ़ियों के लिए भी।

पर्यावरण और इससे जुड़े सामाजिक मुद्दों को आपस में जोड़ना आवश्यक है। इस इकाई में हम पर्यावरण से जुड़े सामाजिक मुद्‌दों का अध्ययन करेंगे।

■ सतत विकास की ओर (From Unsustainable to Sustainable Development)

'सतत विकास (Sustainable development) एक ऐसी प्रक्रिया है जिसमें यह सुनिश्चित किया जाता है कि वर्तमान पीढ़ी की आवश्यकताओं को पूरा करने के साथ-साथ भावी सन्तति की आकांक्षाओं और आवश्यकताओं की आपूर्ति में कोई कठिनाई न हो।' यह परिभाषा नार्वे राष्ट्र के प्रधानमंत्री जी०एच० ब्रुंटलैंड ने दी थी। आज सतत विकास एक ज्वलनशील मुद्दा है और इसके नाम पर सैकड़ों कार्यक्रम शुरू किए गए हैं। अगर आप यह जानना चाहें कि कोई परियोजना सतत विकास के सिद्धान्तों के अनुरूप है कि नहीं तो निम्नलिखित तथ्यों को ध्यान में रखना आवश्यक है। कहीं यह जैव-विविधता के लिए खतरा तो नहीं है? कहीं इससे मृदा-अपरदन तो नहीं होगा? क्या यह जनसंख्या-विस्फोट को रोकने में सहायक है? क्या यह वन-क्षेत्रों को बढ़ावा देता है? क्या यह SO_2, NO_x और CFC गैसों का निकास कम करता है? क्या यह अपशिष्ट उत्पादन में कमी लाता है और क्या इससे सभी को समान लाभ पहुँचता है? सतत विकास के लिए ये कुछ महत्वपूर्ण घटक हैं।

अब तक का विकास मनुष्य पर केन्द्रित रहा है और वह भी केवल विकसित राष्ट्रों में। परन्तु यह देखने की बात है कि उन्होंने किस कीमत पर वैज्ञानिक और तकनीकी बुलंदियों को छुआ है? इससे हवा, पानी और भोजन, तीनों प्रदूषित हुए हैं तथा हमारे प्राकृतिक संसाधनों का अत्यधिक दोहन हुआ है। अगर यही दौर चलता रहा तो वह दिन दूर नहीं जब हम, मीडोस की विश्व-प्रसिद्ध रिपोर्ट 'विकास की सीमाएँ' में वर्णित, साक्षात प्रलय से अभिमुख होंगे। यह अनियंत्रित विकास का परिणाम ही होगा कि पृथ्वी व इससे जुड़े सभी निकायों का संतुलन टूट जाएगा।

हालाँकि अनियंत्रित विकास से संबंधित हानि की ओर हमारा ध्यान 70 के दशक में ही चला गया था, परन्तु अन्तर्राष्ट्रीय स्तर पर परिचर्चा रियो-डि-जनेरियो, ब्राजील में 1992 की 'संयुक्त राष्ट्र पर्यावरण एवं विकास पर संगोष्ठी' में हुई जो 'पृथ्वी सम्मेलन' के नाम से जानी जाती है। रियो घोषणा का उद्देश्य 'अन्तर्राष्ट्रीय स्तर पर सभी राष्ट्रों में परस्पर सहयोग' था। इसकी एक प्रमुख घोषणा 'एजेंडा-21' में सामाजिक, आर्थिक व राजनैतिक परिदृश्य में इक्कीसवीं सदी में सतत विकास के लिए अन्तर्राष्ट्रीय कार्यक्रम की रूपरेखा प्रस्तुत की गई।

सतत विकास के महत्वपूर्ण पहलू निम्नलिखित हैं–

(1) **अन्तर्सन्तति समानता (Inter-generational equity)**– इसके अन्तर्गत भावी पीढ़ियों के लिए स्वच्छ प्राकृतिक वातावरण और प्राकृतिक संसाधनों को सहेजकर रखने के विषय पर बल दिया गया है। अर्थात् हमें आने वाली सन्तति को सुरक्षित तथा प्रचुर भंडार सौंपने हैं। यह तभी संभव होगा जब हम संसाधनों का बुद्धिमानी से प्रयोग करें और अत्यधिक दोहन को कम करने के साथ-साथ उनसे उत्पादित अपशिष्ट पदार्थों में भी कमी लाएँ।

(2) **अन्तःसन्तति समानता (Inter-generational equity)**– इसके अन्तर्गत विकसित और विकासशील देशों के बीच आर्थिक दृष्टि से बढ़ती हुई दूरी को कम करने पर जोर दिया गया है। वर्ष 2001 की संयुक्त राष्ट्र की मानव संसाधन विकास रिपोर्ट में भी यह कहा गया है कि तकनीकी से मिलने वाले लाभों का प्रयोग अन्तःसन्तति समानता को स्थापित करने के लिए किया जाए। उच्च तकनीकी का उपयोग गरीब और विकासशील देशों में कृषि के लिए उन्नत बीज, महामारी से निपटने के लिए रोगरोधी दवाइयाँ, बढ़िया ईंधन आदि की सुविधाएँ जुटाने के लिए हो। सही मायने में यही तकनीकी विकास गरीब देशों के आर्थिक विकास में सहायक होगा और विकसित और विकासशील देशों के बीच बढ़ती दूरी को कम करने में सहायक होगा।

■ सतत विकास के उपाय (Measures for Sustainable Development)

सतत विकास के कुछ महत्वपूर्ण उपाय निम्नलिखित हैं–

(1) **सही तकनीकी का प्रयोग**–इसके अन्तर्गत ऐसी तकनीकी के प्रयोग पर बल दिया गया है जिनसे उत्पादन अधिक और अपशिष्ट कम पैदा हों।

क्षेत्र-विशेष की स्थिति को ध्यान में रखते हुए ऐसी तकनीकी ही श्रेष्ठ है जो न्यूनतम ऊर्जा का उपयोग करके अधिकतम उत्पादन दें। इस अवधारणा को 'प्रकृति के अनुरूप रूपरेखा' भी कहा गया है।

(2) **पुनर्चक्रण (Recycling)**—किसी भी संसाधन का बुद्धिमत्ता से जरूरत के अनुसार उपयोग, उत्पादों का पुनर्प्रयोग एवं इन्हें कचरे में फेंकने की बजाय इनका पुनःउत्पादन ही इस व्यवस्था का सिद्धांत है। इन मूल्यों को जीवन में अपनाकर संसाधनों पर बढ़ते दबाव को तो कम किया ही जा सकता है, साथ ही प्रदूषण को भी कम किया जा सकता है।

(3) **पर्यावरण शिक्षा व जनजागरूकता**—पर्यावरण शिक्षा का शिक्षा-प्रणाली में अपनाया जाना लोगों में जागरूकता लाने में और निश्चित तौर पर पृथ्वी और पर्यावरण के लिए सौतेली विचारधारा में भी परिवर्तन लाने में विशेष रूप से प्रभावकारी होगा। स्कूली छात्रों का पर्यावरण-ज्ञान निश्चित ही पृथ्वी के प्रति निकटता और प्रेम को बढ़ावा देगा और सतत विकास के लिए इसके दूरगामी परिणाम होंगे।

(4) **संसाधनों का वहन क्षमता के अनुरूप प्रयोग**—किसी भी तंत्र की एक निश्चित सीमा तक जीवों को बनाए रखने की क्षमता, वहन क्षमता (carrying capacity) कहलाती है। मनुष्य के विषय में देखें तो वहन क्षमता एक जटिल प्रक्रिया है क्योंकि मनुष्य भोजन के अलावा अन्य साधनों के लिए भी प्रकृति पर निर्भर करता है।

किसी भी तंत्र की सततता उसकी 'वहन क्षमता' पर आधारित है। अगर सामर्थ्य क्षमता की सीमा टूट जाए तो निश्चित ही प्राकृतिक संतुलन डगमगा जाएगा और इसे पुनः स्थापित करना आसान न होगा।

वहन क्षमता को हम दो आधारभूत घटकों में विभाजित करते हैं—

(1) पोषण क्षमता (Supporting capacity अर्थात् पुनरउत्पादन की क्षमता।

(2) आत्मसात करने की क्षमता (Assimilative capacity) अर्थात् अपशिष्टों को सहने की क्षमता।

सततता को प्राप्त करने हेतु उपर्युक्त दो घटकों के अनुरूप संसाधनों का उपयोग महत्वपूर्ण है। यह आवश्यक है कि संसाधनों का उपयोग इनके दोहन की दर से अधिक न हो और कोई भी तंत्र आत्मसात क्षमता को पार न करे।

इस प्रकार सामाजिक क्षेत्रीय और वैज्ञानिक और पारिस्थितिक आयाम को, जैसे चित्र 6.1 में दिखाया गया है, वैश्विक स्तर पर एकीकृत करके सतत विकास हो सकता है।

धरती और इसके संसाधन सभी के लिए समान हैं, इस पर विचार करने से सतत विकास संभव है। जनता की भागीदारी, विभिन्न राष्ट्रों की विकास में भूमिका और पारिस्थितिक संतुलन, इक्विटी, तकनीकी नवाचार, आर्थिक और संसाधन संरक्षण और संरक्षणवादी जीवन शैली विकसित करने के लिए समान रूप से महत्वपूर्ण है।

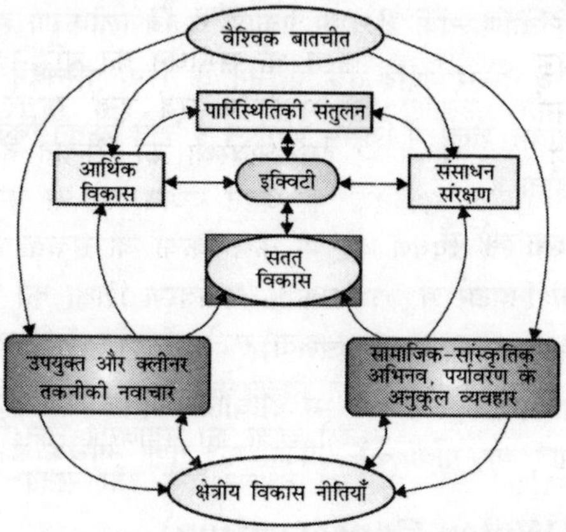

चित्र 6.1. सतत विकास के लिए बहुआयामी मॉडल

■ भारतीय परिदृश्य (The Indian Context)

भारत अभी भी सतत विकास की मंजिल से मीलों दूर है। हमें आर्थिक विकास के साथ-साथ अन्य क्षेत्रों में विकास के तरीके खोजने होंगे। भारत की जनसंख्या और प्राकृतिक विविधता को ध्यान में रखते हुए एक सुव्यवस्थित योजना अत्यावश्यक है। सन् 1972 में स्थापित 'राष्ट्रीय पर्यावरण योजना एवं सहयोग परिषद्' उस समय की एकमात्र ऐसी संस्था थी जो पर्यावरण की दृष्टि से बनी थी। 1985 में वन एवं पर्यावरण मंत्रालय का गठन हुआ। तत्पश्चात् हमारे देश में सतत विकास की दिशा में महत्वपूर्ण दिशा-निर्देश निर्धारित किये गए हैं।

■ उर्जा से संबंधित शहरी समस्याएँ (Urban Problems Related to Energy)

शहर हमारे आर्थिक विकास, व्यापार, शिक्षा एवं रोजगार के प्रमुख केन्द्र हैं। कुछ वर्ष पूर्व तक, भारत की अधिकतर जनसंख्या गाँवों में रहती थी और उनकी आर्थिक गतिविधियाँ कृषि, पशुपालन, मछली उत्पादन, शिकार व कुटीर उद्योगों तक ही सीमित थीं। औद्योगिक क्रांति के बाद पिछले 200 वर्षों में ही शहरों के विस्तार ने रफ्तार पकड़ी है। वर्तमान समय में विश्व की लगभग 50 प्रतिशत जनसंख्या शहरों में पाई जाती है और आज भी रोजगार की तलाश में शहरों की ओर पलायन जारी है। शहरीकरण की दर इतनी बढ़ गई है कि औद्योगिक इकाइयों, वाणिज्य संस्थानों और आवासीय क्षेत्रों का एक निश्चित शहरी क्षेत्र में विकास असंभव सा हो गया है। फलस्वरूप शहरों का विस्तार आस-पास के इलाकों में प्रवेश कर गया है। विकासशील देशों में भी शहरीकरण रफ्तार पकड़ चुका है। गाँवों की अपेक्षा शहरों में जनसंख्या बढ़ रही है और उर्जा व अन्य पदार्थों की माँग बढ़ रही है। इसके साथ ही शहरों में अपशिष्ट की मात्रा भी बहुत अधिक बढ़ गई है। शहरों में उर्जा की माँग गाँवों की अपेक्षा कहीं अधिक है। इसका मुख्य कारण है शहरों में संसाधनों का अधिकाधिक उपयोग और उच्च जीवन-स्तर। शहरों में निम्नलिखित क्षेत्रों में उर्जा की माँग व आवश्यकता में बढ़ोतरी आई है–

(1) आवासीय व वाणिज्यिक क्षेत्रों में प्रकाश व बिजलीकरण हेतु
(2) कार्य-स्थल व दफ्तर आदि तक पहुँचने के लिए परिवहन के साधनों में
(3) आधुनिक जीवन-शैली में जिसमें प्रतिदिन न जाने कितने बिजली के उपकरणों का प्रयोग होता है
(4) औद्योगिक इकाइयों में
(5) अपशिष्ट के निपटारे में
(6) वायु एवं जल-प्रदूषण के नियंत्रण में।

अधिक जनसंख्या घनत्व और उर्जा पर आधारित गतिविधियों के कारण शहरों में उर्जा से संबंधित समस्याएँ भी, गाँवों की अपेक्षा, कई गुणा अधिक हैं।

■ जल-संरक्षण (Water Conservation)

जल जीवन का एक महत्वपूर्ण अंग है और जल का संरक्षण अति-आवश्यक है। जल-संरक्षण हेतु हमें निम्नलिखित तथ्यों पर गौर करना चाहिए-

(1) **जलवाह की रोकथाम-** वर्षा का अधिकतर जल, मृदा में अन्तःस्यंदन अर्थात् धरती में सोख लिए जाने की अपेक्षा बहकर नष्ट हो जाता है जिसे 'जलवाह' (runoff) कहा जाता है।

- जलवाह को रोकने के लिए पहाड़ी क्षेत्रों में सीढ़ीनुमा खेती, मेढ़ आदि प्रमुख उपाय हैं।
- सीढ़ीनुमा खेती में जलवाह कम करने के लिए अवरोध बनाना एक उपयुक्त साधन है। समतल व नीचे क्षेत्रों में अवरोध बनाकर भी जल का संचय किया जा सकता है। विस्तृत भूभाग जल अन्तःस्यंदन में सहायक है।
- अवरोधों की श्रृंखला बनाकर भी अधिकाधिक जल का संचय संभव है।
- जलवाह को नियंत्रित करने के लिए नालियों का निर्माण और संग्रहण के लिए तालाबों का निर्माण भी आवश्यक है।
- पेड़-पौधों के अवशेष, खाद आदि को भूमि की सतह पर बिछाने से जल संचय में लाभ होता है।
- जिप्सम ($CaS_4.2H_2O$) व एच०पी०ए०एन० (हाइड्रोलाइज्ड पॉली एक्राइलोनाइट्राइल) जैसे रासायनिक तत्वों को मृदा में मिलाने से मृदा की पारगम्यता बढ़ती है अर्थात् जल धीरे-धीरे मिट्टी में रिसता रहता है।
- खेतों व खुले स्थानों में जल-संग्रहण हेतु तालाब बनाने से जलवाह में तो कमी आती ही है साथ भूजल-स्तर भी बढ़ता है।

(2) **वाष्पीकरण में कमी-** धरती तक पहुँचने वाले जल का बहुत बड़ा अंश वाष्पीकरण द्वारा नष्ट हो जाता है। आर्द्र क्षेत्रों में मृदा की सतह के नीचे 'एसफाल्ट' के अवरोध बनाकर पानी को सोखकर वाष्पीकरण की दर को कम किया जाता है। इससे कृषि उत्पादों में भी 35-40%

वृद्धि दर्ज की गई है। यह बालू मिट्टी में अधिक उपयोगी है। 'स्टार्च' व 'एक्राइलोनाइट्राइल' से बना बहुलक 'सुपर स्लर्पर' अपने भार से 1400 गुणा अधिक पानी सोखने की क्षमता रखता है। यह रसायन रेतीले क्षेत्रों में जल-संग्रहण की दृष्टि से काफी उपयोगी सिद्ध हुआ है।

(3) **मृदा में जल संचय**–मृदा अपनी क्षेत्र-क्षमता (Field capacity) के अनुसार जल का एक महत्वपूर्ण भाग संचय करने में सक्षम है। एक अनुमान के अनुसार आर्द्र क्षेत्रों में कुछ समय तक बिना खेती के भूमि को छोड़ देने से आने वाले वर्ष की उपज के लिए भूमि में स्वत: जल संचय हो जाता है।

(4) **सिंचाई द्वारा होने वाली जल-हानि में कमी**

- सिंचाई के लिए बनी नहरें और नालियाँ पक्की हों।
- सुबह या शाम को की गई सिंचाई से वाष्पीकरण अपेक्षाकृत कम होगा।
- सिंचाई में फब्बारों का प्रयोग हो। यह 30–50% पानी की बचत में सहायक है।
- खारे पानी व कम पानी वाली को सहने वाली फसलों की उन्नत किस्मों का विकास हो।

(5) **जल का पुन:प्रयोग**

- शोधित अवजल का उपयोग कृषि में हो।
- घरों से निकले अवजल का उपयोग बागवानी, सफाई इत्यादि के लिए हो।

(6) **जल की अपव्ययता पर रोक**–यह प्रणाली घरों, वाणिज्यिक केंद्रों और सामुदायिक इकाइयों में अपनाई जा सकती है।

- नलों को बंद रखें और रिसने न दें।
- पाइपों से रिसाव न होने दें।
- शौचालय में छोटे फ्लश का प्रयोग करें।

(7) **बिल में बढ़ोतरी**–जो समुदाय जल का अधिक उपयोग करते हैं, उनसे अधिक मूल्य वसूला जाए। ऐसे में जल के 'बुद्धिमत्ता से उपयोग' की धारणा को बल मिलेगा।

■ वर्षा जल-संग्रहण (Rainwater Harvesting)

वर्षा जल-संग्रहण ऐसी तकनीकी है जिसमें वर्षा के जल का संग्रहण किया जाता है। वर्षा के जल को पाइपों, नालियों आदि के द्वारा पक्के टैंकों में संग्रहित कर लिया जाता है। यह प्रणाली भूजल स्तर को बढ़ाने में उपयोगी है। साथ ही इस जल का प्रयोग विभिन्न दैनिक गतिविधियों में भी किया जा सकता है। अपेक्षाकृत कम वर्षा वाले क्षेत्रों के अलावा यह तकनीक अधिक वर्षा वाले क्षेत्रों में भी उपयोगी है।

भारत में औसत वार्षिक वर्षण 1200 मि०मी० है, परंतु अधिकतर क्षेत्रों में मानसून के दौरान ही अधिकांश वर्षा होती है। यह एक चौंकाने वाला तथ्य है कि चेरापूँजी जहाँ लगभग 11,000 मि०मी० वर्षण दर्ज किया गया है, आज जल संकट से त्रस्त है। यहाँ वनों

के विनाश के फलस्वरूप वनस्पति नगण्य हो चुकी है जिसके कारण यह जल भूमि के अन्दर सोखा नहीं जाता है और बेरोकटोक जलवाह के कारण जल की भारी हानि होती है। परन्तु अफसोस का विषय है कि यहाँ आज भी वर्षा जल-संग्रहण के उपाय नहीं हैं।

वर्षा जल-संग्रहण के मुख्य लाभ निम्नलिखित हैं–

(1) इससे जलवाह में कमी लाकर बहते हुए जल की हानि को बचाया जा सकता है।

(2) वर्षा के दिनों में सड़कों पर पानी भर जाने से रोका जा सकता है।

(3) जल-आपूर्ति में सुधार लाया जा सकता है।

(4) भूजल-स्तर में बढ़ोतरी लाई जा सकती है।

(5) भूजल के संदूषण में कमी लाई जा सकती है।

(6) सूखे के समय जल-आपूर्ति में विशेष लाभकारी सिद्ध हो सकता है।

वर्षा जल-संग्रहण की विधियाँ निम्नलिखित हैं–

(1) भूमिगत अथवा सतही टैंकों में भंडारण

(2) छोटी नदियों पर अवरोध, बाँध इत्यादि बनाकर जल संग्रहण

(3) वर्षा के जल को पाइपों द्वारा भूजल में मिलाकर संग्रहण

वर्षा जल-संग्रहण प्रणाली को अपनाने से पहले क्षेत्र विशेष की भूमि, जलवायु, वर्षण की मात्रा, भूमि के लक्षण इत्यादि का ज्ञान आवश्यक है।

परंपरागत वर्षा जल-संग्रहण (Traditional Rain Water Harvesting)

भारत में अधिक वर्षा वाले क्षेत्रों में छत पर गिरने वाले वर्षा जल को टैंकों में संग्रहण करने की प्रथा काफी पुरानी है। निचले पहाड़ी क्षेत्रों में झरनों और नालों पर अवरोध बनाकर जल का भंडारण भी हमारी पुरानी परंपरा रही है। हिमालय के क्षेत्रों में बाँस की लकड़ियों को पाइपों के रूप में प्रयोग करके जल का स्थानांतरण किया जाता है। आदिकाल से ही भारत में तालाब, जोहड़ हौज, बावड़ी इत्यादि का प्रयोग वर्षा जल-संग्रहण के लिए होता रहा है।

वर्षा जल-संग्रहण की आधुनिक तकनीक (Modern Techniques of Rainwater Harvesting)

शुष्क प्रदेशों में उथले टैंक बनाकर जल-संग्रहण किया जाता है जो अप्रत्यक्ष रूप से भूजल स्तर में सुधार के लिए उपयोगी है। अधिक वर्षा वाले क्षेत्रों में अवरोध बनाकर जल एकत्र किया जाता है। राजस्थान की स्वयंसेवी संस्था 'तरुण भारत संघ' के राजेन्द्र सिंह ने लोगों को जल-संग्रहण के तरीकों से अवगत कराया और इस कार्य के लिए उन्हें 'मैगसेसे पुरस्कार' से सम्मानित किया गया है।

भूमिगत जल का प्रवाह रोकने के लिए भूमिगत जल के अवरोध भी बनाए जा सकते हैं। सतही बाँधों की तुलना में भूमिगत बाँध अधिक उपयोगी हैं क्योंकि इनमें वाष्पीकरण और संदूषण की संभावना भी कम रहती है।

छतों पर गिरने वाले वर्षा जल के संग्रहण की तकनीक अपेक्षाकृत सस्ती और अधिक प्रभावी है। छतों पर गिरने वाले पानी को नालियों और पाइपों द्वारा टैंकों तक पहुँचा दिया जाता है और संग्रहित जल को विभिन्न कार्यों के लिए प्रयोग किया जा सकता है। संग्रहित जल को कुओं में मोड़कर भूमिगत जल स्तर को भी सुधारा जा सकता है।

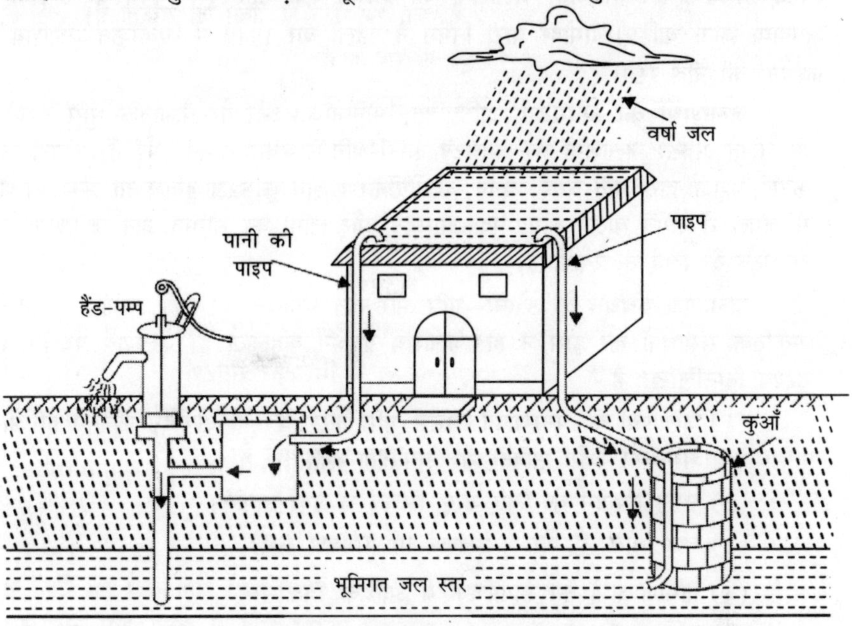

चित्र 6.2. छत के ऊपर वर्षा-जल संग्रहण की प्रणाली जिसमें हैंडपम्प अथवा कुएँ के साथ पाइप को जोड़ा जाता है।

उपर्युक्त वर्णित सभी तकनीक वर्षा जल-संग्रहण की सस्ती तकनीक हैं जिन पर मरम्मत का खर्च भी कम है। वर्षा जल-संग्रहण से मृदा-अपरदन व जलवाह की दर भी कम हुई है। साथ ही मृदा की उर्वरता, मृदा-जल व भूजल में सुधार हुआ है।

■ जलाशय प्रबंधन (Watershed Management)

किसी नदी द्वारा सींचे जाने वाले भूभाग को उस नदी का जल-क्षेत्र कहा जाता है। **जलाशय वह क्षेत्र है जहाँ से जल गुरुत्वाकर्षण के प्रभाव से एक धारा में जाकर मिलता है। अतः जलाशय वह क्षेत्र है जिसकी सीमाएँ निर्धारित हैं और जल की निकासी एक स्थान से होती है।** किसी जलाशय की सीमाएँ, कुछ वर्ग किलोमीटर से हजारों वर्ग किलोमीटर तक फैली हो सकती हैं। इनमें जल से संबंधित स्थितियाँ ऐसी होती हैं कि जल का प्रवाह एक ही दिशा में केन्द्रित होता है,

जहाँ से जल की निकासी किसी नदी के रूप होती है। जलाशय उस क्षेत्र की भूमि के गुण, वनस्पति, भूमि-उपयोग, जल व इनके बीच की जटिल प्रक्रियाओं का सम्मिलित रूप है। मनुष्य और पशु-पक्षी भी किसी जलाशय का अभिन्न अंग हैं जिनका एक-दूसरे पर पारस्परिक प्रभाव पड़ता है।

जलाशयों का हमारे ऊपर सीधा असर है क्योंकि भोजन उत्पादन, जल-आपूर्ति सिंचाई, उर्जा उत्पादन, परिवहन, मृदा-अपरदन, वनस्पति, बाढ़, सूखा इत्यादि पर इनका प्रत्यक्ष प्रभाव है। अत: जलाशयों का प्रबंधन एक महत्वपूर्ण विषय के रूप में अपनाया जाना चाहिए। दामोदर घाटी निगम ने पहली बार 1949 में 'एकीकृत जलाशय प्रबंधन' की नींव रखी।

जलाशयों का अपघटन—अनियंत्रित, अनियोजित और गैर-वैज्ञानिक भूमि उपयोग के चलते अक्सर जलाशयों के अपघटन की स्थिति उभरकर सामने आई है। जंगलों की कटाई, पशुओं द्वारा अति चराई, खनन, औद्योगीकरण, झूम कृषि, प्राकृतिक या अन्य कारणों से जंगल में लगने वाली आग, मृदा-अपरदन और लोगों का सीमित ज्ञान जलाशयों के अपघटन के लिए उत्तरदायी है।

जलाशय-प्रबंधन के उद्देश्य—भूमि और जल संसाधनों का सही उपयोग कि इससे प्राकृतिक संसाधनों का ह्रास न हो, जलाशय प्रबंधन कहलाता है। जलाशय प्रबंधन के उद्देश्य निम्नलिखित हैं—

(1) जलाशयों का पुनर्स्थापन जिससे भूमि-क्षरण व मृदा-अपरदन न्यूनतम हों और भूमि की उर्वरा शक्ति और उत्पादिता बढ़े।

(2) घरेलू उपयोग के लिए जल, सिंचाई व उर्जा उत्पादन

(3) बाढ़, अकाल और भू-स्खलन पर नियंत्रण

(4) ग्रामीण क्षेत्रों का सामाजिक व आर्थिक विकास।

पाँचवीं पंचवर्षीय योजना के अन्तर्गत जलाशय-प्रबंधन को राष्ट्रीय नीति में शामिल किया गया और इससे संबंधित कार्यक्रमों की नींव रखी गई। जलाशय प्रबंधन क्षेत्र विशेष में उपस्थित संसाधनों के आधार पर ही किया जाता है। भूमि व जल संरक्षण और विकास से संबंधित योजना लोगों के हितों और सतत विकास को ध्यान में रखकर बनाई जाती है। जलाशय-प्रबंधन के लिए अपनाई गई योजनाएँ निम्नलिखित हैं—

(1) **जल संचय**—सूखे के दिनों में जल की आपूर्ति हेतु जल-संचय किया जाता है। इससे बाढ़ों को रोकने में भी सहायता मिली है।

(2) **वानिकी**—जलाशय-प्रबंधन में वानिकी का महत्वपूर्ण योगदान है। इससे मृदा अपरदन कम हुआ है और मृदा की आर्द्रता बढ़ी है। अधिक वर्षा वाले क्षेत्रों में फसलों के बीच में लगाए गए पेड़ मृदा-अपरदन की दर को कम करते हैं। देहरादून क्षेत्र में मृदा अपरदन को रोकने के लिए 'सफेदा' और घास का फसलों के बीच लगाया जाना साधारण प्रक्रिया है। यमुना से जुड़े जलाशय क्षेत्रों में शीशम, सागौन और कीकर के पेड़ वानिकी कार्यक्रम के अन्तर्गत लगाए गए हैं।

(3) **मृदा अपरदन और जलवाह को रोकने के यांत्रिक उपाय**–बाँध, अवरोध, सीढ़ीनुमा खेत की मेढ़, वानिकी आदि ऐसे यांत्रिक ढाँचे हैं जो मृदा-अपरदन और जलवाह को रोकने में सहायक हैं, विशेषकर ढलानों पर। देहरादून और शिवालिक क्षेत्रों में मेढ़ और बंद लगाने के बाद मृदा-अपरदन और जलवाह में विशेष कमी आई है।

(4) **खनन के वैज्ञानिक ढंग**–अनुचित ढंग से किये गये खनन में भूमि व पहाड़ियों की स्थिरता कम हुई है जिसका परिणाम भूस्खलन और अपरदन है। खुदाई के बाद बचे अवशिष्ट और मलबे के ढेर और खाली पड़ी भूमि पर वृक्षारोपण से खनन क्षेत्रों में जलाशय प्रबंधन में सहायता मिली है।

(5) **जन सहयोग**–जलाशय प्रबंधन कार्यक्रम की कुंजी लोगों का सहयोग ही है विशेषकर मृदा और जल संरक्षण की दृष्टि से। इस क्षेत्र में लोगों का सहयोग जुटाना अति आवश्यक है। लोगों को जलाशयों के विकास, वृक्षारोपण की गई भूमि की देखभाल और सरकार और स्वयंसेवी संस्थाओं द्वारा अपनाई गई योजनाओं में शामिल करना चाहिए। लोगों को उचित ज्ञान, जागरूकता और विशेष सहयोग के लिए आर्थिक लाभ देना भी आवश्यक है। हरियाणा के पंचकुला में सुखोमाजरी, जलाशय निर्माण की सफलता का श्रेय भी जन-सहयोग को ही जाता है।

हिमालय में जलाशय प्रबंधन का विशेष महत्व है क्योंकि अधिकतर जलाशय इसी क्षेत्र में सीमित हैं। मृदा-अपरदन, जंगलों की कटाई, अनियोजित खनन आदि की रोकथाम करके जलाशयों के प्रबंधन पर बल दिया जाना चाहिए। ढलानों पर तार लगाकर, वृक्षारोपण द्वारा व बाड़ लगाकर भूस्खलन पर रोक लगाने का प्रसास किया जाना चाहिए ताकि मृदा, जल और वनस्पति का संरक्षण हो सके।

■ पुनर्वास और पुनर्स्थापन से जुड़ी समस्याएँ (Resettlement and Rehabilitation Issues)

आर्थिक विकास किसी भी राष्ट्र के नागरिकों का जीवन-स्तर ऊँचा उठाने में सहायक है। सभी विकास परियोजनाएँ समाज के विकास पर केन्द्रित होती हैं। परंतु सभी विकास कार्यों में प्राकृतिक संसाधनों का शोषण और पर्यावरण का ह्रास होता है। इसके अलावा, उस स्थान से जुड़े आदिवासियों पर भी इसका सीधा प्रभाव पड़ता है। ये स्थानीय लोग आमतौर पर बहुत गरीब जनजाति से संबंधित होते हैं। इन परियोजनाओं की वजह से विस्थापित लोगों को मानसिक तनाव और आर्थिक संकटों से भी गुजरना पड़ता है। हालाँकि, ये परियोजनाएँ समाज के विकास से जुड़ी हुई हैं, परंतु इनका सामाजिक, आर्थिक व पारिस्थितिक असंतुलन में भी हाथ है।

बाँध परियोजनाएँ और विस्थापन
(Displacement due to Dams)

बाँध क्षेत्रों से आदिवासी लोगों का विस्थापन नदी घाटी परियोजनाओं से जुड़ी एक गंभीर समस्या है। इसकी वजह से लोगों को अपना घर और पुश्तैनी रोजगार भी छोड़ना पड़ता है। बड़ी बाँध परियोजनाओं से जुड़े देशों में भारत का नाम मुख्य है। पिछले 50 सालों में 2 करोड़ लोग प्रत्यक्ष या अप्रत्यक्ष रूप से बाँधों द्वारा प्रभावित हुए हैं।

केवल हीराकुंड बाँध के निर्माण में लगभग 250 गाँवों से 20 हजार लोग विस्थापित हुए हैं। 1950 से बनी भाखड़ा बाँध परियोजना अब तक प्रभावित लोगों में लगभग 50% लोगों का पुनर्स्थापन भी नहीं कर पाई है।

यही समस्या भागीरथी नदी पर बनी टिहरी बाँध परियोजना से जुड़ी है जिसके निर्माण को हरी झंडी 30 सालों के लंबे अभियान, जो 'चिपको आंदोलन' के जन्मदाता सुंदरलाल बहुगुणा द्वारा चलाया गया था, के बाद दिखाई गई। टिहरी बाँध का प्रभाव टिहरी शहर के 10 हजार नागरिकों पर पड़ा है। विस्थापन की समस्या के चलते पुनर्स्थापन एक चिंता का विषय बनता जा रहा है।

विषय अध्ययन (CASE STUDY)

बहुचर्चित सरदार सरोवर परियोजना के अन्तर्गत 30 बड़े, 135 मध्यम व 3000 छोटे बाँध बनाकर नर्मदा के जल से बिजली उत्पादन व सिंचाई तथा पीने के जल की उपलब्धि कराने की योजना है। पर इसके पानी में 573 गाँवों के डूब जाने से इनमें रहने वाले करीब 3 लाख लोगों पर इसका सीधा प्रभाव पड़ रहा है। क्या यह आदिवासियों के मानव-अधिकारों का हनन नहीं है? सदियों से उस स्थान पर रहने वाले परिवारों को जबरन दूसरे क्षेत्रों में अजनबी की तरह जाना पड़ रहा है। समाज के लिए कल्याणकारी माने जाने वाले ये बड़े बाँध इन गरीब, पिछड़े हुए आदिवासियों से कितनी बड़ी कुर्बानी ले रहे हैं। इसके बदले में यह बहुत आवश्यक है कि उन्हें उपयुक्त भूमि, नौकरी, धनराशि आदि प्रदान की जाए तथा उनके पुनर्स्थापन के लिए प्रभावकारी योजना बनाई जाए।

■ खनन से जुड़ा विस्थापन (Displacement due to Mining)

खनन भी एक विकास परियोजना है जिससे विस्थापन की समस्या जुड़ी हुई है। इसमें स्थानीय लोगों के विस्थापन के साथ-साथ हजारों हैक्टेयर भूमि भी खनन से नष्ट हो जाती है।

विषय अध्ययन (CASE STUDY)

झारखंड के झरिया कोयला क्षेत्र में भूमिगत आग लगने की समस्या को ध्यान में रखते हुए स्थानीय लोगों को यह क्षेत्र खाली करने के निर्देश दिए गए हैं। इस परियोजना के अन्तर्गत लगभग 3 लाख लोगों का विस्थापन और उनका पुनर्वास एक गंभीर समस्या बन गया है। इसके लिए एक प्रभावी योजना की तत्काल आवश्यकता है। 1976 से लेकर अभी तक करीब 115 करोड़ रुपये खर्च करके इस आग को बुझाने का प्रयत्न किया गया है, पर समस्या का निदान नहीं हो सका है। झरिया के लोगों को अंदेशा है कि अगर वे अपने गाँवों को छोड़कर अन्यत्र चले जाते हैं तो उन्हें पर्याप्त धन-राशि भी प्राप्त नहीं होगी और अपने धन से भी हाथ धोना पड़ेगा। स्थानीय लोग ''झरिया कोलफील्ड बचाओ समिति'' बनाकर यह माँग कर रहे हैं कि सरकार वैज्ञानिक ढंग से आग बुझाने की प्रक्रिया पर ज़ोर दे जिसका खर्चा 8,000 करोड़ तक होगा जबकि झरिया की जनता को पुनर्स्थापित करने का खर्चा 18,000 करोड़ रुपये तक होगा।

■ राष्ट्रीय उद्यानों से जुड़ा विस्थापन (Displacement due to Creation of National Parks)

राष्ट्रीय उद्यानों का बनना प्राकृतिक संसाधनों के संरक्षण की ओर एक सराहनीय कदम है। परंतु अक्सर इससे जुड़े सामाजिक पहलू को अनदेखा कर दिया जाता है। जंगल के एक बड़े भूभाग को संरक्षित क्षेत्र घोषित करके उसमें स्थानीय जनजाति के प्रवेश आदि पर रोक लगा दी जाती है। जब इन गाँववालों को इनके जंगल को उपयोग करने के वर्षों पुराने अधिकार से वंचित कर दिया जाता है तो ये लोग विनाशक गतिविधियों जैसे चोरी, कालाबाजारी, वन-संपदा का अवैध शोषण आदि शुरू कर देते हैं। बिहार के पश्चिमी चम्पारन के वाल्मीकि टाइगर रिज़र्व में थारु समुदाय के लोग भी इसी अवस्था के शिकार हैं। इन स्थानीय लोगों की समस्या और मानसिक स्थिति को ध्यान में रखते हुए उनके रोजगार के लिए ठोस कदम उठाए जाने चाहिए।

विषय अध्ययन (CASE STUDY)

केरल में वयनाद वन्यजीव अभ्यारण्य ने 53,472 परिवारों को विस्थापित कर दिया है। इसकी शुरुआत होते ही तय किया गया था कि इन परिवारों के पुनर्स्थापन के लिए जमीन दी जाएगी। परंतु, 2003 तक केवल 843 परिवारों को ही जमीन दी जा सकी। इसकी वजह से रोष के कारण गाँववालों ने जनवरी, 2003 में जंगल में घुसकर पेड़ों को काटा, झोंपड़ियाँ बनाईं और कुएँ खोद डाले। परिणामस्वरूप वन अधिकारियों और गाँववालों की मुठभेड़ में कई लोग भी मारे गए।

■ पुनर्स्थापन से जुड़े मुद्दे (Rehabilitation Issues)

संयुक्त राष्ट्र की मानव अधिकारों से संबंधित घोषणा के अनुसार, **आवास का अधिकार प्रत्येक नागरिक का मूल अधिकार है।**

भारत में विस्थापन का मुख्य कारण जमीनों पर सरकार का कब्जा होना है। इसके लिए सरकार के साथ 'भूमि अधिग्रहण नियम, 1894' जिसके अन्तर्गत सरकार को यह अधिकार है कि यदि सरकार को किसी जमीन की आवश्यकता है तो एक सूचना अथवा नोटिस के बाद वह जमीन खाली की जाएगी। इस नियम के खंड 16 में नकद हर्जाने का प्रावधान भी है। विस्थापन तथा पुनर्स्थापन से जुड़े प्रमुख मुद्दे इस प्रकार हैं–

(i) स्थानीय जनजाति के लोग इससे सबसे अधिक प्रभावित होते हैं जो पहले से ही गरीब हैं। विस्थापन से इन लोगों के घर, भूमि, रोजगार, भोजन के स्रोत आदि छिन गए हैं। साथ ही ऐसे में महामारी और मृत्यु दर भी बढ़ें हैं।

(ii) परिवारों का टूटना एक और सामाजिक समस्या है जिसमें औरतें सबसे ज्यादा प्रभावित होती हैं जिन्हें न तो कोई जमीन दी जाती है और न ही नुकसान की भरपाई।

(iii) लोगों और पर्यावरण के बीच के रिश्ते का टूटना भी एक गंभीर विषय है। इन लोगों में पीढ़ियों से चली आ रही वनस्पति, औषधि और वन्यजीवों से संबंधित जानकारी अपने आप में एक बहुमूल्य ज्ञान है जो विस्थापन के कारण लुप्त हो जायेगी। सतत विकास के लिए प्रकृति के विषय में स्थानीय परम्परागत ज्ञान की महत्वपूर्ण भूमिका होती है जिससे हम वंचित हो रहे हैं।

■ पुनर्स्थापन नीति (Rehabilitation Policy)

पुनर्स्थापन के लिए एक प्रभावी 'राष्ट्रीय पुनर्स्थापना नीति' की भी आवश्यकता है। इस संदर्भ में विभिन्न राज्य भिन्न-भिन्न प्रक्रियाएँ अपना रहे हैं।

विषय अध्ययन (CASE STUDY)

सरदार सरोवर परियोजना के अन्तर्गत गुजरात सरकार ने विभिन्न नीतियाँ बनाई हैं। इसमें यह निर्णय लिया गया है कि प्रत्येक प्रभावित व्यक्ति को सिंचित भूमि का वह भूभाग दिया जाएगा जिस पर वह पुनर्वास के लिए राजी है। साथ ही यह निर्णय भी लिया गया कि आबंटित भूमि का क्षेत्र प्रत्येक व्यक्ति की डूबी हुई भूमि के बराबर होगा और किसी को भी 2 हैक्टेयर से कम भूमि नहीं मिलेगी। परंतु भूमिहीन विस्थापितों और जंगल में खेती करने वालों के लिए समस्या ज्यों की त्यों बनी हुई है। इसके साथ ही वयस्क पुत्र को एक अलग परिवार माना जायेगा। परन्तु इसकी कोई आखिरी तारीख भी तय नहीं हुई है। गुजरात के 20 डूबे हुए गाँवों के लोगों को अलग-अलग स्थानों पर पुनर्स्थापित तो किया गया है पर इनके संयुक्त परिवार टूट गये हैं जिसका सीधा प्रभाव इनके सामाजिक जीवन पर पड़ा है।

■ पर्यावरण नैतिकता–मुद्दे व उपाय (Environmental Ethics—Issues and Possible Solutions)

पर्यावरण नैतिकता से अभिप्राय है वे विषय, सिद्धांत और दिशानिर्देश जो मनुष्य और पर्यावरण के बीच की क्रियाओं और प्रतिक्रियाओं को दर्शाते हैं। किसी ने कहा है 'पर्यावरण का अपघटन विकृत मस्तिष्क और विकृत मन की देन है।' यह सब हमारी विचारधारा और क्रियाओं पर निर्भर करता है। मनुष्य इस पृथ्वी पर सबसे शक्तिशाली प्राणी है। मानव-केन्द्रित विचारधारा के अनुसार मनुष्य प्रकृति का स्वामी है और वह इसे मनचाहे

रूप में प्रयोग कर सकता है। इसके विपरीत, पृथ्वी और प्रकृति केन्द्रित विचारधारा के अनुसार पृथ्वी हमारी जननी है। हम इसी के संसाधनों को पाकर पले-बढ़े हैं अतः, हमें पृथ्वी का आदर करना चाहिए। पहले मत के अनुसार, पृथ्वी केवल एक ग्रह है और हमें भविष्य की चिंता छोड़कर वैज्ञानिक, तकनीकी और अन्य साधनों की मदद से, आर्थिक विकास को केन्द्र मानते हुए, पृथ्वी के हर घटक को अपने काबू में करना होगा। वहीं दूसरे मत के अनुसार हमें अपने रवैये को बदलना होगा। हम पृथ्वी का अभिन्न अंग हैं और पृथ्वी पर जीवन बनाए रखना है तो पर्यावरण के अपघटन को रोकना होगा ताकि एक स्वच्छ एवं स्वस्थ पर्यावरण और बेहतर भविष्य की नींव रखी जा सके।

(1) **मानव-केन्द्रित मत**–यह मत मुख्यतः औद्योगिक समाज में व्याप्त है। इसके अनुसार पृथ्वी पर मानव-जीवन ही श्रेष्ठतम है और केवल मनुष्य ही समस्त प्रकृति को नियंत्रित कर सकता है। इस मत के अनुसार–

- *(i)* मानव पृथ्वी पर उपस्थित सबसे महत्वपूर्ण प्रजाति है और शेष जीव उसके नियंत्रण में हैं।
- *(ii)* पृथ्वी पर पाए जाने वाले सभी भंडारों पर मनुष्य का ही अधिकार है।
- *(iii)* किसी भी राष्ट्र का आर्थिक विकास आवश्यक है ताकि जीवन का स्तर ऊँचा उठ सके।
- *(iv)* शुद्ध पर्यावरण स्वस्थ आर्थिक विकास पर निर्भर है।
- *(v)* मानव की सफलता उन उपायों में छिपी है जिनके सहारे वह संसाधनों का दोहन करता है।

(2) **पारिस्थितिकी-केन्द्रित मत**–

- *(i)* प्रकृति पर केवल मनुष्य का ही नहीं अपितु इस पर रहने वाले अन्य जीवों का भी समान अधिकार है।
- *(ii)* पृथ्वी के संसाधन सीमित हैं और ये केवल मनुष्य के लिए नहीं हैं।
- *(iii)* आर्थिक विकास तब तक उचित है जब तक पर्यावरण का ह्रास न हो।
- *(iv)* आर्थिक विकास अच्छे पर्यावरण पर ही निर्भर है।
- *(v)* मानव की सफलता प्राकृतिक संतुलन बनाए रखने में है।

पर्यावरण के प्रति प्रेम और मैत्री की भावना हमारे विचारों को कार्यान्वित करने को प्रोत्साहन देती है ताकि संकट के क्षणों में भी हम पर्यावरण

के प्रति प्रेम का भाव बनाए रखें। इस संदर्भ में **'पर्यावरण नैतिकता'** अथवा **'पृथ्वी नैतिकता'** बहुत महत्वपूर्ण है जिनके कुछ महत्वपूर्ण पहलू निम्नलिखित हैं–

(1) हमें पृथ्वी के प्रति प्रेम और आदर का भाव बनाए रखना चाहिए क्योंकि यह हमारे जीवन का आधार है।

(2) हमारा हर दिन पृथ्वी को समर्पित हो और ऋतु परिवर्तन का उत्सव हो।

(3) हम वन्य जीवों से प्रेम का भाव रखें और उन्हें लुप्त होने से बचायें।

(4) हमें पेड़-पौधों और पशुओं के प्रति आभारी होना चाहिए जो हमें भोजन देते हैं।

(5) हमें जनसंख्या-वृद्धि को सीमित करना चाहिए ताकि पृथ्वी पर अति-भार की स्थिति न हो।

(6) हमें संसाधनों का प्रयोग विनाशक हथियारों के लिए नहीं करना चाहिए।

(7) हमें आर्थिक लाभ के लिए प्रकृति को नुकसान नहीं पहुँचाना चाहिए।

(8) हमें पृथ्वी के विरुद्ध किये गये कामों को छिपाना नहीं चाहिए।

(9) हमें आने वाली पीढ़ियों का स्वच्छ पर्यावरण में जीने का अधिकार नहीं छीनना चाहिए।

(10) हमें संसाधनों का प्रयोग बुद्धिमत्ता से करना चाहिए और प्रदूषण को कम करना चाहिए।

हम धर्म-ग्रंथों का अध्ययन करें तो भी पाएँगे कि इनकी शिक्षाएँ हमें पर्यावरण को संरक्षित करने का उपदेश देती हैं। वेदों में तो प्रकृति के प्रत्येक घटक की तुलना देवी-देवताओं से की गई है ताकि हम इनके प्रति आदर का भाव रखें। बौद्ध और जैन धर्मों में वर्णित 'अहिंसा' हमें वन्य जीवों और पेड़-पौधों पर अत्याचार न करने की शिक्षा देती है। हम अपनी माँगों को सीमित करके और विकास को निश्चित सीमाओं में बाँधकर ही पारिस्थितिकी-केन्द्रित मत को बढ़ावा देने में सहयोगी होंगे।

■ जलवायु परिवर्तन (Climate Change)

जलवायु किसी क्षेत्र विशेष की औसत दशाएँ हैं। यह उस क्षेत्र के मौसम में सामान्य परिवर्तन, दशाएँ और ऋतुओं के चक्र की दशाओं का योग है। इन दशाओं की 30 वर्षों की औसत जलवायु कहलाती है।

जलवायु परिवर्तन पर अन्तर्राष्ट्रीय पैनल ने 1990 और 1992 में पिछले वर्षों में उपलब्ध जानकारी को आधार बनाते हुए हरितगृह प्रभाव, तापमान परिवर्तन और जलवायु परिवर्तन पर लोगों का ध्यान आकृष्ट किया। यह देखा गया है कि विगत वर्षों में तापमान में बदलाव आया है। इस दौरान कई शीत युग भी गुजरे हैं। वर्तमान दौर में पिछले 10,000 सालों में प्रत्येक 100-200 वर्षों में 0.5 से 1°C तापमान वृद्धि दर्ज की गई है। तापमान के सम बने रहने के कारण ही जनसंख्या में वृद्धि और कृषि संभव हुए हैं। तापमान में परिवर्तन जीवों और कृषि को प्रतिकूल रूप से प्रभावित करते हैं।

मनुष्य की गतिविधियाँ पर्यावरण के विभिन्न घटकों के बीच के संतुलन को बिगाड़ रही हैं। वायुमंडल में हरितगृह गैसों की बढ़ती मात्रा भूमंडलीय तापमान की वृद्धि के लिए उत्तरदायी है। इसका परिणाम जल-चक्रण में व्यवधान, बाढ़, अकाल, समुद्र का जल-स्तर बढ़ना, कृषि-उत्पादकता में कमी और पशुओं की संख्या में कमी के रूप में देखने को मिलेगा। तापमान में वृद्धि प्रत्येक क्षेत्र में समान न रहेगी। भूमध्य रेखा के क्षेत्रों की अपेक्षा ध्रुवों पर तापमान वृद्धि अधिक होगी। ध्रुवों और भूमध्यीय क्षेत्रों के बीच तापमान का अंतर कम होने से ऊष्मा चक्रण प्रभावित होगा और ऋतुओं पर भी प्रभाव पड़ेगा। साथ ही वर्षण का समय भी प्रभावित होगा। वर्षण के प्रभाव से बाढ़ और सूखे की तीव्रता भी बढ़ेगी। भूमंडलीय तापमान की वृद्धि के कारण वाष्पोत्सर्जन की दर भी बढ़ेगी।

■ भूमंडलीय तापमान में वृद्धि (Global Warming)

वायुमंडल की सबसे निचली परत ट्रोपोस्फियर यानि क्षोभ मंडल में विद्यमान गैसें ऊष्मा को सोख लेती हैं। इस प्रभाव को हरितगृह प्रभाव कहते हैं। वायुमण्डल में तापमान की वृद्धि हरितगृह गैसों की सान्द्रता पर निर्भर करती है। प्रमुख हरितगृह गैसें कार्बन डाइऑक्साइड, ओजोन, मीथेन, नाइट्रस ऑक्साइड, क्लोरोफ्लोरोकार्बन (CFC) और जलवाष्प हैं। पृथ्वी का औसत तापमान 15°C है। अगर हरितगृह प्रभाव न हो तो पृथ्वी का तापमान —18ºC होगा। इस प्रकार पृथ्वी का 33°C तापमान बनाए रखने में हरितगृह प्रभाव का प्रमुख योगदान है और पृथ्वी पर अस्तित्व के लिए इसकी महत्वपूर्ण भूमिका है। प्रमुख ग्रीनहाउस गैसें जलवाष्प व कार्बन डाइऑक्साइड क्रमशः जल-चक्रण और कार्बन-चक्रण

द्वारा नियंत्रित होती हैं। हालाँकि समतापमंडल में जलवाष्प की मात्रा स्थिर बनी हुई है, औद्योगीकरण और शहरीकरण के कारण वायुमंडल में कार्बन डाइऑक्साइड, नाइट्रस ऑक्साइड और क्लोरोफ्लोरोकार्बन जैसी गैसों की मात्रा बढ़ी है। जंगलों की कटाई भी कार्बन डाइऑक्साइड की बढ़ती मात्रा में योगदान देती है। पृथ्वी का औसत तापमान यदि हरितगृह गैसों के प्रभाव से बढ़ जाता है तो यह विनाश का सूचक हो सकता है। बाढ़, सूखा और महासागरों का जल-स्तर बढ़ने के कारण बहुत से स्थान जीवन-रहित भी हो सकते हैं।

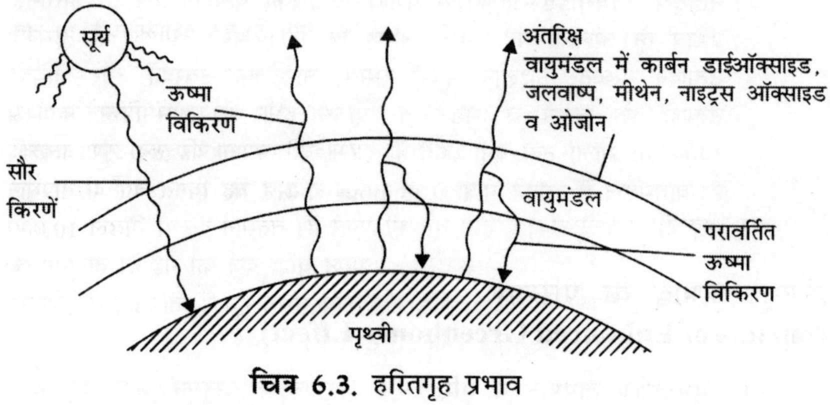

चित्र 6.3. हरितगृह प्रभाव

■ हरितगृह गैसें (Greenhouse Gases)

हरितगृह गैसें पृथ्वी से उत्सर्जित ऊष्मा को सोखने के साथ-साथ पृथ्वी से निकले विकिरण को भी वायुमंडल से बाहर जाने से रोकती हैं। परिणामस्वरूप, पृथ्वी का औसत तापमान बढ़ा है। समतापमंडल में उपस्थित पृथ्वी का तापमान बढ़ाने के लिए उत्तरदायी गैसें निम्नलिखित हैं–

(1) **कार्बन डाइऑक्साइड**–हरितगृह प्रभाव में कार्बन डाइऑक्साइड का योगदान लगभग 55% है। औद्योगिक राष्ट्र लगभग 76% गैसों का निष्कासन करते हैं जिसमें 67% ईंधन के कारण और 33% जंगलों की सफाई के कारण हैं। 1990 में CO_2 की मात्रा 355 ppm थी और यह 2.3 ppm प्रतिवर्ष की दर से बढ़ रही है। यह वायुमंडल में 200 साल तक रहती है। सन् 2020 में यह 418 ppm थी।

(2) **क्लोरोफ्लोरोकार्बन**–ये गैसें 24% हरितगृह प्रभाव के लिए उत्तरदायी हैं। साथ ही ये वायुमंडल के स्ट्रैटोस्फियर यानि समतापमंडल में ओजोन-क्षरण के लिए भी उत्तरदायी हैं। एयर-कंडीशनर, रेफ्रीजरेटर, औद्योगिक विलयक, प्लास्टिक और फोम का निर्माण CFC के उत्पादन के कारण हैं। इनकी समतापमंडल में ऊष्मा सोखने की क्षमता, कार्बन डाइऑक्साइड की अपेक्षा 10,000 से 25,000 गुणा अधिक है। CFC की मात्रा (0.00225 ppm) है और यह 0.5% प्रतिवर्ष की दर से बढ़ रही है।

(3) **मीथेन**–यह वायुमंडल में 18% हरितगृह प्रभाव बढ़ाने में सहयोगी है। मीथेन का उत्पादन मुख्यतः जैविक उत्पादों के गलने व सड़ने से, धान के खेतों, मुख्यतः दलदली भूमि व पशुओं व भेड़ों के पाचन तंत्र में होता है। मीथेन CO_2 की अपेक्षा 25 गुणा अधिक हानिकारक है। वायुमंडल में यह 12 साल तक रहती है। इसकी मात्रा 1.9 ppm है और यह 1% प्रतिवर्ष की दर से बढ़ रही है।

(4) **नाइट्रस ऑक्साइड**–ग्रीनहाउस प्रभाव में इसका योगदान 6% है। हरितगृह प्रभाव के अलावा यह ओजोन-क्षरण के लिए भी उत्तरदायी है। इसका उत्पादन मुख्यतः नाइलोन बनाते समय, नाइट्रोजन उर्वरकों और जैविक उत्पादों के जलने व सड़ने के दौरान होता है। क्षोभमंडल में यह 140-190 सालों तक बनी रहती है। CO_2 की अपेक्षा यह 289 गुणा प्रभावी है। वायुमंडल में इसकी मात्रा 0.33 ppm है और यह 0.2% की दर से बढ़ रही है।

हरितगृह प्रभाव के परिणाम (Impacts of Enhanced Greenhouse Effect)

(1) **भूमंडलीय तापमान में वृद्धि**–एक अनुमान के अनुसार अगर हरितगृह

प्रभाव की दर यही रही तो वर्ष 2050 तक पृथ्वी का औसत तापमान 1.5°C–5.5°C तक बढ़ जाएगा। ऐसी स्थिति में पृथ्वी का तापमान पिछले 10,000 वर्षों की तुलना में अधिक होगा।

(2) **महासागरों के जल स्तर में वृद्धि**–तापमान की वृद्धि के साथ-साथ महासागरों के जल का आयतन भी बढ़ेगा। हिमशिखरों और ग्लेशियरों पर जमी बर्फ पिघल जाएगी जिससे महासागरों का जल-स्तर और भी बढ़ेगा। आँकड़ों के अनुसार 3°C तापमान की वृद्धि होने पर समुद्र का जल-स्तर 0.2–1.5 मीटर तक बढ़ जाएगा। ऐसी स्थिति में शंघाई, काहिरा, सिडनी, हेमबर्ग, वेनिस, बांग्लादेश, भारत और चीन के तटीय प्रदेश जल-मग्न हो जाएँगे। ऐसे में महासागरीय जीवों पर भी प्रतिकूल प्रभाव पड़ेगा। गंगा, नील, मीकाँग, याँमत्से और मिस्सीसिपी के डेल्टा प्रदेश भी डूब जाएँगे।

वैश्विक औसत समुद्र स्तर परिवर्तन (1880 के सापेक्ष)

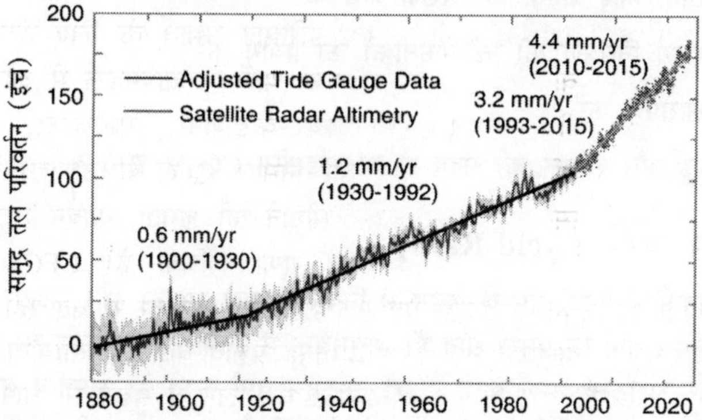

चित्र 6.4. हाल ही में समुद्र के स्तर में वृद्धि

(3) **मनुष्य के स्वास्थ्य पर प्रभाव**–तापमान वृद्धि के कारण वर्षण पर प्रभाव पड़ेगा और साथ ही मलेरिया, फाइलेरिया जैसी बीमारियों के संक्रमण की संभावना भी। इथोपिया, कीनिया और इंडोनेशिया जैसे देशों में प्रभाव अधिकतम होगा। आर्द्रता बढ़ने से श्वास और चर्म रोगों को भी बढ़ावा मिलेगा।

(4) **कृषि पर प्रभाव**–कृषि की दृष्टि से तापमान वृद्धि के परिणाम क्षेत्र-विशेष पर निर्भर करेंगे। उष्ण और शीतोष्ण प्रदेशों में प्रभाव अधिकतम होगा। लगभग 2°C तापमान वृद्धि भी फसलों को नुकसान करेगी। मृदा की आर्द्रता कम हो जाएगी। वाष्पोत्सर्जन की दर बढ़ने के कारण गेहूँ और मक्का के उत्पादन पर भी प्रभाव पड़ेगा। आर्द्रता और तापमान की वृद्धि के साथ कीटों की संख्या भी बढ़ेगी। ऐसे में कम पानी में उगने वाले रोगरोधी बीजों का विकास आवश्यक हो जाएगा।

तापमान वृद्धि को रोकने के उपाय
Measure to Check Global Warming

(1) ईंधन की खपत में कमी करें।

(2) ऊर्जा का उपयोग बुद्धिमानी से करें।

(3) नवीकरणीय ऊर्जा स्रोत अपनाएँ।

(4) ऊर्जा उत्पादन में नाभिकीय ऊर्जा का प्रयोग करें।

(5) प्राकृतिक गैस के उपयोग पर बल दें।

(6) सतत कृषि की तकनीक अपनाएँ।

(7) जनसंख्या वृद्धि पर रोक लगाएँ।

(8) उद्योगों और वाहनों की संख्या कम करें

(9) प्रदूषण नियंत्रण की नई तकनीकों का प्रयोग करें

(10) वृक्षारोपण करें

(11) काई और शैवाल की मदद से वायुमंडलीय CO_2 में कमी करें।

■ अम्लीय वर्षा (Acid Rain)

उद्योगों और वाहनों में पेट्रोलियम के दहन से निकलने वाले सल्फर और नाइट्रोजन के ऑक्साइड अम्लीय वर्षा के प्रमुख स्रोत हैं। वायुमंडल में इनके ऑक्सीकरण के उपरांत सल्फ्यूरिक और नाइट्रिक अम्ल बनते हैं जो अम्लीय वर्षा करते हैं। अम्लीय वर्षा, शुष्क अम्लीय वर्षा और आर्द्र अम्लीय वर्षा–दो रूपों में होती है। CO_2 गैस भी कार्बनिक अम्ल बनाकर अम्लीय वर्षा में योगदान करती है। न्यूयार्क शहर की 'एडिरोनडैक' झील अम्लीय जल के लिए जानी जाती है। अम्लीय वर्षा में अधिकांश भाग सल्फ्यूरिक अम्ल का होता है व अन्य अम्लों का प्रभाव अपेक्षाकृत कम होता है। कैल्शियम, मैग्नीशियम व अमोनियम आयन जल की अम्लता को कम करते हैं। शुष्क अम्लीय वर्षा में SO_2, NO_x और अन्य अम्ल धूल के कणों के साथ पौधों, इमारतों व पृथ्वी की सतह पर जमा होते हैं। ये कण जल के साथ मिलकर अम्ल बनाते हैं। वायुमंडल में इन गैसों का प्रभाव 1979 में अमेरिका में देखने को मिला। यहाँ वर्षा का पी०एच० (pH) 5.0 से कम मापा गया। जल का पी०एच० (pH) 5.6 से कम होने पर इसे अम्लीय माना जाता है। भारत के कोडइकनाल, मिनिकाय और मोहनबाड़ी शहरों में भी वर्षा की pH (क्रमश: 5.18, 5.52 और 5.50) दर्ज की गई।

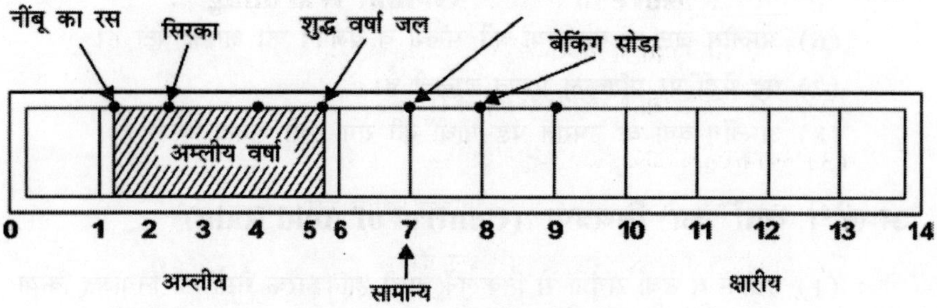

चित्र 6.5. सामान्य तत्वों का pH.

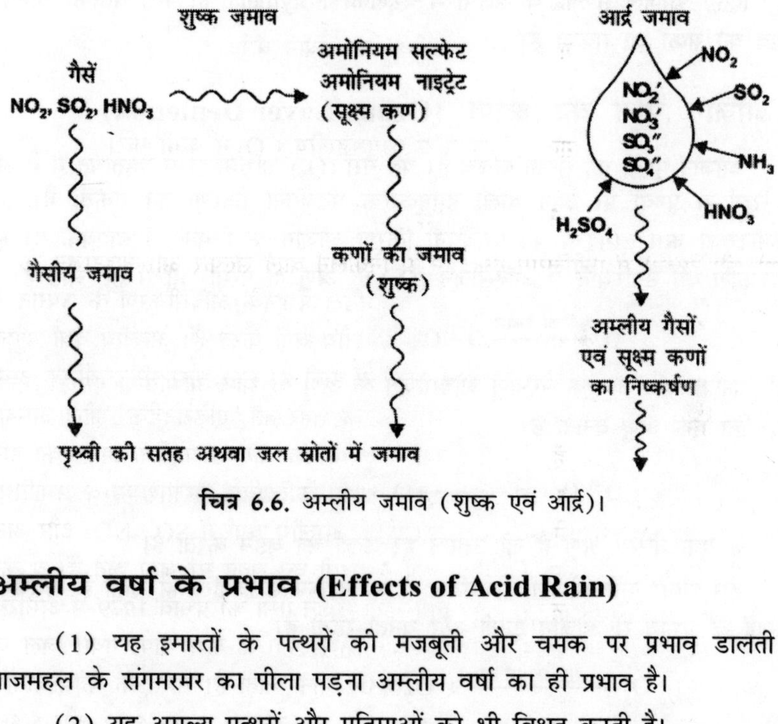

चित्र 6.6. अम्लीय जमाव (शुष्क एवं आर्द्र)।

अम्लीय वर्षा के प्रभाव (Effects of Acid Rain)

(1) यह इमारतों के पत्थरों की मजबूती और चमक पर प्रभाव डालती है। ताजमहल के संगमरमर का पीला पड़ना अम्लीय वर्षा का ही प्रभाव है।

(2) यह अमूल्य पत्थरों और प्रतिमाओं को भी विक्षत करती है।

(3) यह धातुओं की चमक कम करती है।

(4) झीलों और नदियों का जल अम्लीय हो तो इस पर निर्भर रहने वाले जीवों पर भी प्रतिकूल प्रभाव पड़ता है।

(5) अम्लीय वर्षा के कारण भारी धातुएँ जल में घुल जाती हैं जिसका प्रभाव जलीय जीवों पर भी पड़ता है।

(6) अम्लीय जल में मछलियों की संख्या व प्रजनन की क्षमता घटी है।

(7) यह पेड़ों पर प्रतिकूल प्रभाव डालती है।

(8) अम्लीय वर्षा के उपरांत पेड़-पौधों की रोग-रोधी क्षमता घटती है।

अम्लीय वर्षा का नियंत्रण (Control of Acid Rain)

(1) उद्योगों व उर्जा संयंत्रों से निकलने वाली हानिकारक गैसों को नियंत्रित किया जाए।

(2) अम्लीय वर्षा से प्रभावित क्षेत्रों का चूने से उपचार।

(3) पेयजल सप्लाई के पाइपों में बहुलक (Polymer) की परत चढ़ाकर अम्लीय प्रभाव को रोका जा सकता है।

■ ओजोन परत का क्षरण (Ozone Layer Depletion)

ओजोन पृथ्वी का सुरक्षा कवच है। यह गैस (O_3) क्षोभमंडल में बहुतायत में है और यह सूर्य से पृथ्वी पर आने वाली हानिकारक पराबैंगनी किरणों को रोकती हैं। 242 नैनोमीटर से कम तरंगदैर्ध्य की पराबैंगनी किरणें ओजोन के निर्माण में सहायक हैं। सूर्य के प्रकाश की उपस्थिति में ऑक्सीजन (O_2) के अणु दो परमाणुओं में टूट जाते हैं।

$$O_2 \xrightarrow{\text{सूर्य का प्रकाश}} O + O$$

ऑक्सीजन का एक परमाणु ऑक्सीजन के अणु के साथ अभिक्रिया करके ओजोन (O_3) का एक अणु बनाता है।

$$O + O_2 + m \longrightarrow O_2 + m$$

m एक तीसरा अणु है जो उत्पन्न हुई ऊर्जा का वहन करता है।

इस प्रकार बनी ओजोन क्षोभमंडल में समान रूप से वितरित हो जाती है। पराबैंगनी किरणों के प्रभाव से ओजोन टूटती और बनती रहती है।

$$O_3 \xrightarrow{\text{सूर्य का प्रकाश}} O_2 + O.$$

इन रासायनिक अभिक्रियाओं के बीच परस्पर संतुलन ओजोन को निश्चित अनुपात में बनाए रखता है। क्षोभमंडल में ओजोन 16 कि०मी० से 40 कि०मी० की ऊँचाई तक फैली हुई है। लगभग 24 कि०मी० से 27 कि०मी० तक ओजोन की मात्रा अधिकतम है। वायुमंडल में क्लोरीन, ब्रोमीन व अन्य गैसें ओजोन के साथ अभिक्रिया करके इसे निष्क्रिय कर देते हैं। परिणामस्वरूप ओजोन परत की मोटाई घटती जा रही है जिसे हम 'ओजोन छिद्र' की संज्ञा देते हैं।

ओजोन को 'डोब्सन स्पैक्ट्रोमीटर' की सहायता से मापा जाता है। एक डोब्सन इकाई 1 atm. (ऐटमोस्फेरिक) वायुदाब पर शुद्ध ओजोन की 0.01 मि०मी० की परत के बराबर है। शीत कटिबंध के ऊपर औजोन की परत की मोटाई 350 डोब्सन इकाई है, उष्ण कटिबंध के ऊपर 250 डोब्सन इकाई और ध्रुवीय कटिबंधों में 450 डोब्सन इकाई है। इसका कारण क्षोभमंडलीय वायुधाराएँ हैं जो ओजोन को भूमध्य रेखा से ध्रुवों की ओर ले जाती हैं। अंटार्कटिक महाद्वीप के ऊपर ओजोन छिद्र ब्रिटिश अंटार्कटिक सर्वेक्षण में कार्यरत डॉ० जे०सी० फर्मन और सहयोगियों ने पहली बार दर्ज किया। दक्षिणी ध्रुव की वसंत ऋतु अर्थात् सितंबर से नवंबर में ओजोन क्षरण अत्यधिक होता है। 1970 के पश्चात् ओजोन में निरंतर कमी दर्ज की गई है। सबसे कम मात्रा अक्तूबर 1993 में आँकी गई।

क्षोभमंडल में ओजोन क्षरण के लिए क्लोरोफ्लोरोकार्बन (CFC) उत्तरदायी हैं। इनका उपयोग रेफ्रीजरेटर, वातानुकूलन, विलायक इत्यादि के रूप में होता है। CFC वायुमंडल में पहुँचकर 65-110 वर्षों तक ओजोन को क्षति पहुँचाते रहते हैं। 1974 में मोलिना और रोलैंड ने बताया कि CFC ओजोन क्षरण के लिए उत्तरदायी हैं ओर ओजोन परत की सुरक्षा हेतु CFC के निर्माण में कमी लाना आवश्यक है। 1985 में यह स्पष्ट हुआ कि प्रतिवर्ष 50% क्षरण सितंबर से दिसंबर के बीच होता है।

जेट विमानों से निकली नाइट्रस ऑक्साइड गैस भी ओजोन क्षरण के लिए उत्तरदायी है। अंटार्कटिक क्षेत्र में ओजोन क्षरण का दौर सूर्य की किरणों से अवरोधित होती है। नाइट्रिक अम्ल से नाइट्रोजन डाइऑक्साइड गैस निकलती है जो क्लोरीन से अभिक्रिया करके उसे निष्क्रिय कर देती है।

ओजोन-क्षरण के प्रभाव (Effects of Ozone Depletion)

(1) ओजोन क्षरण के कारण सूर्य की हानिकारक पराबैंगनी किरणें बेरोकटोक पृथ्वी पर आ सकेंगी। इन किरणों के प्रभाव से अनुवांशिक परिवर्तन, कैंसर व अन्य अंग-भंग रोग, आँखों के मोतियाबिन्द आदि को बढ़ावा मिलेगा।

(2) मैलानिन (त्वचा में गहरा रंग) बनाने वाली कोशिकाएँ निष्क्रिय हो जाएँगी और फलस्वरूप रोग-रोधी क्षमता घटेगी तथा त्वचा के कैंसर को बढ़ावा मिलेगा।

(3) इनके प्रभाव से पादप-प्लवक यानि जल की सतह पर तैरने वाले सूक्ष्म पौधों (phytoplankton) की संख्या पर प्रतिकूल प्रभाव पड़ेगा और अप्रत्यक्ष रूप से प्राणी-प्लवक (zooplankton), मछलियों व अन्य समुद्री जीवों पर।

(4) प्रमुख फसलों की उत्पादकता घटेगी।

(5) पेंट, प्लास्टिक व अन्य बहुलकों पर भी प्रभाव पड़ेगा जिससे आर्थिक नुकसान होगा।

■ नाभिकीय दुर्घटना (Nuclear Holocaust)

नाभिकीय उर्जा संयंत्र में किसी भी कदम पर दुर्घटना की संभावना बनी रहती है। नाभिकीय ऊर्जा संयंत्रों में दुर्घटना के, अनुमानों पर आधारित, आँकड़े उपलब्ध हैं। ये अनुमान संयंत्र, उसकी सुरक्षा, निकलने वाले रेडियोधर्मी कचरे की मात्रा व उसके प्रभावों को ध्यान में रखकर लगाए गए हैं।

आधुनिक नाभिकीय संलयन (Nuclear fusion) पर आधारित बम 500 किलो टन से 100 मेगा टन की क्षमता रखते हैं। नाभिकीय युद्ध अथवा दुर्घटना के प्रभाव से लकड़ी, प्लास्टिक, पैट्रोलियम, जंगल इत्यादि जलकर नष्ट हो जाएँगे। परिणामस्वरूप निकला धुआँ और धूल क्षोभमंडल में प्रवेश कर जाएँगे जिससे सूर्य का प्रकाश पृथ्वी पर नहीं पहुँच पाएगा। फलस्वरूप, तापमान कम हो जाएगा। ऐसे में कार्बन डाइऑक्साइड और जलवाष्प की मात्रा भी कम होगी और हरितगृह प्रभाव भी न होगा। तापमान कम होने के कारण वाष्पीकरण रुक जाएगा। अतः वर्षा भी नहीं होगी जो धूल और धुएँ को साफ कर सके। अतः नाभिकीय विखंडन में होने वाली प्रक्रिया भूमंडलीय तापमान वृद्धि के विपरीत है। इसे हम **नाभिकीय ठंड** (Nuclear winter) कहते हैं। ऐसे में ग्रीष्म ऋतु में भी तापमान सर्दियों जैसा होगा। इससे कृषि उत्पादन न के बराबर रह जाएगा, उत्पादकता घटेगी और अकाल और दुखों का दौर शुरू हो जाएगा।

विषय अध्ययन (CASE STUDY)

1986 में हुई चर्नोबिल दुर्घटना और 1945 में हिरोशिमा और नागासाकी में हुई तबाही का रूप हम देख ही चुके हैं। हिरोशिमा में लगभग 1 लाख लोग मारे गए और पूरा शहर नष्ट हो गया। इस धमाके की क्षमता 12 किलो टन ट्राईनाइट्रोटोल्यून (TNT) के बराबर थी। परमाणु बम के विस्फोट से निकला स्ट्रौंशियम एक रेडियोधर्मी पदार्थ है जो काफी कुछ कैल्शियम से मिलता है और इसीलिए इसने हड्डियों की कैल्शियम को हटाकर उसका स्थान ले लिया। इसी कारण वहाँ के लोगों की हड्डियों में भयंकर विकार आ गए।

■ परती भूमि-सुधार (Wasteland Reclamation)

आर्थिक रूप से अनुपजाऊ भूमि जो पर्यावरणीय ह्रास से त्रस्त है परती-भूमि कहलाती है। लवण प्रभावित भूमि, रेतीली भूमि, अपरदित भूमि, ऊबड़-खाबड़ भूमि, अनुपजाऊ पहाड़ी क्षेत्र इत्यादि परती भूमि में सम्मिलित हैं। बर्फ से ढकी भूमि और झूम कृषि के उपरांत पड़ी भूमि भी परती भूमि में सम्मिलित हैं। हमारे देश का आधे से अधिक भौगोलिक क्षेत्र (लगभग 175 मिलियन हैक्टेयर) इसमें आता है। स्पष्ट है कि परती भूमि की समस्या गंभीर है क्योंकि यह विश्व जनसंख्या के 1/6 हिस्से को सहारा देती है। हमारे देश में अधिकतम परती भूमि राजस्थान में (36 मिलियन हैक्टेयर) है और मध्य प्रदेश व आन्ध्र प्रदेश का स्थान इसके बाद आता है। हरियाणा में लगभग 8.4% भूमि इस दर्जे की है जो मुख्यतः लवणों से प्रभावित रेतीली भूमि है।

परती भूमि बनने का प्रक्रम प्राकृतिक (अपरदित भूमि, बर्फ से ढकी भूमि, तटीय क्षेत्र, रेतीली भूमि) व मानव-जनित (झूम कृषि भूमि, अनुपजाऊ हो चुकी भूमि) भी हैं।

अधिकतर मानव-जनित प्रक्रियाएँ जो परती भूमि बनाने के लिए उत्तरदायी हैं जंगलों की सफाई, चराई, खनन व कृषि के गलत तरीके हैं। हालाँकि मरुस्थल भी इसी श्रेणी में आते हैं परन्तु मनुष्य की गतिविधियाँ भी मरुस्थलों के प्रसार में सहायक हैं।

विषय अध्ययन (CASE STUDIES)

लवणों से प्रभावित भूमि की पहली रिपोर्ट, जो सिंचाई के गलत तरीकों से जुड़ी हुई थी, 1858 में हरियाणा (पंजाब) से प्राप्त हुई। जानकारी मिली कि पश्चिमी यमुना नहर से सिंचित क्षेत्र पानीपत, रोहतक व दिल्ली लवणों के प्रभाव से ग्रस्त हैं। 1886 में 'रेह कमेटी' का गठन किया गया जिसने सरकार का ध्यान सिंचाई के तरीकों और 'रेह' के बढ़ने की ओर आकर्षित किया। 1947, 1950, 1952 और 1954-56 में पंजाब में आई बाढ़ का परिणाम जल-जमाव और निकासी की समस्या के रूप में उभरकर सामने आया। हरियाणा में नहरों द्वारा सिंचाई का परिणाम 1.2 मिलियन हैक्टेयर भूमि पर जल-जमाव और लवणता के रूप में सामने आया जिससे कृषि उत्पादकता भी घटी और आर्थिक नुकसान भी हुआ। पश्चिमी राजस्थान का एक बड़ा भूभाग भी 'इंदिरा गाँधी नहर परियोजना' के कारण जल-जमाव की समस्या से जूझ रहा है।

परती भूमि-सुधार के तरीके (Wasteland Reclamation Practices)

परती भूमि सुधार की जिम्मेदारी वेस्टलैंड डवलपमेंट बोर्ड की है। बोर्ड के प्रमुख उद्देश्य निम्नलिखित हैं-

(1) औसत मृदा की भौतिक संरचना एवं गुणवत्ता में सुधार

(2) सिंचाई के लिए स्वच्छ और मीठे पानी का प्रबंध

(3) मृदा-अपरदन, बाढ़ और भू-स्खलन की रोकथाम

(4) सतत प्रयोग हेतु जैविक संसाधनों का संरक्षण।

सुधार से संबंधित तरीके निम्नलिखित हैं-

(1) **भूमि विकास एवं धुलाई (Land Development and Leaching)**– लवणीय भूमि के सुधार हेतु इस भूमि की अधिकता से सिंचाई आवश्यक है जिससे मृदा में उपस्थित लवण जल में घुलकर निकल जाएँ। लवणता की मात्रा, मृदा की संरचना, भूजल-स्तर इत्यादि के सर्वेक्षण के पश्चात् जमीन को समतल किया जाता है जिससे सिंचाई में आसानी हो। समतल करने के

बाद, मिट्टी को जोतकर क्यारियाँ बनाई जाती हैं जिनमें पानी भरा जा सके। मृदा से लगभग 90% लवण निकालने के लिए मृदा की प्रत्येक सेंटीमीटर की परत के लिए 0.5–1 सेंटीमीटर जल की आवश्यकता होती है।

(2) **जल का निकास (Drainage)**–जल-जमाव से प्रभावित भूमि पर विभिन्न तरीकों से जल का निकास आवश्यक है।

(*a*) **सतही निकास (Surface drainage)**–वर्षा के उपरांत जमीन पर रुक जाने वाले पानी को खेतों में समानान्तर नालियाँ खोदकर बाहर निकाल दिया जाता है।

(*b*) **अन्तःसतही निकास (Subsurface drainage)**–अन्तःसतही निकास मिट्टी के नीचे बिछे पत्थरों और पाइपों के जाल के द्वारा होता है। इस तकनीक का विशेष लाभ यह है कि इसमें वाष्पीकरण से होने वाला ह्रास न के बराबर होता है। हरियाणा में स्थित साँपला में विश्व बैंक की मदद से ऐसी ही एक परियोजना को रूप दिया गया है।

(3) **सिंचाई के तरीके**–उपयुक्त जमीन को समतल करना और सही मात्रा में सिंचाई ज़मीन के उपजाऊपन के लिए महत्वपूर्ण है। कम मात्रा में और अधिक बार की गई सिंचाई अधिक उपयोगी है। लवणीय भूमि पर अधिक सिंचाई के साथ निकासी भी बेहद ज़रूरी है।

(4) **उन्नत बीज व फसलों में बदलाव**–कई फसलें लवण के प्रति सहनशील होती हैं। ऐसी फसलों को लवणीय क्षेत्रों में बढ़ावा देना चाहिए। साथ ही फसलों का चक्रण होना चाहिए। एक भूमि पर बार-बार एक ही फसल उगाने से भूमि की उर्वरता पर भी प्रभाव पड़ता है। जौ, चुकन्दर व खजूर की खेती अधिक लवणीय भूमि पर सफलता से की जा सकती है। गेहूँ, ज्वार, बाजरा, सोयाबीन, नारियल व सरसों भी लवण को काफी हद तक सहन करती है। चावल, मक्की, दालें, गन्ना तथा बैंगन, लौकी जैसी कुछ सब्जियाँ लवणीय भूमि पर कुछ हद तक उगाई जा सकती हैं।

(5) **जिप्सम से उपचार**–सोडियम से प्रभावित भूमि का उपचार जिप्सम डालकर किया जाता है। जिप्सम में उपस्थित कैल्शियम, सोडियम का स्थानांतरण करके उसे कृषि के लिए उपयुक्त बना देता है।

(6) **हरित खाद, उर्वरक व जैविक खाद**–लवणीय भूमि पर खाद व नाइट्रोजन के उर्वरकों का छिड़काव उपयोगी है। हरित खाद ढेंचा, गुआर इत्यादि भी लवणीय भूमि के उपचार में उपयुक्त हैं। नील-हरित शैवाल लवणीय भूमि के उपचार के लिए अति उपयोगी है।

(7) **वृक्षारोपण**–वृक्षारोपण करके और सामुदायिक वानिकी के अन्तर्गत अधिकाधिक पेड़ लगाकर भी भूमि सुधार संभव है। पर्यावरण एवं वन मंत्रालय प्रतिवर्ष 5 मिलियन हैक्टेयर भूमि पर वृक्षारोपण करने की भावी योजना को पूरा करने में जुटा हुआ है।

(8) **सामुदायिक वानिकी (Social forestry) कार्यक्रम**–इसके अन्तर्गत सड़कों, नहरों, रेल-मार्गों इत्यादि के साथ पड़ी भूमि पर वृक्षारोपण भी भूमि सुधार में सहायक है। इसमें आम जनता की भागीदारी जुड़ी है।

उपभोक्तावाद और अपशिष्ट उत्पादन (Consumerism and Waste Production)

उपभोक्तावाद से अभिप्राय है लोगों द्वारा संसाधनों का प्रयोग और खपत। जहाँ पुराने समय में मानव समाज संसाधनों का कम प्रयोग करता था, वहीं औद्योगिक क्रांति के पश्चात् उपभोक्तावाद कई गुणा बढ़ गया है। बढ़ती जनसंख्या और लोगों की जीवन-शैली में परिवर्तनों के चलते हर वस्तु की माँग बढ़ रही है। हमारी जरूरतें बढ़ी हैं और साथ ही संसाधनों की खपत। पहले एक ही वस्तु को बहुत समय तक प्रयोग में लाया जाता था जबकि आज पुरानी वस्तु को फेंककर या बदलकर नई-नई वस्तुएँ खरीदने का दौर चल रहा है।

जनसंख्या भी निरंतर बढ़ती जा रही है। विश्व बैंक के अनुसार सन् 2045 तक हम 11 अरब के आँकड़े को पार कर चुके होंगे। जनसंख्या और संसाधनों के प्रयोग के बीच के संबंध को समझने के लिए निम्नलिखित पहलुओं पर गौर करना अति आवश्यक है–

(1) **लोगों के आधार पर अति जनसंख्या (People over population)-** अधिक जनसंख्या पर्यावरणीय ह्रास का कारण है। विकासशील देशों में लोगों की आबादी बहुत अधिक होने के कारण सीमित संसाधनों पर दबाव पड़ता है और प्राकृतिक असंतुलन को बढ़ावा मिलता है। विकासशील राष्ट्रों में संसाधन सीमित होने के कारण पर्यावरणीय ह्रास, कुपोषण और मृत्यु दर बढ़ी है।

(2) **संसाधनों के आधार पर अति-जनसंख्या (Consumption over population)-** विकसित देशों में जनसंख्या सीमित है और संसाधनों की अधिकता है। यहाँ संसाधनों का अत्यधिक उपयोग होता है और साथ ही अपशिष्ट उत्पादन भी बहुत अधिक है।

पॉल एहर्लिक और जॉन हॉर्डेन के अनुसार:

[जनसंख्या] × [संसाधनों का प्रतिव्यक्ति उपयोग] × [अवशिष्ट उत्पादन]

= [पर्यावरणीय प्रभाव]

अत: उपभोक्तावाद के अनुसार विकसित राष्ट्रों की जीवन-शैली विकासशील राष्ट्रों की अपेक्षा, पर्यावरण ह्रास के लिए अधिक उत्तरदायी है। भारत और संयुक्त राज्य अमेरिका के आँकड़ों का अध्ययन करने पर पाया गया कि भारत की जनसंख्या अमेरिका से 3.4 गुणा अधिक है परंतु अपशिष्ट उत्पादन और ऊर्जा उपभोग लगभग 1/8वाँ है। अमेरिका में एक व्यक्ति, भारतीय की अपेक्षा, संसाधनों का 50 गुणा उपभोग करता है। अमेरिका के नागरिक पर्यावरणीय ह्रास के लिए लगभग 20-100 गुणा अधिक उत्तरदायी हैं।

■ पर्यावरण-संबंधी कानून (Environmental Legislation)

भारत विश्व का पहला देश है जिसने अपने संविधान में पर्यावरण सुरक्षा का प्रावधान रखा है। 5 जून 1972 के स्टॉकहोम में हुए संयुक्त राष्ट्र संघ के मानव पर्यावरण सम्मेलन में पहली बार पर्यावरण की चर्चा अन्तर्राष्ट्रीय स्तर पर की गई और तभी से 5 जून को विश्व पर्यावरण दिवस के रूप में मनाया जाता है।

इस क्रांफ्रेंस के बाद ही हमारे देश में पर्यावरण संबंधी कई अधिनियम पारित हुए जैसे कि वन्य जीवन (सुरक्षा) अधिनियम, 1972 ; जल (प्रदूषण निवारण एवं नियंत्रण) अधिनियम, 1974 ; वन (संरक्षण) अधिनियम (1980) ; वायु (प्रदूषण निवारण एवं नियंत्रण) अधिनियम, 1981 ; तथा पर्यावरण (संरक्षण) अधिनियम, 1986.

संवैधानिक प्रावधान—सन् 1976 में 42वें संशोधन द्वारा संविधान में निम्नलिखित पर्यावरण संबंधी प्रावधान सम्मिलित किये गए—

धारा 48-ए के अनुसार, ''यह देश पर्यावरण के सुधार व संरक्षण के लिए तथा देश के वनों व वन्य-जीवन की रक्षा के लिए प्रतिबद्ध होगा''।

धारा 51-ए (जी) के अनुसार, ''देश के हर नागरिक का यह कर्तव्य होगा कि वह इसके प्राकृतिक पर्यावरण, जिसमें इसके वन, झीलें, नदियाँ व वन्य जीवन शामिल हैं, की रक्षा व सुधार करेगा तथा हर प्रकार के जीव के प्रति संवेदनशील होगा''।

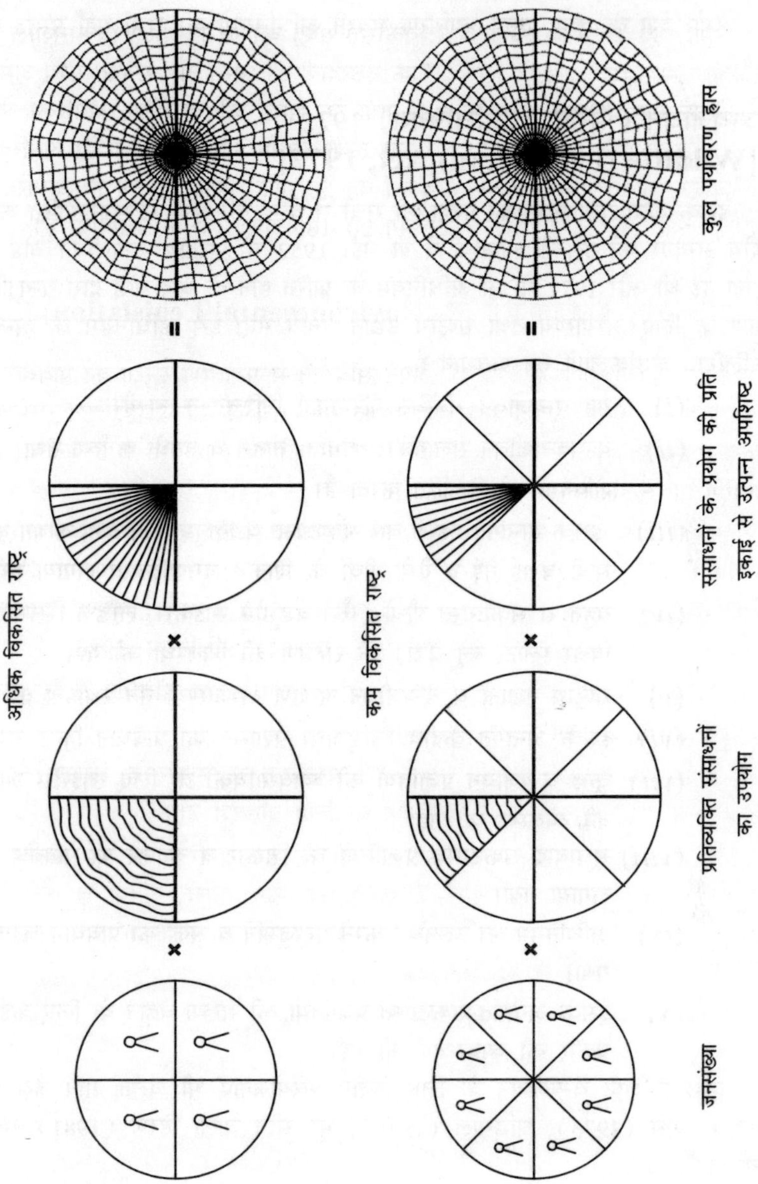

चित्र 6.7. जनसंख्या, उपभोक्तावाद, अपशिष्ट उत्पादन और पर्यावरणीय प्रभावों में संबंध।

हमारे देश के कुछ प्रमुख पर्यावरण संबंधी अधिनियमों की चर्चा यहाँ प्रस्तुत की गई है।

■ वन्यजीवन (सुरक्षा) अधिनियम, 1972 [Wildlife (Protection) Act, 1972]

इसके तहत वन्यजीवन को प्रदेश की सूची से केन्द्र की सूची में स्थानान्तरित करके केन्दीय सरकार को इसकी शक्तियाँ दे दी गईं। 1952 में भारतीय वन्यजीवन बोर्ड की स्थापना हुई थी और 1972 में इस अधिनियम के पारित होने के बाद बोर्ड द्वारा वन्यजीवन संरक्षण के लिए अभ्यारण्य तथा राष्ट्रीय उद्यान बनाये गए। इस अधिनियम के अन्तर्गत निम्नलिखित कार्यकलापों का प्रावधान है–

(*i*) यह वन्यजीवन संबंधित परिभाषाएँ निश्चित करता है।

(*ii*) यह वन्यजीवन सलाहकार समिति, वार्डन व उनके कर्तव्यों तथा शक्तियों को निर्धारित करता है।

(*iii*) इसके अन्तर्गत पहली बार संकटग्रस्त व विलुप्त होते वन्य जीवन की सूची बनाई गई व ऐसे जीवों के शिकार पर प्रतिबन्ध लगाया गया।

(*iv*) बहुत से संकटग्रस्त पौधों (जैसे बेड्डोम साइकस, लेडिज़ स्लिखर पिचर प्लांट, ब्लू वैंडा) के संरक्षण की व्यवस्था की गई।

(*v*) राष्ट्रीय उद्यानों व वन्यजीवन संरक्षण अभ्यारण्यों की स्थापना की गई।

(*vi*) इसके अन्तर्गत केंद्रीय चिड़ियाघर प्रशासन का प्रावधान किया गया।

(*vii*) कुछ वन्यजीवन प्रजातियों की व्यावसायिकी के लिए लाइसेंस आदि की व्यवस्था की गई।

(*viii*) सूचीबद्ध संकटग्रस्त प्रजातियों के शिकार व व्यापार पर प्रतिबंध लगाया गया।

(*ix*) अधिनियम का उल्लंघन करने पर जुर्माने व सजा का प्रावधान किया गया।

(*x*) इसके अन्तर्गत संकटग्रस्त प्रजातियों की संख्या बढ़ाने के लिए कई प्रकार की व्यवस्थाएँ की गईं।

कुछ विशिष्ट वन्यजीवन के लिए विशेष परियोजनाएँ भी चलाई गईं। जैसे सिंह (1972), बाघ (1973), घड़ियाल (1974), भूरे सींग वाला हिरण (1981) संबंधी परियोजनाएँ।

■ वन (संरक्षण) अधिनियम, 1980 [Forest (Conservation) Act, 1980]

यह जम्मू-कश्मीर को छोड़कर देश के अन्य सभी भागों में मान्य है। इस अधिनियम के प्रमुख पहलू निम्नलिखित हैं–

(*i*) राज्य सरकार वनों का प्रयोग केवल वानिकी कार्यों के लिए करेगी। अन्यथा उसे केन्द्रीय सरकार से अनुमति लेनी होगी।

(*ii*) एक सलाहकार समिति हर प्रकार के वनों के संरक्षण के लिए उचित धनराशि उपलब्ध कराएगी।

(*iii*) वानिकी से अलग कोई भी अवैध कार्य वन के अन्दर हो तो उसे तुरंत रोक देने की व्यवस्था है।

1992 में वन अधिनियम में कुछ संशोधन किये गये जिससे निम्नलिखित परिवर्तन हुए–

- वन के भीतर बिजली की लाइन बिछाना, भूकम्प का सर्वेक्षण करना तथा बाँध परियोजना प्रारंभ करने जैसी कुछ अवानिकी कार्यों के लिए केन्द्रीय सरकार से पूर्व सहमति लेकर काम किया जा सकता है।
- चाय, कॉफी, मसाले, रबड़ आदि को अवानिकी कार्यों में गिना जाता है।
- यदि फल वाले वृक्ष, तेल देने वाले या औषधि प्रदान करने वाले पेड़ भी लगाने हों तो वहाँ के आदि (native) पेड़ों को काटकर ऐसा करने का प्रावधान नहीं है। इसके लिए केन्द्रीय सरकार की अनुमति लेनी पड़ती है।
- टसर सिल्क के लिए रेशम के कीड़ों का पालन हमारे देश के आदिवासियों का प्राचीन पेशा है पर इस अधिनियम के अन्तर्गत इस बात पर बल दिया गया है कि कीड़ों का पालन 'अर्जुन' अथवा 'आसन' जैसे किसी एक प्रकार के पेड़ पर न करके मिश्रित प्रजातियों के पेड़ों पर किया जाए।
- रेशम के लिए कीड़ों का पालन करने के लिए केवल शहतूत के पेड़ों का लगाना भी एक गैर-वानिकी कार्य माना गया है क्योंकि इससे वनों की विविधता नष्ट होती है व 'मोनोकल्चर' यानि एक प्रजाति को बढ़ावा मिलता है जो पर्यावरण की दृष्टि से उचित नहीं है।
- वन के अंदर खनन को गैर-वानिकी माना गया है।
- इस प्रकार वन (संरक्षण) अधिनियम में वनों की विविधता को बनाए रखने का पूरा प्रयत्न किया गया है।

जल (प्रदूषण निवारण एवं नियंत्रण) अधिनियम, 1976 [Water (Prevention and Control of Pollution) Act, 1976]

इसके द्वारा देश में जल प्रदूषण का निवारण व नियंत्रण करके उसे स्वच्छ बनाये रखने का प्रयास किया गया है। इसके विशेष पहलू इस प्रकार हैं–

(*i*) यह भूमिगत व सतही जल के स्रोतों की गुणवत्ता को बनाये रखने के लिए हर प्रकार के प्रावधान करता है।

(*ii*) इसके तहत केन्द्रीय व राज्य प्रदूषण नियंत्रण बोर्डों की स्थापना की गई तथा उनके कार्य व शक्तियाँ निर्धारित किए गए।

(*iii*) बोर्डों के अनुदान, बजट, लेखा-जोखा आदि का प्रावधान किया गया।

(*iv*) कानून का उल्लंघन करके प्रदूषण करने वालों के लिए इसमें जुर्माना व सजा भी निर्धारित किये गए। इस अधिनियम की धारा 24 के अन्तर्गत कोई भी व्यक्ति या उद्योग या संस्थान किसी भी जल स्रोत में किसी भी प्रकार का प्रदूषक या विषैली वस्तु का विसर्जन नहीं कर सकता जिससे कि जल की गुणवत्ता में किसी प्रकार का हानिकारक परिवर्तन हो या होने की संभावना हो।

केन्द्रीय प्रदूषण नियंत्रण बोर्ड (Central Pollution Control Board)

इसके प्रमुख कार्य निम्नलिखित हैं–

- यह जल प्रदूषण के निवारण व रोकथाम के विषय में केन्द्र को सलाह देता है।
- यह प्रादेशिक प्रदूषण नियंत्रण बोर्डों को सलाह व मार्गदर्शन प्रदान करता है।
- प्रदूषण के निवारण व नियंत्रण के लिए प्रशिक्षण कैम्प लगाता है तथा जन-संचार के माध्यम से इस प्रकार के कार्यक्रम आयोजित करता है।
- देश भर से जल-प्रदूषण संबंधी सूचना व रिपोर्ट आदि को संकलित करता है तथा प्रदूषित जल के उपचार की विधियों को उपलब्ध करवाता है।
- देश भर में औद्योगिक कचरे की जाँच के लिए कुछ प्रयोगशालाओं को मान्यता प्रदान करता है।

राज्य प्रदूषण नियंत्रण बोर्ड (State Pollution Control Board)

- राज्य में स्थापित होने वाले किसी उद्योग से यदि किसी जल स्रोत को क्षति पहुँचने की संभावना हो तो राज्य सरकार को इसकी सूचना देता है।
- यह जल के मानक स्थापित करता है जिन्हें उस राज्य के उद्योगों को मानना होता है।
- राज्य बोर्ड को यह अधिकार होता है कि किसी उद्योग के जल के नमूने एकत्रित करे, उनकी जाँच करवाये तथा उसके मानकों पर खरा न उतरने की दशा में उद्योग को नोटिस देकर उसकी 'अनुमति' से इन्कार कर दे।
- बोर्ड का यह फर्ज़ भी है कि वह उद्योगों को उचित मार्गदर्शन दे ताकि वे प्रदूषण नियंत्रण समुचित ढंग से कर सकें।

वायु (प्रदूषण निवारण एवं नियन्त्रण) अधिनियम, 1981 [The Air (Prevention and Control of Pollution) Act, 1981]

- इस अधिनियम के अन्तर्गत वायु के प्रदूषण को रोकने का प्रावधान है। इसकी धारा 21 व 22 में कहा गया है कि कोई भी व्यक्ति या उद्योग या संस्थान यदि राज्य बोर्ड द्वारा निर्धारित मानकों से अधिक प्रदूषित तत्व वायु में विसर्जित

करता है और वायु को प्रदूषित करता है तो उसे कानूनन अपराधी माना जायेगा। उसके लिए 3-6 महीने की कैद अथवा जुर्माना या दोनों का प्रावधान है।

- राज्य बोर्ड को वायु के नमूने उद्योगों की चिमनी से इकट्ठे करने, जाँचने व फैसला देने का अधिकार है।
- 1987 में वायु प्रदूषण में ध्वनि प्रदूषण को भी शामिल कर लिया गया है।
- अनुच्छेद 20 के तहत मोटर गाड़ियों द्वारा निकलने वाले धुएँ से होने वाले प्रदूषण पर भी नियन्त्रण का प्रावधान है।
- अनुच्छेद 19 के तहत राज्य बोर्ड किसी भी क्षेत्र को 'वायु प्रदूषण नियन्त्रण क्षेत्र' घोषित कर सकता है।

जल अधिनियम में अनुच्छेद 28 तथा वायु अधिनियम में अनुच्छेद 31 के अन्तर्गत 'ऐपलेट अथॉरिटी' का प्रावधान है जिसमें 1 से 3 सदस्य होते हैं जो राज्यपाल द्वारा मनोनीत होते हैं। यदि किसी उद्योग को राज्य बोर्ड के फैसलों से शिकायत हो तो वह 30 दिन के भीतर 'ऐपलेट अथॉरिटी' को अपील कर सकता है तथा यह अथौरिटी दोनों पार्टियों का वक्तव्य सुनकर व जाँचकर यथाशीघ्र मामले का निपटारा कर देती है।

■ पर्यावरण (सुरक्षा) अधिनियम, 1986 [The Environment (Protection) Act, 1986]

यह अधिनियम 19 नवम्बर, 1986 को हमारी पूर्व प्रधानमंत्री श्रीमती इन्दिरा गाँधी के जन्म दिवस के अवसर पर कार्यान्वित किया गया था। इस अधिनियम में कुछ महत्त्वपूर्ण परिभाषाएँ दी गई हैं :

(*i*) पर्यावरण में जल, वायु, धरती व इनके आपसी संबंध तथा उनका मनुष्यों व अन्य हर प्रकार के जीवों तथा पदार्थों से संबंध को सम्मिलित किया गया है।

(*ii*) पर्यावरण प्रदूषण का अर्थ है किसी भी प्रकार के ठोस, द्रव अथवा गैसीय वस्तु की इतनी मात्रा में उपस्थिति जो पर्यावरण के लिए किसी भी प्रकार से हानिकारक हो या होने की संभावना रखती हो।

इस अधिनियम के तहत केन्द्रीय प्रदूषण नियन्त्रण बोर्ड को शक्तियाँ दी गई हैं कि वह पर्यावरण के संरक्षण तथा सुधार के लिए कार्यरत हो तथा राज्य प्रदूषण नियन्त्रण बोर्ड उसके साथ सहयोग करें। इस ऐक्ट में यह प्रावधान रखा गया है कि केन्द्र यह सुनिश्चित करे कि :

- जल, वायु व मृदा के मानक अलग-अलग क्षेत्रों व उद्देश्यों के लिए निर्धारित हों।

- प्रदूषकों की सर्वाधिक अनुमति योग्य मात्रा निर्धारित हो।
- विस्फोटक व संकटजनक पदार्थों के बनाने, रखने, वहन करने व विसर्जित करने के कड़े नियम निर्धारित हों।

1986 में पर्यावरण (सुरक्षा) नियमों के अन्तर्गत राज्य प्रदूषण नियंत्रण बोर्डों को निम्नलिखित दिशानिर्देश भी दिये गये–

- वे औद्योगिक इकाइयों को अच्छी से अच्छी प्रदूषण निवारण, नियन्त्रण व उपचार की तकनीकि से अवगत करायें।
- उद्योगों को प्रोत्साहन दें कि वे अपने कचरे का पुनःप्रयोग व पुनर्चक्रण करें।
- औद्योगिक इकाइयाँ जैविक गैस का उत्पादन करें ताकि उनके कचरे का प्रयोग भी हो तथा ऊर्जा भी प्राप्त हो सके।
- साफ-सुथरी तकनीकी को अपनाने के लिए उद्योगों को प्रोत्साहन दें। 1994 में पर्यावरण (सुरक्षा) नियम, 1986 में संशोधन किया गया तथा विभिन्न विकास परियोजनाओं के लिए ई०आई०ए० (Environmental Impact Assessment) का प्रावधान किया गया। ऐसी 29 विकास परियोजनाओं की सूची तैयार की गई जिन्हें प्रारम्भ करने से पहले उनके द्वारा होने वाले पर्यावरणीय प्रभावों का सम्पूर्ण अध्ययन व आकलन करके केन्द्रीय सरकार से अनुमति लेनी आवश्यक है। कुछ परियोजनाओं को राज्य बोर्ड से अनुमति लेनी होती है। इस अधिनियम के अन्तर्गत यह भी प्रावधान है कि औद्योगिक इकाइयों का पर्यावरण-संबंधी लेखा-जोखा भी किया जाए।

पर्यावरण-संबंधी कानूनों के लागू करने से जुड़े मुद्दे (Enforcement of Environmental Legislation—Major Issues)

यद्यपि हमारे देश में बहुत से पर्यावरण-संबंधी कानून बन चुके हैं जो पर्यावरण के संरक्षण की दृष्टि से महत्त्वपूर्ण हैं फिर भी वनों द्वारा देश की एक तिहाई भूमि का आवरण करने का लक्ष्य पूरा करने से हम बहुत पीछे हैं। हमारा वन्य जीवन फिर भी लुप्त हो रहा है। नदियों का जल अब भी प्रदूषित हो रहा है तथा वायु प्रदूषण भी जारी है।

हमारे अधिनियमों में कई ऐसी कमियाँ हैं जिनके कारण इनके उचित ढंग से लागू करने में कठिनाइयों का सामना करना पड़ता है।

(*i*) **वन्यजीवन (सुरक्षा) अधिनियम (1972) की कमियाँ :**

- इसमें स्थानीय लोगों के संरक्षण के उपायों को सम्मिलित नहीं किया गया है।
- कई पशु-सामग्रियों (बाघ, चीते की खाल) के स्वामित्व के सर्टिफिकेटों की अनुमति है जिससे अवैध व्यापार होता रहता है।
- जम्मू-कश्मीर में यह अधिनियम मान्य नहीं है क्योंकि उनका अपना अधिनियम है। बहुत से पशुओं की खाल व फर से अवैध ढंग से टोपी, बेल्ट, पर्स आदि बनाकर दूसरे राज्यों से जम्मू-कश्मीर में तस्करी द्वारा बेचा जाता है।

- अपराधी को दी जाने वाली सजा अधिक कड़ी नहीं है। इसमें 3 साल की कैद या 25,000 रुपये का जुर्माना या दोनों का प्रावधान है।

(*ii*) वन (संरक्षण) अधिनियम (1980) की कमियाँ :

- इस अधिनियम में स्थानीय आदिवासियों की भागीदारी को पूरी तरह से नजर-अंदाज किया गया है।
- वन-नियंत्रण के अधिकार पूरी तरह से केन्द्र सरकार के पास केन्द्रित कर दिये गये हैं। बहुत बार केन्द्र सरकार के लिए यह मुश्किल होता है कि किसी राज्य के सुदूर क्षेत्र में अवैध गैर-वानिकी कार्य का पता लगाकर उसे रोक सके।
- स्थानीय आदिवासियों को हर प्रकार से अलग-थलग करके उनके समर्थन व सहयोग की आशा रखना व्यर्थ है। अक्सर ये आदिवासी अपने मूल वनों से वंचित होने के कारण हिंसा, अवैध शिकार आदि करते हैं जिससे वन-संरक्षण को चोट पहुँचती है।

(*iii*) प्रदूषण संबंधी अधिनियमों की कमियाँ:

- अधिकतर अधिकार केन्द्रीय सरकार को दे दिये गये हैं और राज्य सरकार कुछ कर सकने में स्वयं को असमर्थ पाती है। केवल राजस्थान में ही 14000 स्थानों पर अवैध खनन हो रहा है तथा केन्द्रीय सरकार द्वारा इनको नियन्त्रित करना कठिन सिद्ध हो रहा है।
- प्रदूषण द्वारा पर्यावरण को होने वाले नुकसान के हिसाब से अपराधी को दी जाने वाली सजा बहुत कम है। अक्सर यह जुर्माना प्रदूषण नियन्त्रण के यन्त्रों के मूल्य की अपेक्षा काफी कम रहता है।
- आम नागरिक को 'सूचना का अधिकार' प्राप्त नहीं है। इसलिए वह ठीक ढंग से अपनी भागीदारी नहीं कर पाता।
- 1986 के पर्यावरण (सुरक्षा) अधिनियम को 'छतरी-अधिनियम' की संज्ञा दी गई है पर कई बार इसके अनुच्छेद जल तथा वायु संबंधी अधिनियमों के अनुच्छेदों की पुनरावृत्ति ही है जबकि उनमें दी जाने वाली सजा काफी कम है। पर्यावरण (सुरक्षा) अधिनियम के अनुच्छेद 24(2) में कहा गया है कि अपराधी का अपराध यदि दूसरे अधिनियमों में भी आ रहा है तो उसे उसके अनुसार भी दंड दिया जा सकता है। इस प्रकार अपराधी मामूली सी सजा पाकर पर्यावरण संरक्षण के अधिनियम की अवहेलना करता रहता है।
- मुकदमा दायर करने की प्रक्रिया अपने आप में ही बड़ी जटिल, लंबी चलने वाली तथा खर्चीली होती है। अक्सर पर्यावरण से जुड़े मुकदमों में कई जटिल तकनीकी शब्दावली व प्रणालियों का वर्णन होता है जिन्हें समझ पाना बहुतों के लिए कठिन होता है।
- अक्सर राज्य बोर्ड के पास धनराशि व संसाधनों का अभाव रहता है जो उसके लक्ष्य पूरा करने में बाधक है।
- बहुत बार प्रदूषणकारी के साथ अदालत के बाहर ही समझौता कर लिया जाता है।

- अक्सर राजनैतिक दबाव भी कानून की कार्यवाही को कमज़ोर बना देते हैं।
- छोटी औद्योगिक इकाइयों के पास अक्सर उतना धन नहीं होता कि वे महँगे उपकरण लगाकर प्रदूषण का नियन्त्रण कर सकें। इसके लिए अधिनियम में छोटी इकाइयों को कुछ राशि का ऋण प्रदान करने का प्रावधान होना चाहिए।
- पर्यावरण संरक्षण के अधिनियमों को कारगर बनाने में आम जनता की भागीदारी सबसे अधिक उपयोगी सिद्ध हो सकती है। अतः आम जनता को पर्यावरण संबंधी ज्ञान, चेतना तथा शिक्षा दी जानी चाहिए।

इस दिशा में सुप्रीम कोर्ट द्वारा 1991 में दिये गए दिशा-निर्देश अति महत्त्वपूर्ण हैं जिसमें पर्यावरण-अध्ययन को शिक्षा-प्रणाली के हर स्तर का अंभिन्न अंग बनाने को कहा गया है और इसी के चलते पर्यावरण-अध्ययन का यह अनिवार्य पाठ्यक्रम पढ़ाया जा रहा है।

पर्यावरण चेतना (Environmental Awareness)

लोगों के बीच पर्यावरण चेतना अभी प्रारंभिक दौर में ही है। हमारा ज्ञान पर्यावरण की अपेक्षा प्रदूषण तक ही सीमित होकर रह गया है। ऐसे में विभिन्न धारणाएँ पनपी हैं जो निराधार हैं। विकास के साथ जीवन स्तर भी ऊँचा उठा है और साथ ही पर्यावरण ह्रास की दर भी बढ़ी है। बुद्धिमत्ता पर्यावरण के साथ संतुलन बना कर परस्पर सहयोग करने में है। विज्ञान और तकनीकी के दौर में पर्यावरण एक अनदेखा पहलू रहा है। नेताओं और अफसरों ने नीति-निर्धारण के दौरान पर्यावरण को नजरअंदाज किया है। आर्थिक विकास और लाभ हमारी प्राथमिकता रहे हैं। ऐसे में पर्यावरण की स्थिति बिगड़ना स्वाभाविक है।

प्लेट VI. पर्यावरण रैली-स्कूली छात्रों द्वारा जनजागरण।

प्लेट VII. वृक्षारोपण-पर्यावरण संरक्षण के लिए सरल व प्रभावकारी कदम

आज पर्यावरण के सभी पहलुओं को जानने और समझने की आवश्यकता है क्योंकि पर्यावरण सभी की सांझी पूँजी है, समाज के प्रत्येक नागरिक को पर्यावरण का ज्ञान होना आवश्यक है। सभी को पर्यावरण के प्रति जागरूक करने के लिए हम विभिन्न साधनों का प्रयोग कर सकते हैं।

(*i*) विद्यार्थियों में पर्यावरण के प्रति जागरूकता लाने के लिए प्रारंभिक स्तर से ही बल दिया जाना चाहिए। सर्वोच्च न्यायालय द्वारा स्कूल व कॉलेज स्तर पर पर्यावरणीय शिक्षा के लिए दिए गए आदेश इस दिशा में एक सराहनीय कदम हैं।

(*ii*) लोगों में जन-जागृति लाने के लिए संचार के साधनों का प्रयोग किया जाना चाहिए। लेख, नाटक, कहानी व सच्चाई पर आधारित तस्वीरों व फिल्मों के माध्यम से लोगों को पर्यावरण का ज्ञान दिया जा सकता है। विरासत,

रेस-टू-सेव द प्लेनेट, हेड्स एंड टेल्स, टैराव्यू, कैप्टन प्लेनेट इत्यादि पर्यावरण-संबंधी जानकारी देने वाले टी०वी० कार्यक्रम हैं जिनसे समाज के हर वर्ग में पर्यावरण के प्रति जागरूकता लाने में सहयोग मिलता रहा है।

(*iii*) नीति-निर्धारक समाज के गठन में एक महत्त्वपूर्ण भूमिका निभाते हैं। इन्हें विशेष वर्कशॉप, सेमिनार, गोष्ठियाँ इत्यादि करके पर्यावरण का ज्ञान देना अत्यावश्यक है।

पर्यावरण-संरक्षण में स्वयंसेवी संगठनों की भूमिका

पर्यावरण संरक्षण का दौर प्रारंभिक स्तर से शुरू करने में स्वयंसेवी संगठनों की महत्वपूर्ण भूमिका है। स्वयंसेवी संगठनों द्वारा दिया गया ज्ञान एक जन-आंदोलन के रूप में उभरकर सामने आ सकता है। 'दशोली ग्राम स्वराज्य मंडल' और 'कल्पवृक्ष' ऐसी ही संस्थाएँ हैं जो चिपको आंदोलन और नर्मदा बचाओ आंदोलन का आधार बनीं। इनके अलावा WWF, BNHS, केरल शास्त्र साहित्य परिषद, सेंटर फॉर साइंस एंड एन्वायरमेंट (CSE) आदि ऐसी संस्थाएँ हैं जो पर्यावरण के क्षेत्र में महत्त्वपूर्ण भूमिका निभा रही हैं। कोका कोला व पेप्सी कोला में कीटनाशकों से संबंधित CSE की रिपोर्ट ने तो पूरे देश में सनसनी ही फैला दी। इस तरह हम पाएँगे कि पर्यावरण सुधार के लिए अनेक संस्थाएँ कार्यरत हैं, परंतु इसके अलावा हर नागरिक को शामिल करने पर ही पर्यावरण-संरक्षण का सपना साकार होगा।

प्रश्न-अभ्यास

1. सतत विकास से क्या अभिप्राय है? सततता प्राप्त करने के प्रमुख उपाय क्या हैं?
2. उर्जा की आवश्यकता गाँवों की अपेक्षा शहरों में अधिक क्यों है?
3. जल संरक्षण के तरीकों का वर्णन कीजिए।
4. वर्षा जल संग्रहण से आप क्या समझते हैं? इसके क्या लाभ हैं?
5. जलाशय क्या है ? जलाशय प्रबंधन के उद्देश्यों का वर्णन कीजिए।
6. 'पर्यावरण शरणार्थी' से क्या अभिप्राय है? जनजातियों के विस्थापन के क्या कारण हैं? किसी संबंधित घटना का वर्णन कीजिए।
7. विस्थापित जनजातियों के पुनर्स्थापन से संबंधित मुद्दों और समस्याओं का वर्णन कीजिए। किसी संबंधित घटना का वर्णन भी कीजिए।
8. मानव-केन्द्रित और पारिस्थितिकी-केन्द्रित विचारधारा का वर्णन करें। इनमें कौन-सी विचारधारा उचित है और क्यों?

9. हरित-गृह गैसें और हरित-गृह प्रभाव क्या है ? भूमंडलीय तापमान वृद्धि में इन गैसों का क्या योगदान है?
10. भूमंडलीय तापमान वृद्धि के प्रभावों का वर्णन कीजिए।
11. अम्लीय वर्षा क्या है? यह कैसे बनती है ? भारत के किस क्षेत्र में अम्लीय वर्षा दर्ज की गई है?
12. अम्लीय वर्षा के प्रभावों और नियंत्रण के उपायों का वर्णन कीजिए।
13. क्षोभमंडल में ओजोन के प्राकृतिक निर्माण का वर्णन कीजिए।
14. ओजोन-क्षरण के लिए उत्तरदायी प्रदूषक कौन-से हैं?
15. नाभिकीय प्रभाव पर संक्षिप्त टिप्पणी लिखो।
16. परती भूमि के सुधार के प्रमुख उपाय क्या हैं?
17. 'जनसंख्या, उपभोक्तावाद और अपशिष्ट उत्पादन परस्पर संबंधित हैं' कथन पर टिप्पणी करें।
18. निम्नलिखित की प्रमुख विशेषताओं का वर्णन कीजिए–

    (क) वन्यजीव (संरक्षण) अधिनियम, 1972.

    (ख) वन (संरक्षण) अधिनियम, 1980.
19. जल (प्रदूषण रोकथाम एवं नियंत्रण) अधिनियम, 1974 के अनुसार 'प्रदूषण' की परिभाषा क्या है? इस अधिनियम की मुख्य विशेषताएँ क्या हैं?
20. वायु (प्रदूषण रोकथाम एवं नियंत्रण) अधिनियम के अनुसार किसी राज्य में (वायु प्रदूषण रोकथाम क्षेत्र' की घोषणा करने का अधिकार किसे प्राप्त है? इस अधिनियम की मुख्य विशेषताएँ क्या हैं?
21. पर्यावरण संरक्षण अधिनियम, 1986 को 'छतरी अधिनियम' की संज्ञा क्यों दी गई है? 1986 के प्रमुख पर्यावरण संरक्षण नियमों का वर्णन कीजिए।
22. पर्यावरण संबंधी कानून को सफलता से लागू करने में मुख्य बाधाएँ क्या हैं?
23. समाज में पर्यावरण जागृति लाने के प्रमुख उपाय क्या हैं ?

वस्तुनिष्ठ प्रश्न

(क) खाली स्थान भरें–

1. सतत विकास की व्याख्या सर्वप्रथम ...... ने दी।
2. पारिस्थितिक तंत्र द्वारा लंबे समय तक पोषित जीवों की संख्या को तंत्र की ...... क्षमता कहते हैं।
3. भूमि का वह क्षेत्र जिसमें जल का निकास एक ही क्षेत्र में हो ...... कहलाता है।
4. पृथ्वी का औसत तापमान 15°C है। हरितगृह गैसों की अनुपस्थिति में यह तापमान ...... होता।

5. अम्लीय वर्षा के जल का pH ...... से कम होता है।
6. NO_2 और ...... का वायुमंडलीय उत्सर्जन अम्लीय वर्षा का कारण है।
7. ओजोन परत पृथ्वी पर जीवों को हानिकारक ...... किरणों से बचाती है।
8. ओजोन की मात्रा ...... इकाई द्वारा मापी जाती है।
9. CFC का ओजोन क्षरण का लक्षण सर्वप्रथम ...... और ...... द्वारा दर्ज किया गया।
10. नाभिकीय विखंडन में उत्सर्जित स्ट्रोंशियम ...... को विस्थापित करके हड्डियों के रोग पैदा करता है।
11. विश्व पर्यावरण दिवस ...... को मनाया जाता है।
12. संविधान में पर्यावरण संरक्षण के कानून बनाने वाला प्रथम राष्ट्र ...... है।
13. ...... अधिनियम के अन्तर्गत राष्ट्रीय उद्यान और वन्यजीव अभ्यारण्यों की स्थापना हुई।
14. वायु (प्रदूषण रोकथाम एवं नियंत्रण) अधिनियम, 1981 में ध्वनि को प्रदूषक के रूप में वर्ष ...... में शामिल किया गया।
15. औद्योगिक इकाई द्वारा राज्य प्रदूषण नियंत्रण बोर्ड के विरुद्ध दायर याचिका की सुनवाई, जल एवं वायु अधिनियम के अन्तर्गत ...... प्राधिकरण करता है।
16. पर्यावरण संरक्षण अधिनियम, 1986 में ...... से प्रभावी हुआ।

(ख) सही उत्तर चुनिए–

1. विश्व प्रसिद्ध रिपोर्ट 'विकास की सीमाएँ' जिसमें अनियंत्रित विकास के कारण विनाश की घोषणा की गई, किसके द्वारा लिखी गई?
   (क) मैयर्स और सहयोगी (ख) मीडोस और सहयोगी
   (ग) ब्रुंटलैंड (घ) विल्सन और सहयोगी
2. निम्नलिखित में कौन जलवाह के नुकसान से संबंधित नहीं है?
   (क) सीढ़ीनुमा खेती (ख) रासायनिक घटक
   (ग) कृषि अवशिष्टों की सतह (घ) बाहर से डाली गई मृदा
3. वर्षा जल संग्रहण के निम्नलिखित लाभ हैं–
   (क) सड़कों पर बाढ़ का नियंत्रण (ख) भूजल संवर्धन
   (ग) जलवाह में कमी (घ) ऊपर दिए गए सभी
4. तरुण भारत संघ के राजेन्द्र सिंह को किस कार्य के लिए मैग्सेसे पुरस्कार दिया गया?
   (क) जल संरक्षण (ख) सामुदायिक वानिकी
   (ग) साफ व स्वच्छ तकनीकी (घ) सौर उर्जा

5. सरदार सरोवर परियोजना के अन्तर्गत 3 लाख लोगों के विस्थापन का कारण है-

(क) गाँवों का डूबना (ख) भूमिगत आग

(ग) भूस्खलन (घ) राष्ट्रीय उद्यान की स्थापना

6. कौन-सी गैस अधिकतम भूमंडलीय तापमान वृद्धि के लिए उत्तरदायी है?

(क) CFC (ख) CH_4 (मीथेन)

(ग) CO_2 (घ) N_2O

7. मवेशी, भेड़ और दीमक किस हरितग्रह गैस के उत्पादन के लिए उत्तरदायी हैं?

(क) मीथेन (ख) ओजोन

(ग) नाइट्रस ऑक्साइड (घ) ऊपर दिए गए सभी

8. ओजोन क्षरण के लिए उत्तरदायी सबसे महत्वपूर्ण रसायन है-

(क) मीथेन (ख) CFC

(ग) नाभिकीय धूल (घ) नाइट्रस ऑक्साइड

9. ओजोन का अधिकतम क्षरण होता है

(क) भूमध्य रेखा पर (ख) उत्तरी ध्रुव पर

(ग) दक्षिणी ध्रुव पर (घ) उष्ण कटिबंध पर

10. चर्नोबिल दुर्घटना किससे संबंधित है?

(क) नाभिकीय दुघर्टना (ख) भूस्खलन

(ग) भूकंप (घ) अम्लीय वर्षा

11. भारतीय संविधान का कौन-सा अनुच्छेद पर्यावरण संरक्षण को प्रत्येक नागरिक के मौलिक कर्त्तव्य के रूप में पहचान कराता है?

(क) अनुच्छेद 42 (ख) अनुच्छेद 48A

(ग) अनुच्छेद 51A(g) (घ) अनुच्छेद 52

12. वन अधिनियम के अनुसार किसकी खेती गैर-वन्य गतिविधि है–

(क) चाय (ख) रबड़

(ग) शहतूत (घ) ऊपर दिए गए सभी

13. कौन-सी स्वयंसेवी संस्था 'चिपको आंदोलन' से जुड़ी हुई है?

(क) कल्पवृक्ष (ख) सृष्टि

(ग) दशोली ग्राम स्वराज्य मंडल (घ) ग्रीन पीस

14. शीतल पेय में कीटनाशकों का संदूषण किस स्वयंसेवी संस्था द्वारा प्रकाश में लाया गया?

(क) सेंटर फॉर साइंस एंड एन्वायरमेंट

(ख) बॉम्बे नेचुरल हिस्ट्री सोसाइटी

(ग) केरल शास्त्र साहित्य परिषद्

(घ) कल्पवृक्ष

(ग) निम्नलिखित कथन में सही/गलत की पुष्टि कीजिए–

1. शहरों में गाँवों की अपेक्षा उर्जा की माँग कम होती है। (सही/गलत)
2. तालाब, जोहड़, बावड़ी आदि वर्षा जल संग्रहण की प्राचीन तकनीकें हैं। (सही/गलत)
3. संयुक्त राष्ट्र घोषणा के अनुसार आवास का अधिकार प्रत्येक नागरिक का मानवाधिकार है। (सही/गलत)
4. भूमि अधिग्रहण अधिनियम, 1894 के अनुसार भारत सरकार किसी को भूमि छोड़ने का आदेश नहीं दे सकती। (सही/गलत)
5. अनुसूचित जनजातियों को बड़े बाँधों, खनन व राष्ट्रीय उद्यानों से अधिकतम लाभ होता है क्योंकि ये लोग वहाँ रहते हैं। (सही/गलत)
6. मानव केन्द्रित विचारधारा मानवहित के लिए संसाधनों के प्रयोग पर बल देती है। (सही/गलत)
7. ओजोन क्षरण के कारण त्वचा कैंसर और आँखों के रोग बढ़ेंगे। (सही/गलत)
8. अनुपजाऊ भूमि अत्यधिक चराई, जंगलों की कटाई, खनन और अनुचित कृषि के तरीकों के कारण उत्पन्न होती है। (सही/गलत)
9. उपभोग संबंधित जनसंख्या वृद्धि विकासशील राष्ट्रों का लक्षण है। (सही/गलत)
10. भारत की जनसंख्या संयुक्त राज्य अमेरिका से 3.4 गुणा अधिक है परंतु यहाँ उर्जा का उपभोग संयुक्त राज्य अमेरिका का 1/8 वाँ भाग है। (सही/गलत)
11. वन्यजीव (संरक्षण) अधिनियम, 1972 जम्मू और कश्मीर सहित समस्त भारतीय राज्यों में लागू है। (सही/गलत)
12. वन अधिनियम में 1992 में हुए संशोधन के अनुसार वनों में किसी भी गैर-वन्य गतिविधि के लिए राज्य सरकार की अनुमति आवश्यक है। (सही/गलत)
13. जल (प्रदूषण रोकथाम एवं नियंत्रण) अधिनियम, 1974 की परिभाषा के अनुसार जीवन के किसी भी रूप को हानि पहुँचाने वाले घटकों के अलावा उनके संभावित समकक्षों को भी शामिल किया गया है। (सही/गलत)
14. केन्द्रीय एवं राज्य प्रदूषण नियंत्रण बोर्डों की स्थापना 1996 में पर्यावरण (संरक्षण) अधिनियम के अन्तर्गत हुई। (सही/गलत)
15. वन संरक्षण अधिनियम, 1980 की कमजोरी इसमें न के बराबर समुदायों का भाग लेना है। (सही/गलत)

इकाई 7

जनसंख्या एवं पर्यावरण

Human Population and the Environment

■ जनसंख्या वृद्धि (Population Growth)

सन् 1800 में पृथ्वी पर लगभग 1 अरब लोगों का निवास था। इसके पश्चात् मानव जनसंख्या नाटकीय ढँग से बढ़ी जो चित्र 7.1 में दर्शाई गई है। 1 अरब की जनसंख्या तक पहुँचने के लिए मानव सभ्यता को 39 हजार वर्ष लगे जबकि अगले 1 अरब 130 वर्षों में और उससे आगे 1 अरब मात्र 45 वर्षों में जुड़ गए। हम पहले ही 7 अरब की संख्या (7.8 अरब 2020 में) पार कर चुके हैं और विश्व बैंक के अनुमान के अनुसार वर्ष 2100 तक विश्व की जनसंख्या 16 अरब हो जाएगी।

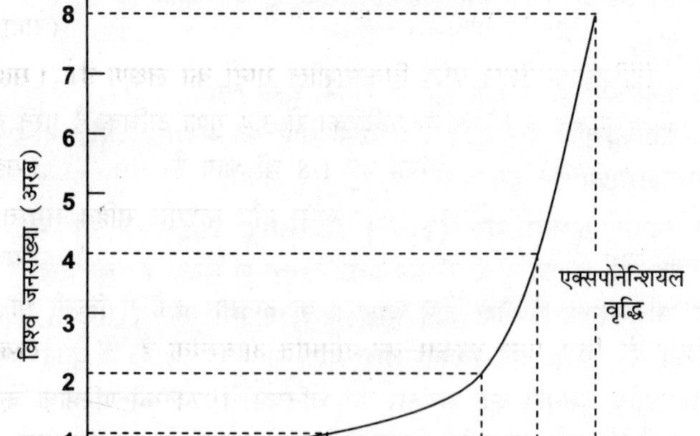

चित्र 7.1. पिछले चार शतकों में विश्व जनसंख्या वृद्धि।

आइए जनसंख्या वृद्धि के कारणों पर एक नजर डालें। सभ्यता के प्रारंभ में, पाषाण युग में, जनसंख्या लगभग स्थाई थी। पर्यावरणीय दशाएँ सम थीं और मानव-निर्मित साधनों का प्रयोग न के बराबर था। सूखा और महामारी अक्सर आते रहते थे जिसके कारण

मृत्यु दर अधिक रही। 14वीं सदी में फैला प्लेग यूरोप और एशिया में लगभग 50% लोगों की मृत्यु के लिए उत्तरदायी था।

वैज्ञानिक और तकनीकी उन्नति के साथ मनुष्य की मृत्यु दर घटी। लोगों ने स्थाई निवास बना लिए जिनमें सफाई, भोजन एवं दवाइयों की सुविधा उपलब्ध थी। शिशु मृत्यु दर और बीमारियों से होने वाली मौतों के घटने से जनसंख्या वृद्धि में उफान-सा आ गया। विकासशील देशों में कृषि मुख्य व्यवसाय है। कृषि में अधिक मेहनत और अधिक उत्पादन अर्थात् अधिक काम करने वाले लोगों की आवश्यकता थी जिसने ग्रामीण एवं अशिक्षित लोगों को बड़े परिवारों की ओर प्रोत्साहित किया। फलस्वरूप, पिछले 50 वर्षों में जनसंख्या 3–4% प्रतिवर्ष की दर से हुई जो 90–95% जनसंख्या वृद्धि के लिए उत्तरदायी रही।

■ विभिन्न राष्ट्रों में जनसंख्या संबंधित जानकारी (Population Characteristics and Variations Among Nations)

वृद्धि–जब जनसंख्या की वृद्धि निश्चित दर से हो तो इसे Exponential वृद्धि कहते हैं। परंतु जब यह वृद्धि एक निश्चित प्रतिशत के अनुसार हो, इसे ज्यामितिक वृद्धि कहते हैं। जनसंख्या को दोगुना होने में लगने वाला समय भी, जनसंख्या के अध्ययन की दृष्टि से महत्वपूर्ण है। इसकी गणना निम्नलिखित तरीके से की जाती है–

$T_d = 70/r$

T_d = जनसंख्या को दोगुना होने में लगने वाला समय

r = वार्षिक वृद्धि दर; यानि यदि किसी राष्ट्र की जनसंख्या वृद्धि दर 2% हो तो उस देश की जनसंख्या को दुगना होने में 35 वर्ष लगेंगे।

कुल जनन क्षमता दर (Total fertility rate)–किसी भी राष्ट्र की जनसंख्या वृद्धि की दर की दृष्टि से यह एक महत्वपूर्ण घटक है। कुल जनन क्षमता से अभिप्राय है जीवनकाल में पैदा होने वाले शिशुओं की औसत संख्या। जनन क्षमता विकसित राष्ट्रों में 1.9 है और विकासशील देशों में 4.7। 1950 में कुल जनन क्षमता 6.1 थी। परंतु, लोक जागृति और सरकार की नीतियों के फलस्वरूप कुल जनन क्षमता खासी कम हुई है जो एक सराहनीय कदम है।

शिशु मृत्यु दर (Infant mortality rate)–भविष्य की जनसंख्या निर्धारण की दृष्टि से यह एक महत्वपूर्ण पहलू है। यह प्रतिवर्ष जन्मे शिशुओं में उन शिशुओं की संख्या है जिनकी मृत्यु हो गई। हालाँकि शिशु मृत्यु दर में काफी कमी आई है, परन्तु विकसित और विकासशील देशों के शिशु मृत्यु-दर में अंतर है।

विस्थापन स्तर (Replacement level)–जनसंख्या में बदलाव की दृष्टि से यह एक महत्वपूर्ण विषय है। सामान्यत: दो अभिभावक जिनके दो बच्चे हैं, बच्चों द्वारा विस्थापित कर दिए जाते हैं। परंतु, अधिक शिशु मृत्यु दर के कारण यह स्तर अक्सर

बदलता रहता है। विकासशील देशों में जहाँ जीवन-काल कम है और शिशु मृत्यु दर अधिक है, विस्थापन स्तर 2.7 है, वहीं विकसित देशों में यह स्तर 2.1 है।

आयु संरचना (Age structure)–किसी भी राष्ट्र की आयु संरचना को आयु पिरामिड की मदद से दर्शाया जाता है। विभिन्न आयु वर्ग किशोरावस्था (0–14 वर्ष), युवावस्था (15–44 वर्ष) एवं वृद्धावस्था (45 वर्ष से अधिक) हैं। हमें तीन प्रकार के आयु पिरामिड प्राप्त होते हैं।

(क) पिरामिडनुमा–ऐसी स्थिति में किशोरवस्था वर्ग की जनसंख्या अधिक होती है और वृद्धावस्था की जनसंख्या कम होती है। यह स्थिति बढ़ती हुई जनसंख्या को प्रदर्शित करती है। भारत, बांग्लादेश, इथोपिया, नाइजीरिया आदि इसके उदाहरण हैं। किशोरावस्था में अधिक जनसंख्या शीघ्र ही युवावस्था में प्रवेश करेगी और जनसंख्या वृद्धि के लिए उत्तरदायी होगी। वृद्धावस्था वर्ग की कम जनसंख्या कम मृत्यु दर को दर्शाती है [चित्र 7.2 (क)]

(ख) घंटीनुमा–ऐसी स्थिति विकसित राष्ट्र जैसे फ्रांस, अमेरिका, कनाडा आदि में देखने को मिलती है जहाँ पिछले दो दशकों में जन्म की दर घटी है जिसके फलस्वरूप 0–35 वर्ष के आयु वर्गों में जनसंख्या लगभग समान है। अगले 10 वर्षों में प्रजनन करने वाले आयु वर्ग की जनसंख्या कम होगी और अधिक वृद्धि नहीं होगी। ऐसी स्थिति में जनसंख्या लगभग स्थाई रहती है [चित्र 7.2 (ख)]

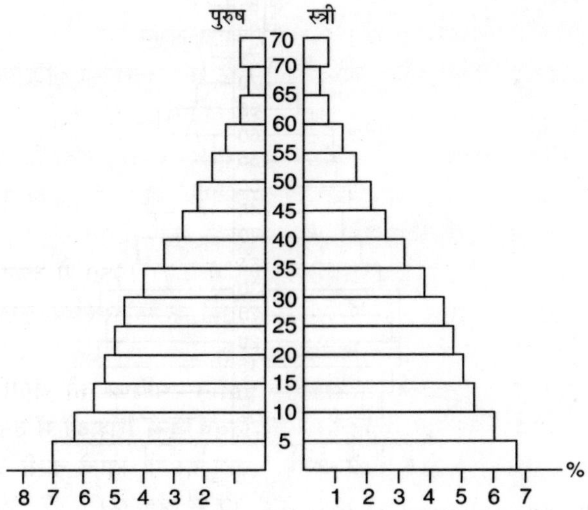

(क) भारत

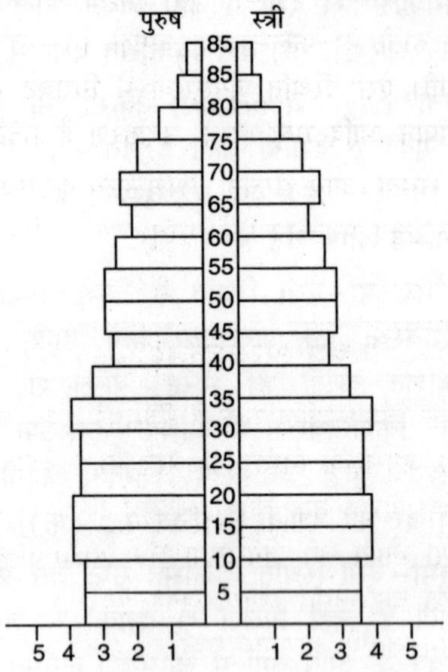

(ख) फ्रांस

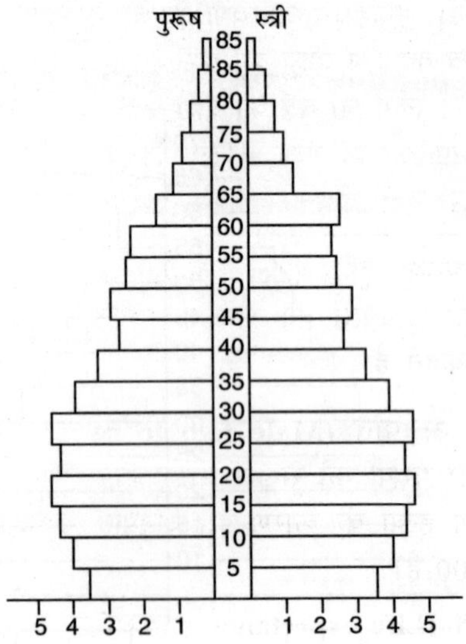

(ग) जर्मनी

चित्र. 7.2. आयु पिरामिड (क) पिरामिड–नुमा बढ़ती हुई जनसंख्या–भारत (ख) घंटीनुमा स्थाई जनसंख्या–फ्रांस (ग) घड़ा–नुमा घटती हुई जनसंख्या–जर्मनी।

(ग) घड़ा-नुमा—इस स्थिति में किशोरावस्था की अपेक्षा युवा वर्ग की जनसंख्या अधिक होती है। फलस्वरूप, अगले 10 वर्षों में प्रजनन के लिए उत्तरदायी जनसंख्या कम होगी। ऐसी स्थिति जनसंख्या में गिरावट दर्ज की गई है। जर्मनी, इटली, हंगरी, स्वीडन, जापान आदि राष्ट्र इसके उदाहरण है [चित्र 7.2 (ग)]

कुल जनन क्षमता, आयु संरचना, शिशु मृत्यु दर एवं विस्थापन स्तर आदि जनसंख्या वृद्धि को जानने के लिए महत्त्वपूर्ण हैं। परंतु, यदि सभी के 2 बच्चे भी हों तो जनसंख्या कम नहीं होगी।

विषय अध्ययन (CASE STUDY)

- इथोपिया एक विकासशील राष्ट्र है जिसकी आयु वर्ग की संरचना पिरामिडनुमा है। यहाँ की जनसंख्या निरंतर बढ़ रही है। यहाँ कुल जनन क्षमता दर 6.9 है। अगर यह देश 2050 तक विस्थापन स्तर प्राप्त करने का निर्णय ले तो यहाँ की 5 करोड़ 70 लाख की जनसंख्या वर्ष 2050 तक 22 करोड़ 50 लाख का आँकड़ा प्राप्त कर लेगी। स्थायी जनसंख्या का लक्ष्य प्राप्त करने में अगले 50 वर्ष और लग जाएँगे और तब तक यहाँ की जनसंख्या 37 करोड़ होगी।
- अफ्रीका के कई राष्ट्रों में एड्स के कारण भी जनसंख्या पर प्रभाव पड़ा है। संयुक्त राष्ट्र के आँकड़े एड्स प्रभावित क्षेत्रों में अनुमान से लगभग 8% कम हैं। माली, रवांडा, युगांडा व जाम्बिया इसके उदाहरण हैं। एड्स के कारण 15–49 वर्ष के बीच का 1/4 आयु वर्ग प्रभावित हुआ है। बोट्सवाना में 15 वर्ष से कम आयु के 2/3 लोग 50 वर्ष की आयु तक पहुँचने से पहले एड्स के कारण मर जाते हैं। अफ्रीका के देशों में लगभग 30% जनसंख्या एड्स से प्रभावित हैं। इसके कारण यहाँ जीवनकाल कम हो गया है।

शून्य जनसंख्या वृद्धि (Zero population growth)—जब जन्म और अप्रवास का योग मृत्यु और उत्प्रवास का योग एकसमान हो, ऐसी स्थिति को शून्य जनसंख्या वृद्धि की स्थिति कहते हैं।

स्त्री-पुरुष अनुपात (Male female ratio)—किसी भी समाज में अस्तित्व के लिए स्त्री और पुरुषों की संख्या समान होना आवश्यक है। परंतु कन्या शिशु की अनेच्छा और भ्रूण हत्या के कारण इस अनुपात में कमी आई है। चीन में पुरुष-स्त्री अनुपात 140 : 100 है।

जीवनकाल (Life expectancy)—किसी भी राष्ट्र में किसी नवजात शिशु की औसत आयु को जीवनकाल कहते हैं। सभ्यता के विकास के साथ औसत जीवनकाल 40 वर्ष से बढकर 65.5 वर्ष हो गया है। भारत में स्त्री और पुरुष औसत जीवनकाल सन् 1900 में क्रमशः 23.3 वर्ष और 22.6 वर्ष था। बढ़ती डाक्टरी सुविधाओं और वैज्ञानिक विकास

के कारण यह जीवनकाल बढ़कर 60.5 वर्ष (स्त्री) और 60.3 वर्ष (पुरुष) हो गया है। जापान और स्वीडन में जीवनकाल 82.1–84.2 (स्त्री) और 77-77.4 (पुरुष) है।

आयु-वर्ग संरचना में परिवर्तन (Demographic transition)–जनसंख्या वृद्धि को आर्थिक विकास से जोड़ा गया है। उच्च जीवन-शैली व सुविधाओं के कारण जन्म व मृत्यु दर कम हुई हैं और परिणामस्वरूप जनसंख्या वृद्धि भी कम हुई है। इस प्रक्रिया को आयु-वर्ग संरचना में परिवर्तन कहा गया है। यह शहरीकरण और विकास के साथ जुड़ी है और यह चार चरणों में हुआ है–

(क) प्राक्-औद्योगिक चरण (Pre-industrial phase)–यहाँ वृद्धि व मृत्यु दर, दोनों, ही अधिक रहे हैं और जनसंख्या वृद्धि कम हुई है।

(ख) परिवर्तन का चरण (Transition phase)–औद्योगीकरण की शुरुआत के साथ सुविधाओं का आगमन हुआ। पोषक भोजन, स्वच्छ परिवेश और डॉक्टरी सुविधाओं के कारण मृत्यु दर कम हुई परंतु जन्म की दर अधिक ही रही। जनसंख्या वृद्धि 2.5–3% की वृद्धि दर से हुई।

(ग) औद्योगिक चरण (Industrial phase)–इस चरण में जन्म की दर कम हुई और जनसंख्या वृद्धि की दर भी कम हुई।

(घ) औद्योगीकरण के पश्चात् का चरण (Post-industrial phase)–यह वह स्थिति है जिसमें शून्य जनसंख्या वृद्धि दर्ज की जाती है।

विकासशील देशों में जनसंख्या संरचना में परिवर्तन की शुरुआत हो चुकी है। विकसित राष्ट्रों में जनसंख्या संरचना में परिवर्तन हो चुका है और ये राष्ट्र 0.5% की दर से विकास कर रहे हैं। परंतु, चिंता का विषय यह है कि विश्व की 90% जनसंख्या विकासशील राष्ट्रों में है और यहाँ जनसंख्या वृद्धि दर 2% से अधिक है। यहाँ जनसंख्या 35 वर्षों से भी कम समय में दोगुनी हो जाएगी।

■ जनसंख्या विस्फोट (Population Explosion)

आधुनिक सभ्यता के दौरान विश्व जनसंख्या को दोगुना होने में लगने वाले समय में कमी आई है। बीसवीं सदी में सर्वाधिक जनसंख्या वृद्धि हुई। 1950-1990 के बीच, मात्र 40 वर्षों में जनसंख्या 5 अरब से अधिक हो गई। इस दौरान प्रतिवर्ष 9 करोड़ 20 लाख की वृद्धि हुई। दूसरे शब्दों में प्रतिवर्ष एक मैक्सिको विश्व जनसंख्या में जुड़ता गया। वर्ष 2000 में विश्व की जनसंख्या 6 अरब 30 करोड़ थी और यह अगले 100 वर्षों में चार गुणा बढ़ जाएगी। मानव जनसंख्या की इस अनियंत्रित वृद्धि को 'जनसंख्या विस्फोट' की संज्ञा दी गई है।

भारतीय परिदृश्य–भारत 1 अरब जनसंख्या वाला विश्व का दूसरा अधिकतम जनसंख्या वाला देश है। अगर जनसंख्या वृद्धि की दर यही रही तो सन् 2050 में हमारी जनसंख्या 1 अरब 63 करोड़ होगी और भारत अधिकतम जनसंख्या वाला देश होगा। दूसरे

शब्दों में हम जनसंख्या विस्फोट से जूझ रहे हैं। क्या हमारे पास प्रतिवर्ष बढ़ने वाली जनसंख्या के भोजन, आवास, शिक्षा, रोजगार आदि के लिए साधन हैं? अगर आँकड़ों पर जाएँ तो पाएँगे कि हमने स्वतंत्रता के पश्चात्, जनसंख्या की दृष्टि से, मात्र 35 वर्षों में दूसरा भारत जोड़ दिया। 11 मई 2000 को हमने 1 अरब का आँकड़ा छुआ और आज स्थिति यह है कि विश्व का हर छठा आदमी हिन्दुस्तानी है।

जनसंख्या वृद्धि के कारण संसाधनों की कमी एवं पर्यावरण का ह्रास हुआ है। हमारे संसाधन जैसे भूमि, खनिज तेल, जल, खनिज इत्यादि सीमित हैं और इन संसाधनों का अंधाधुंध दोहन हो रहा है। औद्योगिक और तकनीकी विकास से जीवन का स्तर तो ऊँचा उठा है परंतु, पर्यावरण में जहरीले व घातक प्रदूषक भी बढ़े हैं। समस्या यह है कि हमारे अस्तित्व के लिए आवश्यक पर्यावरण प्रदूषित हो रहा है। हमें जनसंख्या वृद्धि को रोकने के लिए विश्वव्यापी जनन नियंत्रण कार्यक्रम को अपनाना होगा अथवा तकनीकी और वैज्ञानिक ज्ञान के आधार पर अन्य संसाधनों को खोजना पड़ेगा जो असीमित समय तक जीवन को बनाए रखें, यह आज विवाद का विषय बन चुका है। जनसंख्या वृद्धि से संबंधित दो धारणाएँ हैं जिनका विवरण निम्नलिखित है–

मैल्थस विचारधारा–मैल्थस के अनुसार, हमारी जनसंख्या अनियंत्रित दर से बढ़ती जा रही है जबकि भोजन उत्पादन की दर बहुत कम और लगभग स्थिर है। इसलिए गरीबी, भुखमरी, बीमारी, अपराध और दुख, जनसंख्या वृद्धि के साथ जुड़े हुए हैं। मैल्थस के अनुसार, अकाल, बीमारी, महामारी, हिंसा व जन्म नियंत्रण के उपाय जनसंख्या वृद्धि को रोकने के उपाय हैं।

मार्क्स विचारधारा–कार्ल मार्क्स के अनुसार, जनसंख्या वृद्धि तो आखिरी परिणाम है। यह गरीबी, संसाधन व पर्यावरण ह्रास का कारण नहीं है। मार्क्स के अनुसार गरीबी, बेरोजगारी, पर्यावरणीय ह्रास गरीब लोगों के सामाजिक शोषण का परिणाम है और ये सभी पर्यावरणीय ह्रास के लिए जिम्मेदार हैं।

दोनों विचारधाराओं पर गौर करने पर हम पाएँगे, ये विचारधाराएँ और इनमें वर्णित घटक एक-दूसरे से जुड़े हुए हैं और प्रत्यक्ष या अप्रत्यक्ष रूप से एक-दूसरे पर प्रभाव डालते हैं। सभी को सामाजिक न्याय और जीवन की आवश्यकताओं व सुविधाओं का समान वितरण स्थायी जनसंख्या के लक्ष्य को पाने में सहायक होंगे।

* जनसख्या की घड़ी

प्रत्येक सैकंड इस धरती पर औसतन 4.3 शिशु जन्म लेते हैं जिनमें 2 की मृत्यु हो जाती है। परिणामस्वरूप हर सैकंड 2.3 आदमी जुड़ रहे हैं। इसका अर्थ है हम हर घंटे 8,684 और हर दिन लगभग 2,08,400 की संख्या से बढ़ रहे हैं।

■ परिवार कल्याण कार्यक्रम (Family Welfare Programmes)

जनसंख्या विस्फोट 'टाइम बम' के समान है जिसका निश्चित समय पर उपचार आवश्यक है। जनसंख्या का पृथ्वी की वहनक्षमता से कम और स्थायी रहना आवश्यक है जिससे बाद के प्रभावों को रोका जा सके।

अगर जनसंख्या वृद्धि की दर यही रही तो हम अपने सीमित संसाधनों के साथ कितनी दूरी तक जा सकेंगे, यह कहना कठिन है। हमें चेतावनी मिल रही है कि अगर जनसंख्या वृद्धि की दर न रुकी तो शीघ्र ही हमारे प्राकृतिक संसाधन खत्म हो जाएँगे। अनुमान और आँकड़ों के आधार पर कहें तो पृथ्वी 25 अरब से अधिक जनसंख्या का वहन नहीं कर सकेगी।

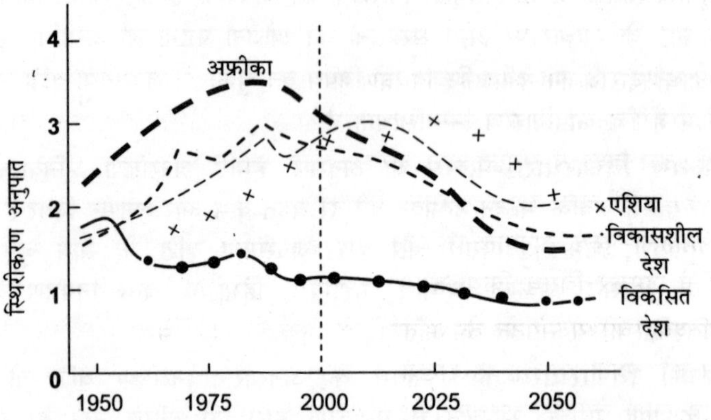

चित्र 7.3. विकसित व विकासशील देशों, एशिया तथा अफ्रीका में स्थिरीकरण अनुपात। विकसित देशों द्वारा सन् 2000 के आस-पास स्थिरीकरण अनुपात का 1 होना वहाँ पर शून्य जनसंख्या वृद्धि को दर्शाता है तथा अभी तक अफ्रीका में यह अनुपात सर्वाधिक है।

चित्र 7.3 में संयुक्त राष्ट्र के विकसित एवं विकासशील देशों में जनसंख्या स्थिरीकरण के अनुमानों को दर्शाया गया है। यह अनुपात जन्म दर को मृत्यु दर से विभाजित करके प्राप्त किया गया है। विकसित देशों का शून्य जनसंख्या वृद्धि दर से जनसंख्या स्थिरीकरण वर्ष 2000 तक प्रत्यक्ष है। विकसित राष्ट्रों में यह अनुपात लगभग 3 है, परंतु, यह घट रहा है और 2025 तक काफी घट जाएगा। विकासशील राष्ट्रों में स्थिरीकरण केवल परिवार नियोजन कार्यक्रम अपनाकर प्राप्त किया जा सकता है।

विषय अध्ययन (CASE STUDY)

केरल राज्य में जन्मदर और राज्यों की अपेक्षा न्यूनतम है। इसके प्रमुख कारण लड़कियों की 18 वर्ष की बजाय 21 वर्ष की आयु में शादी, 13% की अपेक्षा 53% महिला साक्षरता दर, प्राथमिक शिक्षा पर जोर और बजट का 60% व्यय शिक्षा पर केन्द्रित, 97% लोगों को समुचित भोजन का वितरण, ग्रामीण क्षेत्रों में बेहतर डॉक्टरी सुविधाएँ और परिवार नियोजन कार्यक्रम हैं।

परिवार नियोजन (Family Planning)

परिवार नियोजन एक दंपति को परिवार को नियमित आकार व बच्चों की उम्र में अंतर की अनुमति देता है। प्रत्येक संस्कृति किसी न किसी परंपरागत जन्म नियंत्रण से जुड़ी रही है।

आधुनिक विज्ञान ने प्रजनन नियंत्रण के अनेक तरीके सुझाए हैं जिनमें गर्भनिरोधक गोलियाँ, सर्जरी व ऑपरेशन व अन्य साधन प्रमुख हैं। सैकड़ों गर्भनिरोधक तरीकों पर प्रयोग हो रहे हैं। इस दिशा में संयुक्त राष्ट्र परिवार नियोजन एजेंसी 135 देशों को आर्थिक मदद दे रहीं है। इनमें कई देश जनसंख्या नियंत्रण कार्यक्रम में गर्भपात को अपना रहे हैं जिससे महिला-पुरुष अनुपात गड़बड़ा रहा है। जन्म नियंत्रण कार्यक्रमों का धार्मिक संगठनों ने जमकर विरोध किया है।

विश्व स्वास्थ्य संगठन के आँकड़ों के अनुसार आज विश्व में 50% दंपत्ति परिवार नियोजन को अपना रहे हैं। यह संख्या 30 वर्ष पहले लगभग 10% थी। अब भी लगभग 30 करोड़ लोगों के पास परिवार नियोजन की सुविधाएँ उपलब्ध नहीं हैं।

भारतीय परिदृश्य (The Indian Context)

भारत में परिवार नियोजन कार्यक्रम 1952 में शुरू हुआ जब यहाँ की जनसंख्या 40 करोड़ थी। 1978 में विवाह की संवैधानिक आयु पुरुषों के लिए 18 से बढ़ाकर 21 और महिलाओं के लिए 15 से बढ़ाकर 18 कर दी गई। 1981 तक जनसंख्या वृद्धि में कोई कमी नहीं आई। इसके बाद परिवार नियोजन पर खर्च होने वाली राशि और भी बढ़ा दी गई।

वर्ष 2000 में राज्य सरकारों को परिवार नियोजन हेतु अपनी योजना अपनाने की स्वतन्त्रता दे दी गई। केरल में जनसंख्या स्थिरीकरण इस बात का प्रमाण है कि शून्य जनसंख्या वृद्धि के लिए धन प्राथमिक आवश्यकता नहीं है। आंध्र प्रदेश ने वर्ष 2001 में शून्य जनसंख्या वृद्धि की दर प्राप्त की। यहाँ गरीब लोगों को परिवार नियोजन अपनाने के बदले में नकद धन, आवास, आर्थिक सहायता (सब्सिडी) आदि की सुविधाएँ दी गईं। इसके विपरीत, बिहार और उत्तर प्रदेश में जनसंख्या वृद्धि की दर 2.5 से भी अधिक बढ़ गई है।

परिवार नियोजन कार्यक्रम की सफलता महिलाओं की सामाजिक, शैक्षिक व आर्थिक प्रतिष्ठा, सामाजिक न्याय, राजनीतिक स्थिरता, लोक-जागृति और परिवार नियोजन के साधनों की आसानी से उपलब्धता पर निर्भर करती है।

■ पर्यावरण और स्वास्थ्य (Environment and Human Health)

साधारण शब्दों में वह व्यक्ति जो बीमारियों से पीड़ित नहीं है और शारीरिक व मानसिक रूप से तनाव मुक्त है, स्वस्थ कहलाता है। विश्व स्वास्थ्य संगठन के अनुसार 'स्वस्थ शारीरिक, मानसिक व भौतिक स्वास्थ्य के अलावा सामाजिक तनाव और व्याधियों और रोगों से मुक्ति की स्थिति है।' मनुष्य के स्वास्थ्य पर विभिन्न घटकों जैसे भोजन, जैविकी, मनोविज्ञान आदि का भी प्रभाव होता है। से घटक शरीर में बीमारियाँ उत्पन्न कर सकते हैं।

संक्रामक सूक्ष्मजीवी- बीमारी पैदा करने वाले रोगाणु स्वास्थ्य के लिए गंभीर खतरा हैं। विकासशील एवं विशेष रूप से उष्ण-कटिबंधीय देशों में इनका प्रभाव सर्वाधिक है। उच्च तापमान और आर्द्रता के अलावा अल्पाहार इन देशों में बीमारियों के प्रमुख कारण हैं। बैक्टीरिया जैसे सूक्ष्मजीव भोजन-विषाक्ता के लिए उत्तरदायी हैं। संक्रामक जीव अन्य श्वास-संबंधी विकारों (निमोनिया, तपेदिक आदि) और उदर संबंधी विकार (दस्त, हैजा आदि) के लिए भी जिम्मेदार है। विभिन्न प्रकार के परजीवी मलेरिया, फाइलेरिया, काला-ज्वर आदि का कारण हैं। अधिकतर संक्रमण सफाई की कमी के कारण होते हैं।

रासायनिक कारक- मनुष्य की गतिविधियों के कारण अनेक रसायन पर्यावरण में प्रवेश कर रहे हैं। इन रसायनों को जहरीले एवं घातक दो वर्गों में विभाजित किया गया है। घातक रसायनों में विस्फोटक ज्वलनशील आदि और जहरीले रसायनों में वे रसायन शामिल हैं जो कोशिकाओं की मृत्यु का कारण हैं। इसके अलावा अन्य रसायन कैंसर, अनुवांशिक परिवर्तन और जन्म से पहले विकास को प्रभावित करते हैं। कुछ रसायन तो तंत्रिका-तंत्र के लिए ही हानिकारक हैं। कुछ कीटनाशक एवं अन्य रसायन प्रजनन, विकास आदि को प्रभावित करते हैं।

डी०डी०टी० (DDT) व अन्य क्लोरीनीकृत कीटनाशक भोजन शृंखला में सम्मिलित सभी जीवों को प्रभावित करते हैं। अवजल में उपस्थित प्रदूषक जैसे भारी धातुएँ (पारा, सीसा, कैडमियम आदि), फ्लोराइड, नाइट्रेट आदि स्वास्थ्य के लिए खतरा हैं। इनमें से कुछ के प्रभावों का वर्णन इकाई 5 में किया जा चुका है। धातु के बर्तनों में भोजन संदूषित हो जाता है। बंद डिब्बों में आने वाले खाद्य पदार्थ सीसे से संदूषित हो जाते हैं विशेषकर, यदि भोजन अम्लीय हो। जल-वितरण पाइपों में लगाए गए सीसे के जोड़ भी लेड (सीसा) संदूषण का कारण हैं। विभिन्न कारखानों से निकलने वाले प्रदूषक वायु एवं मृदा प्रदूषण और अप्रत्यक्ष रूप से स्वास्थ्य संबंधी विकार उत्पन्न करते हैं।

ध्वनिः ध्वनि प्रदूषण भी मनुष्य की सामान्य गतिविधियों को प्रभावित करता है। मानसिक तनाव, सिर दर्द, चक्कर आना, रक्तचाप आदि ध्वनि प्रदूषण से संबंधित हैं।

विकिरणः विकिरण अल्पकालीन व चिरकालीन, दोनों प्रकार के प्रभाव उत्पन्न करता है। यह कैंसर का भी कारण है।

आहारः स्वास्थ्य को बनाए रखने में आहार की महत्त्वपूर्ण भूमिका है। अल्पाहार बीमारियों का नियंत्रण है। भोजन-विषाक्ता भी बीमारियों का कारण है। सरसों के तेल में मिलावट के कारण होने वाला रोग 'ड्रॉप्सी' इसका उदाहरण है।

आवास–स्वस्थ जीवन के लिए समुचित आवास, स्वच्छ जल एवं वायु व जीवन की मूलभूत आवश्यकताओं की पूर्ति आवश्यक है। गंदगी एवं प्रदूषित पर्यावरण बीमारियों व मानसिक अस्वस्थता का कारण हैं।

■ मानव-अधिकार (Human Rights)

मनुष्य को मानवीय अस्तित्व के लिए दिए गए अधिकारों को 'मानव अधिकार' की संज्ञा दी गई है। यूँ तो मानव-अधिकारें की नींव 13वीं सदी में रखी गई जब धार्मिक नीतियों के विरुद्ध कुछ बुद्धिजीवियों ने क्रांति की, परंतु, मानव अधिकारों से संबंधित पहली आशा की किरण 10 दिसम्बर, 1948 को उगी जब संयुक्त राष्ट्र संघ ने मानव अधिकारों की घोषणा की। इस घोषणा-पत्र के द्वारा सभी लोगों को सभी प्रकार के अन्याय से रक्षा और मानव-अधिकारों के हनन से सुरक्षा तय की गई। इन अधिकारों में सामान्य, राजनैतिक, सामाजिक, आर्थिक, सांस्कृतिक, सुरक्षा, समान न्याय, विचारों की अभिव्यक्ति आदि की स्वतन्त्रता दी गई। इसमें समान कार्य के लिए लिंग और रंग भेद भुलाकर समान वेतन देने की बात पर जोर दिया गया।

हालाँकि मानव-अधिकार सभी के लिए समान हैं, विकसित एवं विकासशील राष्ट्रों में अधिकारों में भेद हैं। विकासशील और अल्पविकसित देशों में जनसंख्या विस्फोट और गरीबी मानव-अधिकारों के हनन के लिए जिम्मेदार है। गरीबी के कारण प्रतिष्ठा कम होती है जो प्रत्यक्ष रूप से मानवाधिकारों का हनन है। विश्व स्वास्थ्य संगठन के आँकड़ों के अनुसार, विश्व में प्रत्येक पाँचवाँ नागरिक अल्पाहार से पीड़ित है, उसके पास पीने के लिए स्वच्छ जल नहीं है, उनका परिवेश प्रदूषित है और समुचित स्वास्थ्य सेवाओं का अभाव है, प्रत्येक तीसरा व्यक्ति ईंधन की कमी से पीड़ित है और प्रत्येक पाँचवाँ नागरिक अस्तित्व के लिए संघर्ष कर रहा है। प्रतिवर्ष लगभग 4 करोड़ लोगों की प्रदूषित पानी पीने से मृत्यु हो रही है। विकासशील देश बेरोजगारी की समस्या से जूझ रहे हैं। ऐसी स्थिति में प्रत्येक गरीब पिता प्राथमिक शिक्षा और बाल-मजदूरी की बात भुलाकर अपने बच्चों के रोजगार के बारे में पहले सोचता है।

विकसित राष्ट्र, जो विकास के संसाधनों को एकत्र कर चुके हैं, उनके लिए सामाजिक व आर्थिक अधिकारों की अपेक्षा राजनैतिक अधिकार अधिक महत्वपूर्ण हैं।

विकासशील राष्ट्रों में स्थिति विपरीत है। उनके लिए सामाजिक और राजनैतिक अधिकार इतने महत्वपूर्ण नहीं है। जून 1993 में विएना में हुई 'मानव अधिकारों पर राष्ट्रीय संगोष्ठी' में पश्चिम के सामाजिक व राजनैतिक अधिकारों व पूर्व के सामाजिक व आर्थिक अधिकारों की समानता पर बल दिया गया। अब विकास के लिए दी जाने वाली सहायता के लिए प्रत्येक राष्ट्र में मानव-अधिकारों का सम्मान आवश्यक है। 1992 में अमेरिका में बर्टन बिल पास किया गया जिसमें विकासशील राष्ट्रों में मानव-अधिकारों के हनन के प्रकाश में (जिससे भारत भी सम्मिलित था), 24 मिलियन अमेरिकी डॉलर की आर्थिक सहायता रोक दी गई।

भारत में मानवाधिकार, मुख्यत: बंधुआ मजदूरी, महिलाओं पर अत्याचार, कैद में मौत, दलितों और अल्पसंख्यकों पर अत्याचार, बाल-मजदूरी, दहेज-प्रथा, शोषण इत्यादि पर केन्द्रित है। संविधान में स्वतन्त्र जीवन के लिए सामाजिक, राजनैतिक, आर्थिक, सांस्कृतिक आदि अधिकार दिए गए हैं। फिर भी, भारत में अक्सर मानवाधिकारों का हनन होता रहा है। सामाजिक असमानता, छुआछूत, पुरुष प्रधानता आदि आज भी प्रचलित हैं। सामान्य एवं मौलिक स्वतन्त्रता सुरक्षित नहीं है। पूर्ण विकास एवं स्वतन्त्रता के लिए मूल मानवाधिकारों का सम्मान आवश्यक है।

जब विकास का अधिकार पारिभाषित कर दिया गया था, पर्यावरण से संबंधित अधिकारों का पहलू भी उजागर हुआ। 1992 के पृथ्वी सम्मेलन के पश्चात् सतत विकास की आवश्यकता पर बल दिया गया। तत्पश्चात् 16 मई 1994 को जिनेवा में संयुक्त राष्ट्र द्वारा मानव-अधिकार एवं पर्यावरण घोषणा-पत्र जारी किया जिसके अन्तर्गत यह घोषित हुआ कि स्वच्छ, सुरक्षित एवं प्रदूषण-रहित पर्यावरण प्रत्येक व्यक्ति का अधिकार है। एक सतत समाज में समानता, सुरक्षा एवं पर्यावरणीय न्याय की सुरक्षा दी गई है।

आज विश्व में व्याप्त पर्यावरणीय असमानता को देखकर खेद होता है। विकसित राष्ट्र अधिकतर प्राकृतिक स्त्रोतों का दोहन करके पर्यावरण को प्रदूषित कर रहे हैं, घातक एवं जहरीले अपशिष्टों का विकासशील देशों में निर्यात कर रहे हैं। कर्मचारी एवं गरीब वर्ग के लोग कारखानों के प्रदूषित पर्यावरण में सर्वाधिक प्रभावित हो रहे हैं। ग्रामीण एवं अनुसूचित जनजातियाँ अपने प्राकृतिक आवास और व्यवसाय को खो रही हैं। विकास परियोजनाओं के नाम पर उनके मानवाधिकारों का हनन हो रहा है।

मानव-अधिकारों एवं पर्यावरण पर घोषणा-पत्र
(Draft Declaration of Human Rights and Environment)

यह घोषणा-पत्र नागरिक, सरकार, अन्तर्राष्ट्रीय संस्थाओं आदि के अधिकारों एवं कर्तव्यों का विवरण है।

इसके अन्तर्गत गरीबी, मुआवजा व अन्तर्राष्ट्रीय व्यापार से होने वाले पर्यावरणीय ह्रास पर ध्यान केन्द्रित है। पर्यावरणीय ह्रास मानवाधिकार हनन से जुड़ा हुआ है।

दीर्घकालीन प्रभावों पर नजर डालें तो पर्यावरणीय ह्रास एवं मानवाधिकारों का हनन एक-दूसरे को बढ़ावा देते हैं।

इस घोषणा के सिद्धांतों को 5 भागों में वर्गीकृत किया गया है–

भाग 1–यह पारिस्थितिक रूप से स्वच्छ पर्यावरण, सतत विकास और शांति से संबंधित मानवाधिकारों का जिक्र करता है। यह भविष्य के लिए संसाधनों के दुरुपयोग के बिना वर्तमान की जरूरतें पूरी करने की बात पर बल देता है।

भाग 2–यह प्रदूषण रहित पर्यावरण के अधिकार से संबंधित है। यह जैव-विविधता से भरपूर क्षेत्रों में मनोरंजन आदि का अधिकार देता है। यह अपनी जमीन और आवास का अधिकार भी देता है। आपदा के समय सहायता पाने का हक भी प्रत्येक नागरिक का है।

भाग 3–यह प्रत्येक नागरिक को पर्यावरण सूचना, शिक्षा व जागृति और पर्यावरण से संबंधित मामलों में सलाह देने का अधिकार देता है।

भाग 4–यह पर्यावरणीय ह्रास को रोकने के कर्त्तव्य से संबंधित है। यह इस बात पर बल देता है कि पर्यावरण-प्रदूषण को रोकने एवं इसके लिए सहयोग की जिम्मेदारी प्रत्येक नागरिक की है।

भाग 5–यह प्राकृतिक संसाधनों के उपयोग एवं सतत विकास के दौर में प्रत्येक के लिए सामाजिक न्याय के विषय पर बल देता है।

अभी तक पर्यावरणीय ह्रास की वह सीमा निर्धारित नहीं की गई है जिसके उपरांत मानवाधिकारों के हनन का जिक्र किया जा सके। 'विकास का अधिकार' और 'स्वच्छ पर्यावरण का अधिकार' समांतर चलने चाहिए यह धारणा अन्तर्राष्ट्रीय स्तर पर मान्य हो।

■ मूल्य-आधारित शिक्षा (Value Education)

शिक्षा किसी भी राष्ट्र की सामाजिक, आर्थिक व सांस्कृतिक उन्नति का आधार है। परंतु, शिक्षा का ध्येय केवल परीक्षाओं में अच्छे अंक प्राप्त करने तक सीमित न होकर, एक योग्य नागरिक के निर्माण का होना चाहिए। विज्ञान और तकनीकी ने बेशक ऊँचाइयों को छुआ है, सूचना प्रौद्योगिकी की चमक में दुनिया सिमट-सी गई है। मनुष्य का नजरिया सीमित हो गया है और ऐसे में आदर्शवाद और अच्छे गुणों में कमी आई है। इसलिए, मूल्य आधारित शिक्षण की आवश्यकता है ताकि युवा वर्ग को सही दिशा मिल सके और वह अच्छे-बुरे में भेद कर सके। मूल्य आधारित शिक्षा द्वारा युवा वर्ग में शांतिप्रियता, सहयोग, सहायता आदि गुणों का पुनः संचार होना चाहिए जिससे विकास के साथ-साथ शांतिमय व सुरक्षित भविष्य की नींव रखी जा सके। मूल्य आधारित शिक्षा मानव-जीवन से संबंधित मूल्यों, सामाजिक मूल्यों, व्यावसायिक मूल्यों, धार्मिक मूल्यों, राष्ट्रीय मूल्यों व पर्यावरणीय मूल्यों का सम्मिलित रूप है। यह शिक्षा हमारे राष्ट्रीय इतिहास, सास्कृतिक धरोहर, संवैधानिक अधिकार एवं कर्त्तव्य, राष्ट्रीय एकता आदि से हमारा परिचय कराती है और समाज व पर्यावरण के विकास में सहायक है।

मूल्य बोध के विभिन्न पहलुओं में विभिन्न प्रकार के मूल्यों से संबंधित चेतना, दिशा, जाँच, चुनाव, समर्पण व सार्थक प्रयास शामिल हैं। इसका मुख्य लक्ष्य लोगों में किसी भी विषय से संबंधित मूल्यों पर आधारित जागृति, उसकी उपयोगिता व उसकी आवश्यकता की जानकारी देना है। ऐसे में पूर्ण ज्ञान का प्रचार होगा, उचित मार्ग व दिशा में सार्थक कदम उठेंगे और नवयुग में प्रवेश होगा।

पर्यावरणीय मूल्यों से संबंधित शिक्षा (Value-based Environmental Education)

पर्यावरणीय शिक्षा का ज्ञान प्रत्येक नागरिक को होना चाहिए। पर्यावरण एवं पारिस्थितिकी का ज्ञान निश्चित रूप से प्रकृति एवं पृथ्वी के लिए प्रेम का अंकुर होगा। इससे प्राकृतिक धरोहर के प्रति स्नेह एवं सम्मान की भावना बढ़ेगी जो आने वाली पीढ़ियों के लिए स्वच्छ एवं सुरक्षित पर्यावरण को बनाए रखने में बहुत बड़ी भूमिका अदा करेगा।

हम पर्यावरणीय मूल्य-बोध, नागरिकों के कर्त्तव्य, पर्यावरण चेतना के प्रसार आदि के बारे में जानकारी ले चुके हैं। भारत के सर्वोच्च न्यायालय के निर्देश के अनुसार (एम०सी० मेहता बनाम भारत सरकार, 1988) पर्यावरण अध्ययन को स्कूल के पाठ्यक्रमों में व महाविद्यालयों एवं विश्वविद्यालय स्तर पर स्नातक कक्षाओं में अनिवार्य विषय के रूप में अपनाया गया है। इसका मुख्य उद्देश्य सभी को पर्यावरण की दृष्टि से साक्षर बनाना है। पर्यावरण हम सबकी जिम्मेदारी एवं संपत्ति है। पर्यावरण पर पड़ने वाले प्रभाव का असर हमारे जीवन, स्वास्थ्य एवं भविष्य पर भी पड़ेगा। अतः यह हम सबकी जिम्मेदारी है कि हम पर्यावरण की दृष्टि से साक्षर हों। पर्यावरणीय मूल्यों से जुड़े शिक्षा के मुख्य पहलू निम्नलिखित हैं–

(1) मानवीय मूल्य–पर्यावरण शिक्षा से जुड़ी पाठ्यपुस्तकें एवं अन्य सामग्री इस दिशा में महत्त्वपूर्ण भूमिका अदा कर सकती हैं जो यह बताएँ कि मानव प्रकृति का भाग है न कि प्रकृति मानव मात्र के लिए।

(2) सामाजिक मूल्य–प्रेम, दया, सहनशीलता, न्याय आदि सामाजिक मूल्यों की शिक्षा, जो धार्मिक पुस्तकों की देन है, को पर्यावरण से जोड़ा जाए। इन मूल्यों के द्वारा जैव-विविधता का संरक्षण संभव है।

(3) सांस्कृतिक व धार्मिक मूल्य–हमारे वेदों और धर्मग्रंथों में नदियों के निर्मल जल, पर्वतों और वनों को पवित्र माना गया है और इनकी आराधना की गई है। हमारे रीति-रिवाज और परंपराएँ भी हमें पृथ्वी व प्रकृति का प्रत्येक दशा में आदर करने की बात पर बल देते हैं।

(4) नैतिक मूल्य–हमारी विचारधारा मानव-केन्द्रित होने की अपेक्षा प्रकृति-केन्द्रित व पृथ्वी-केन्द्रित होनी चाहिए। पृथ्वी की रक्षा का विषय सर्वोपरि होना चाहिए।

(5) भूमण्डलीय मूल्य–प्रकृति विभिन्न रूपों में प्रत्येक घटक से जुड़ी हुई है। किसी भी एक घटक की क्षति की दशा में पूरा संतुलन बिगड़ जाएगा और इसका प्रभाव

मानव पर पड़ेगा। अतः यह आवश्यक है कि पृथ्वी को अन्तर्राष्ट्रीय स्तर पर, प्रत्येक नागरिक अपना घर माने।

(6) आध्यात्मिक मूल्य–अनुशासन, जरूरतों में कमी, लोभ का त्याग, संतोष आदि गुण अपनाए जाएँ तो अप्रत्यक्ष रूप से प्राकृतिक संरक्षण को बढावा मिलेगा।

सामाजिक, सांस्कृतिक, धार्मिक व आर्थिक मूल्यों का पर्यावरण अध्ययन में समागम निश्चित रूप से पर्यावरणीय ह्रास की दर को कम करेगा। मूल्य-बोध से ही हमारे दृष्टिकोण में परिवर्तन आएगा और प्रकृति-प्रेम को बढ़ावा मिलेगा। विकास आवश्यक है, परंतु, यह प्राकृतिक संसाधनों, विभिन्न प्रजातियों आदि की बलि चढ़ाकर प्राप्त करने से क्या लाभ? निश्चित रूप से इन मूल्यों को जीवन में अपनाकर हम पर्यावरण संरक्षण में योगदान कर सकते हैं।

■ एच.आई.वी./एड्स (HIV/AIDS)

एड्स एच.आई.वी. नामक विषाणु से होने वाला रोग है। यह किसी भी संक्रमित व्यक्ति से सामान्य व्यक्ति तक निम्नलिखित तरीकों से फैल सकता है–

- असंरक्षित यौन संबंध द्वारा
- संक्रमित सुई द्वारा
- संक्रमित व्यक्ति का रक्त चढ़ाकर
- गर्भवती महिला द्वारा बच्चे को एड्स हो सकता है।

एड्स आँसू, पसीने, मूत्र अथवा लार के द्वारा नहीं फैलता। यह बर्तन, कपड़े या मच्छर के काटने से नहीं फैलता।

ताजा अनुमान के अनुसार विश्व में 4 करोड़ लोग एड्स से पीड़ित हैं जिसमें से 70% लोग अफ्रीका के देशों में हैं। एड्स मृत्यु का चौथा बड़ा कारण माना गया है। वर्ष 2003 में लगभग 30 लाख लोग एड्स के कारण मर गए। यह पूर्वी यूरोप और एशिया में तेजी से फैल रहा है। ऐसा माना जा रहा है कि आने वाले वर्षों में चीन, रूस और भारत में एड्स से प्रभावित लोगों की संख्या बढ़ सकती है।

एड्स की खोज 1983 में हुई। हालाँकि इस रोग से संबंधित जानकारी जुटाई जा चुकी है, इस विषाणु के स्रोत का सही पता नहीं चला है। अधिकतर तथ्यों के अनुसार एड्स की शुरुआत अफ्रीका में हुई। ऐसा अनुमान है कि यह विषाणु अफ्रीका के बंदर या चिंपांजी से मनुष्य तक पहुँचा।

दूसरे मत के अनुसार, एड्स सामुदायिक टीकाकरण कार्यक्रम के दौरान निम्नलिखित चरणों में फैला–

(1) अफ्रीका में यह विषाणु पोलियो टीकारण के द्वारा फैला जिसकी दवा बंदर के गुर्दे का उपयोग करके बनाई गई थी।

(2) यह न्यूयार्क, लॉस एंजल्स और सान फ्रांसिस्को में हैपेटाइटिस-B टीकाकरण के दौरान फैला।

(3) अफ्रीका में यह विषाणु 'छोटी माता' (Smallpox) टीकाकरण के दौरान फैला।

यह भी अंदाजा लगाया जा रहा है कि यह विषाणु अनुवांशिक इंजीनियरिंग के दौरान प्रयोगशाला में बना। यह शरीर की रोगरोधी क्षमता को कम कर देता है। इसके कारण रोगों से लड़ने वाले T-कोशिका की कमी हो जाती है। इसके कारण शरीर में अनेक व्याधियाँ उत्पन्न हो जाती हैं। एड्स पीड़ित व्यक्ति को कैंसर भी हो सकता है। शराब का सेवन एड्स के दौरान संक्रमण की संभावना को और बढ़ा देता है।

एड्स का पर्यावरण पर प्रभाव (Effects of HIV/AIDS on Environment)

एड्स से प्रभावित लोगों की मृत्यु के कारण पर्यावरण पर भी प्रभाव पड़ेगा। अधिक लोगों की मृत्यु होने पर मानव-संसाधन की कमी हो जाएगी, काम करने वाले लोग कम होंगे, कुशल कारीगरों की कमी हो जाएगी, उत्पादन कम होगा और उत्पादों की गुणवत्ता पर भी प्रभाव पड़ेगा। ऐसे में प्राकृतिक संसाधनों पर दबाव बढ़ेगा, मृत व्यक्तियों के अंतिम क्रिया के लिए लकड़ी की माँग बढ़ेगी, एड्स प्रभावित क्षेत्रों में रोगी की साफ-सफाई के लिए स्वच्छ जल और भोजन की माँग बढ़ेगी, कृषि उत्पादन घटेगा और विकास की दर कम हो जाएगी। एड्स से प्रभावित व्यक्तियों का स्वास्थ्य ठीक न होने के कारण काम करने की क्षमता भी घटेगी।

■ महिला एवं शिशु कल्याण (Women and Child Welfare)

महिला एवं शिशु शारीरिक रूप से नाज़ुक, लाचार एवं आर्थिक रूप से दूसरों पर निर्भर होने के कारण समाज में कई प्रकार से प्रभावित रहती हैं।

महिला कल्याण (Women Welfare)

महिलाएँ मुख्यतः घर, दफ्तर, विवाह, सामाजिक जीवन आदि में भेदभाव सहन करती हैं। यह दौर विकासशील राष्ट्रों में अधिक प्रचलित है। लिंग भेद, शारीरिक शोषण आदि विभिन्न संस्कृतियों एवं राष्ट्रों में विभिन्न रूपों में प्रचलित हैं। महिला एवं शिशु विकास मंत्रालय द्वारा जारी किए गए आँकड़े चौंकाने वाले हैं। इसके अनुसार अपहरण, बलात्कार, दहेज, घरेलू हिंसा व मारपीट, मानसिक प्रताड़ना आदि की संख्या बहुत अधिक है और महिलाओं की दशा सुधारने के लिए सार्थक कदम उठाने होंगे। ऐसे में संवैधानिक एवं सामाजिक सुरक्षा का ध्यान रखा जाना अति आवश्यक है। महिलाओं की शिक्षा पर भी ध्यान दिया जाना चाहिए। आज समाज में **'महिला कोष'** व अन्य महिला समूह सक्रिय हैं जो इनकी दशा सुधारने की दिशा में काम कर रहे हैं। महिलाओं की दशा पर नजर रखने के लिए **महिला एवं शिशु विकास मंत्रालय** की स्थापना की गई है। महिलाओं को

समाज में समान दर्जा और प्रतिष्ठा दिलाने के लिए सामाजिक परिवर्तन की आवश्यकता है।

महिलाएँ विकास व पूँजीवाद से भी पीड़ित हैं। पूँजीपतियों के शोषण के रवैये का प्रभाव महिलाओं के सांस्कृतिक, सामाजिक व घरेलू जीवन पर पड़ा है। जंगलों के काटे जाने और विस्थापन के पश्चात् पुरुष वर्ग शहरों में रोजगार पा लेता है, परंतु, महिलाओं को गाँवों में ही जीना पड़ता है। खनन आदि में भी पुरुषों को प्रधानता दी जाती है। **महिला एवं खनन के लिए राष्ट्रीय नेटवर्क** महिलाओं के समान अधिकारों के लिए संघर्षरत हैं। विस्थापित महिलाओं को मुआवजा नहीं मिलता और उन्हें आर्थिक रूप से पुरुषों पर निर्भर रहना पड़ता है। इन महिलाओं को अक्सर अपने सम्मान एवं प्रतिष्ठा के विरुद्ध काम मिलता है।

विभिन्न स्वयंसेवी संगठनों के अलावा अनेक समूह जैसे **'महिला मंडल'** महिलाओं को जागृत कर रहे हैं और उनके अधिकारें के लिए लड़ रहे हैं। अन्तर्राष्ट्रीय स्तर पर वर्ष 1975 से 1985 के दशक को **'संयुक्त राष्ट्र का महिला दशक'** की संज्ञा दी गई। महिलाओं पर होने वाले शोषण के विरुद्ध 1979 में अन्तर्राष्ट्रीय बैठक महिलाओं के अधिकारों व समानता की दृष्टि से महत्वपूर्ण पहल रही है। यह आवश्यक है कि इन प्रयासों के अलावा महिलाओं की शिक्षा की समुचित व्यवस्था हो।

शिशु कल्याण (Child Welfare)

शिशु किसी भी समाज की अमूल्य धरोहर है। परंतु, दुर्भाग्य की बात है कि भारत में प्रतिवर्ष पैदा होने वाले 2 करोड़ बच्चों में लगभग 10 लाख बच्चों को विभिन्न कारणों से जन्म के तुरंत बाद छोड़ दिया जाता है। लगभग 2 करोड़ बच्चे बाल-मजदूरी में लिप्त हैं। कुछ बच्चे तो घातक रसायन जैसे बारूद, पटाखे, सीसा इत्यादि प्रयोग करने वाले कारखानों में काम कर रहे हैं। इन बच्चों के अल्पाहार, शिक्षा से विमुखता, मनोरंजन के साधनों की कमी आदि का मुख्य कारण इनकी गरीबी है।

वर्ष 1959 में संयुक्त राष्ट्र की आम बैठक में बच्चों के अधिकारों की घोषणा की गई। 1990 यह अन्तर्राष्ट्रीय कानून बन गया जिसमें 54 अनुच्छेद थे जो बच्चों के अधिकारों की सुरक्षा से संबंधित हैं। इस कानून में बच्चों के **स्वतन्त्र अस्तित्व, सुरक्षा एवं विकास** पर बल दिया गया है। आस्तित्व के अधिकार के अन्तर्गत उत्तम जीवन स्तर, पोषक भोजन और स्वास्थ्य शामिल हैं। सुरक्षा के अधिकार के अन्तर्गत शोषण व अमानवीय व्यवहार से स्वतन्त्रता शामिल है। विकास के अधिकार में शिक्षा, देखभाल एवं पालन--पोषण, सामाजिक सुरक्षा एवं मनोरंजन की स्वतंत्रता शामिल है।

सितंबर 30, **1990** को हुए **'विश्व शिशु सम्मेलन'** में सदी की शुरुआत में बच्चों के कल्याण के लक्ष्य को प्राप्त करने की बात पर जोर दिया गया। बच्चों के अस्तित्व, सुरक्षा एवं विकास के विश्व घोषणा पत्र में भारत भी प्रतिभागी रहा। **मानव संसाधन**

विकास मंत्रालय द्वारा बच्चों की स्थिति सुधारने के लिए राष्ट्रीय नीति तैयार की गई। इस योजना के अन्तर्गत बच्चों की शिक्षा, पोषण, स्वच्छ जल की सुविधा, सफाई और समुचित विकास को प्राथमिकता दी गई है। बच्चों के लिए प्राथमिक शिक्षा, पोषण एवं स्वास्थ्य, विभिन्न कलाओं में प्रवीणता, दोपहर के भोजन आदि को सख्ती से अपनाया गया है।

पर्यावरण प्रदूषण के कारण भी बच्चों पर दुष्प्रभाव पड़ा है। बच्चे वयस्कों से अधिक भोजन, जल एवं वायु ग्रहण करते हैं। और प्रदूषित पर्यावरण में इनके प्रभावित होने की संभावना प्राकृतिक रूप से बढ़ जाती है। यह तथ्य सेंटर फोर साइंस एंड इनवायरमेंट, नई दिल्ली द्वारा सुझाए गए हैं। प्रदूषित जल के कारण लगभग 60 लाख बच्चे प्रभावित होते हैं। बचपन में होने वाले कैंसर की संख्या 6% प्रतिवर्ष की दर से बढ़ती जा रही है। यहाँ तक कि गर्भ में पल रहा शिशु भी प्रदूषकों के प्रभाव से बचा नहीं है। समय आ गया है कि हम सब एकजुट होकर बच्चों के अधिकारों, सुरक्षा और विकास का समुचित प्रबंध करें ताकि हम अपनी आने वाली पीढ़ियों को स्वच्छ एवं सुरक्षित भविष्य दे सकें।

■ पर्यावरण एवं स्वास्थ्य में सूचना प्रोद्यौगिकी की भूमिका (Role of Information Technology in Environment and Human Health)

राजनीति, अर्थशास्त्र व व्यवसाय के अलावा पर्यावरण शिक्षण व स्वास्थ्य की दृष्टि से भी सूचना प्रोद्यौगिकी की विशेष भूमिका है। इंटरनेट, भौगोलिक सूचना तंत्र एवं उपग्रहों से प्राप्त आँकड़ों के आधार पर पर्यावरण संबंधित जानकारी जुटाई जा रही है। पर्यावरण के विभिन्न घटकों को समझने की दुष्टि से अनेक कम्प्यूटरीकृत कार्यक्रम बनाए जा चुके हैं।

आँकड़ों का संग्रह (Database)

इसके अन्तर्गत सभी विषयों से संबंधित आँकड़ों को एकत्र किया जाता है। यह कम्प्यूटर में संग्रहित होता है और इसे इच्छानुसार किसी भी समय प्राप्त किया जा सकता है। **पर्यावरण एवं वन मंत्रालय,** भारत सरकार ने सभी जैविक समुदायों से संबंधित आँकड़ों को एकत्र करने का बीड़ा उठाया है। इसके अन्तर्गत वन्य जीवों, संरक्षण, वन क्षेत्र, एड्स, मलेरिया व फ्लोरोसिस से पीड़ित आदि की जानकारी हैं।

राष्ट्रीय प्रबंधन सूचना तंत्र (National Management Information System, NMIS)–विज्ञान एवं प्रौद्यौगिकी संस्थान ने शोध एवं विकास से संबंधित आँकड़ों को एकत्र किया है। इसके अन्तर्गत विभिन्न शोध परियोजनाओं पर काम कर रहे वैज्ञानिकों व उनके विषयों की जानकारी उपलब्ध है।

पर्यावरण सूचना तंत्र (Environment Information System)–इसका विकास पर्यावरण एवं वन मंत्रालय द्वारा किया गया है। यह देशभर में 25 केन्द्रों में सक्रिय है और प्रदूषण नियंत्रण, नई तकनीकी, जैव-विविधता, पर्यावरण प्रबंधन, उर्जा के स्रोत, मरुस्थलीकरण, खनन आदि से संबंधित जानकारी एकत्र करता है।

राष्ट्रीय व्यावसायिक स्वास्थ्य संस्थान प्रदूषित परिवेश में काम करने से जुड़े स्वास्थ्य प्रभावों को एकत्र करने का कार्य करता है।

भौगोलिक सूचना तंत्र (Geographical Information System, GIS)– उपग्रह से प्राप्त चित्र विभिन्न भौतिक एवं जैविक संसाधनों के बारे में जानकारी एकत्र करने का महत्वपूर्ण स्रोत है। इनकी सहायता से हम जलाक्रांत क्षेत्रों, मरुस्थलीकरण, जंगलों की कटाई, नगरों का विस्तार, नदियों का जाल, खनिज एवं उर्जा संसाधनों पर नजर रख सकते हैं। भौगोलिक सूचना तंत्र पर्यावरण प्रबंधन की दृष्टि से बहुत महत्वपूर्ण है। यह तंत्र विभिन्न थीमेटिक मानचित्रों को एक के ऊपर एक कम्यूटर द्वारा मिलाने का कार्य करता है जिससे हमें एक भौगोलिक क्षेत्र के विभिन्न घटकों के विषय में एक पूर्ण छवि व सूचना मिलती है। ऐसी जानकारी भविष्य के लिए महत्वपूर्ण सिद्ध हो सकती है। इसके द्वारा प्रदूषित क्षेत्रों एवं बंजर भूमि का अध्ययन भी किया जा सकता है। आजकल इस तकनीक का उपयोग प्रदूषित क्षेत्रों की पहचान के लिए किया जा रहा है। यह अनियंत्रित विकास से संबंधित पर्यावरणीय समस्याओं का हल ढूंढ़ने में भी सहायक है। उपग्रह मानसून के आगमन, ओजोन-क्षरण, धुंध आदि की जानकारी भी देते हैं। हम उपग्रह से प्राप्त चित्रों के आधार पर नए खनिज एवं तेल भंडारों को ढूँढ़ने में भी समर्थ हुए हैं। अतः भौगोलिक सूचना तंत्र पर्यावरण प्रबंधन एवं संरक्षण की दृष्टि से महत्वपूर्ण साधन हैं।

हम उपग्रहों से प्राप्त चित्रों की मदद से मलेरिया, काला ज्वर आदि से प्रभावित क्षेत्रों का मानचित्र पर वर्गीकरण भी कर सकते हैं। इस सूचना तंत्र के अन्तर्गत कई सूचना केन्द्र सक्रिय हैं जो प्राप्त जानकारी को केन्द्रीय सूचना तंत्र तक पहुँचाते हैं।

आँकड़ों का बहुत बड़ा भाग विश्वव्यापी नेटवर्क 'इंटरनेट' पर भी उपलब्ध है। यह पर्यावरण से संबंधित जानकारी, सवालों, कठिनाइयों आदि का हल ढूँढ़ने में सहायक है। यह जानकारी, चित्रों आदि के आधार पर पर्यावरण शिक्षा को बेहतर एवं प्रभावी बनाने में भी सहायक है।

इंटरनेट के द्वारा अध्ययन की मुख्य विशेषताएँ निम्नलिखित हैं–

(1) विद्यार्थियों के हित से संबंधित जानकारी में प्रश्नोत्तरी, अध्ययन के तरीके, विषयों की विस्तृत जानकारी, अभ्यास कुंजी, मानचित्र आदि सम्मिलित है जो अध्ययन को प्रभावी एवं आसान बनाते हैं।

(2) अध्यापकों के हित की दृष्टि से इंटरनेट पर आवश्यक अध्ययन सामग्री, संबंधित जानकारी, कठिनाइयों के हल, विशेष सवालों के जवाब आदि उपलब्ध हैं जो शिक्षण में सहायक हैं।

इन सभी पहलुओं पर गौर करने पर हम पाएँगे कि सूचना प्रौद्योगिकी तेजी से बढ़ता विषय है और यह पर्यावरण शिक्षा, संरक्षण एवं प्रबंधन की दृष्टि से भी महत्वपूर्ण साधन है।

प्रश्न-अभ्यास

1. निम्नलिखित से आप क्या समझते हैं–
   (क) दोगुना होने में लगने वाला समय
   (ख) कुल प्रजनन दर
   (ग) शून्य जनसंख्या वृद्धि
   (घ) जीवनकाल
2. आयु-संरचना पिरामिड किसी राष्ट्र की जनसंख्या वृद्धि को समझने में कैसे सहायक हैं? उदाहरण देकर स्पष्ट करें।
3. 'जनसंख्या विस्फोट' से आप क्या समझते हैं? भारतीय परिदृश्य की चर्चा करें।
4. जनसंख्या स्थिरीकरण का क्या अर्थ है? भारत में परिवार कल्याण एवं परिवार नियोजन कार्यक्रम का वर्णन करें।
5. जनसंख्या एवं पर्यावरणीय कारकों के स्वास्थ्य पर पड़ने वाले प्रभावों का वर्णन करें।
6. मानवाधिकारों की विश्व घोषणा क्या है? समानता, न्याय और सतता प्राप्त करने में इनका क्या योगदान है ?
7. मानवाधिकार एवं पर्यावरण के घोषणा-पत्र की प्रमुख विशेषताएँ क्या हैं?
8. मौलिक शिक्षा के उद्देश्य एवं घटक क्या हैं? इन्हें कैसे प्राप्त किया जा सकता है?
9. HIV, AIDS के संक्रमण एवं प्रभाव का पर्यावरण पर क्या प्रभाव पड़ा है?
10. राष्ट्रीय एवं अन्तर्राष्ट्रीय स्तर पर महिला एवं शिशु कल्याण से जुड़े मुद्दों एवं उपायों का वर्णन करें।
11. NMIS, ENVIS और GIS की पर्यावरण सूचना के प्रचार एवं पर्यावरण प्रबंधन में क्या भूमिका है?

वस्तुनिष्ठ प्रश्न

(क) सही उत्तर चुनिए–

1. वर्तमान विश्व जनसंख्या किससे अधिक है?
   (क) 4 बिलियन (ख) 6 बिलियन
   (ग) 5 बिलियन (घ) 8 बिलियन
2. अगर किसी राष्ट्र की विकास दर 2% है, इसकी जनसंख्या को दोगुना होने में समय लगेगा–
   (क) 20 वर्ष (ख) 35 वर्ष
   (ग) 50 वर्ष (घ) 70 वर्ष

3. जनसंख्या वृद्धि की बढ़ोतरी दर्शाने वाले पिरामिड होते हैं–

(क) घंटीनुमा (ख) पिरामिडनुमा

(ग) बेलन नुमा (घ) इनमें से कोई नहीं

4. विश्व में प्रत्येक ...... व्यक्ति भारतीय है।

(क) पाँचवा (ख) छठा

(ग) सातवाँ (घ) दसवाँ

5. भारत के किस राज्य में न्यूनतम जन्म दर है?

(क) केरल (ख) बिहार

(ग) जम्मू और कश्मीर (घ) हिमाचल प्रदेश

6. 1993 की मानवाधिकारों पर हुई वियना सभा में विकासशील राष्ट्रों के लिए किस पर बल दिया गया ?

(क) राजनैतिक अधिकार (ख) आर्थिक अधिकार

(ग) सामाजिक अधिकार (घ) सांस्कृतिक अधिकार

7. मानवाधिकारों और पर्यावरण पर घोषणा-पत्र संयुक्त राष्ट्र द्वारा कहाँ तैयार किया गया?

(क) स्टॉकहोम (ख) जिनेवा

(ग) रियो-डि-जनेरियो (घ) जोहान्सबर्ग

8. HIV संक्रमित व्यक्ति से दूसरे तक फैलता है-

(क) संक्रमित सुई द्वारा (ख) लार द्वारा

(ग) पसीने द्वारा (घ) ऊपर दिए गए सभी

9. महिलाओं के लिए संयुक्त राष्ट्र दशक है-

(क) 1965-1975 (ख) 1975-1985

(ग) 1985-1995 (घ) 1995-2005

(ख) निम्नलिखित कथन में सही/गलत की पुष्टि कीजिए–

1. विकासशील देशों में कृषि के लिए अधिक लोगों की माँग जनसंख्या अधिक होने का कारण है। (सही/गलत)
2. विकासशील देशों में कुल जनन क्षमता और शिशु मृत्यु दर कम होती है। (सही/गलत)
3. पिछली शताब्दी में विश्व स्तर पर औसत जीवनकाल बढ़ा है। (सही/गलत)
4. आंध्रप्रदेश में किसानों को आर्थिक सहायता देकर और केरल में सामाजिक न्याय से जनसंख्या का स्थिरीकरण हुआ है। (सही/गलत)

5. विकासशील देशों में अधिक जनसंख्या और गरीबी मानवाधिकारों के उल्लंघन का कारण है। (सही/गलत)
6. शिशु अस्तित्व, संरक्षण एवं विकास घोषणा-पत्र पर भारत ने हस्ताक्षर किए हैं। (सही/गलत)
7. GIS (भौगोलिक सूचना तंत्र) उपग्रह से प्राप्त चित्रों का अध्ययन करके सूचना प्राप्त करने की तकनीक है। (सही/गलत)
8. भूसर्वेक्षण एवं नियोजन में लाभदायक है परंतु वायुमंडलीय प्रक्रियाओं के अध्ययन के लिए नहीं। (सही/गलत)
9. मानवाधिकारों के घोषणा पत्र में प्रदूषण-मुक्त पर्यावरण, समृद्ध जैव-विविधता और उच्च कोटि के जीवन का अधिकार दिया गया है परंतु पर्यावरण संबंधी मुद्दों में लोगों की भागीदारी का अधिकार नहीं है। (सही/गलत)
10. पर्यावरण-संबंधी मौलिक शिक्षा पर्यावरणीय घटकों से होने वाले आर्थिक लाभ पर जोर देती है। (सही/गलत)

(ग) खाली स्थान भरें–

1. जब जनसंख्या निश्चित दर से बढ़े तो इसे ······ वृद्धि कहते हैं।
2. जब जन्मदर और आप्रवास, मृत्युदर एवं उत्प्रवास के बराबर हो तो यह स्थिति ······कहलाती है।
3. स्वच्छ जीवन शैली के कारण जन्मदर एवं मृत्युदर में कमी जिससे जनसंख्या वृद्धि कम हो ······ कहलाती है।
4. मानवाधिकारों की अन्तर्राष्ट्रीय घोषणा UNO द्वारा वर्ष ······ में की गई।
5. HIV संक्रमित व्यक्ति की ······ कोशिकाओं में कमी और रोग-प्रतिरोध क्षमता में कमी पाई गई है।
6. शिशु के अधिकार वर्ष ······ में उनकी सुरक्षा हेतु अन्तर्राष्ट्रीय कानून घोषित कर दिए गए।

इकाई 8

फील्ड वर्क
Field Work

■ पर्यावरण के अध्ययन हेतु स्थानीय क्षेत्र का दौरा (Visit to a Local Area to Document Environmental Assets)

पर्यावरणीय अध्ययन हेतु नजदीक की नदी, वन, घास-भूमि, पर्वतीय क्षेत्र आदि का दौरा करें और उससे संबंधित रिपोर्ट तैयार करें।

(क) नदी पर्यावरण का अध्ययन (Study of River Environment)

1. नदी का नाम, उसकी सहायक नदियाँ, उद्गम स्थल व इसके रास्ते का ब्यौरा लिखें। यह भी पता करें कि नदी बरसाती है अथवा सदानीरा।

2. जल की गुणवत्ता (Water Quality Observation)

(*i*) नदी का जल साफ है अथवा गंदला? ज्ञात करें।

- यदि नदी का जल साफ है तो सूर्य का प्रकाश अधिक गहराई तक उपलब्ध होगा और प्राथमिक उत्पादकता अधिक होगी।
- अगर जल साफ नहीं है तो सूर्य का प्रकाश अंदर तक नहीं जाएगा और उत्पादकता कम रहेगी।

(*ii*) थर्मामीटर की सहायता से नदी जल का तापमान ज्ञात करें। साथ ही एक बीकर में दूसरा जल लेकर उसका तापमान भी ज्ञात करें।

- यदि नदी जल का तापमान दूसरे जल से 5°C अधिक है तो नदी में उष्मीय प्रदूषण हो रहा है। इसका स्रोत ज्ञात करें।
- 'उष्मीय प्रदूषण का जलीय जीवों पर प्रभाव' विषय पर टिप्पणी लिखें।

(*iii*) क्या नदी में झाग अथवा तैलीय पदार्थ हैं? अगर हाँ तो इनकी पहचान करें।

(*iv*) अगर नदी के साथ कोई अवजल का स्रोत है तो ज्ञात करें कि इसका नदी जल के भौतिक एवं रासायनिक लक्षणों पर क्या प्रभाव पड़ेगा?

(*v*) नदी जल का pH ज्ञात करें। यह सामान्यत: 6.5 से 8.5 के बीच होता है। यदि नदी जल का pH अम्लीय अथवा क्षारीय है तो इसका स्रोत ज्ञात करें।

ज्ञात करें कि नदी जल प्रदूषित है अथवा नहीं।

3. जलीय-जीवों का अध्ययन (Observation on Aquatic Life)

(*i*) नदी जल में विभिन्न जलीय जीव जैसे प्राणी-प्लवक, पादप-प्लवक व अन्य वनस्पति का अध्ययन करें। क्या नदी में अन्य जीव जैसे मछली, कछुआ, घड़ियाल, मगरमच्छ, साँप आदि उपस्थित हैं? जलीय-पक्षियों का भी अध्ययन करें।

4. प्रयोग (Uses)–नदी जल के विभिन्न उपयोगों का वर्णन करें।

5. मानव-जनित प्रभाव (Human Impacts) – नदी के पर्यावरण पर मानव-गतिविधियों द्वारा पड़ने वाले प्रभावों का वर्णन करें। नदी जल के उपयोग द्वारा हुई किसी दुर्घटना अथवा दुष्प्रभाव का भी अध्ययन करें जैसे अकस्मात मछलियों की बड़ी संख्या में मृत्यु, मवेशियों का जल पीने के बाद रोगग्रस्त होना, मनुष्यों में त्वचा के रोग आदि। इनके कारणों का पता लगाएँ।

(ख) वन का अध्ययन (Study of a Forest)

(*i*) वन का नाम व इसका प्रकार ज्ञात करें। क्या यह वन किसी राष्ट्रीय उद्यान अथवा संरक्षित क्षेत्र के अन्तर्गत है। यदि हाँ, तो इसकी प्रमुख विशेषताओं का वर्णन करें।

(*ii*) वन-संरचना (Forest Structure)

- प्रभुता से पाए जाने वाले पेड़ कौन से हैं? अन्य उपस्थित वनस्पति का वर्णन भी करें।
- क्या यह वनस्पति सघन है?
- क्या झाड़ियों व घास की अलग सतह है?
- क्या यह वन काई, कवक, सूक्ष्म जीवों व गले-सड़े पत्तों की दृष्टि से सघन क्षेत्र है?

(*iii*) वन के विभिन्न वाणिज्यिक उपयोगों का वर्णन करें।

(*iv*) **पारिस्थितिक उपयोगिता (Ecological Utility)** –क्या वन में आप अधिक आर्द्रता व ठंड महसूस करते हैं? वन में उपस्थित पर्यावरणीय दशाएँ जैसे तापमान आर्द्रता, जीव, पशु, पक्षी, कीट आदि का वर्णन करें।

(*v*) क्या यह वन मानव गतिविधियों जैसे खनन, जंगलों की कटाई, बाँध निर्माण, चराई आदि से प्रभावित है? इस पर टिप्पणी करें।

(ग) घास-भूमि का अध्ययन
(Environment Assects of a Grassland)

(i) घास-भूमि का नाम व इसका प्रकार ज्ञात करें। यह भी ज्ञात करें कि यह घास एक ही प्रकार की है अथवा विविध और क्या यह संरक्षित है अथवा नहीं?

***(ii)* घास क्षेत्र की गुणवत्ता (Grassland Quality Observations)**

- प्रभुत्ता से पाई जाने वाली घास का वर्णन करें। यह भी ज्ञात करें कि यह घास मुलायम, रसदार व पोषक है अथवा नहीं।
- मुख्य पौधों एवं घास के जड़-तंत्र का अध्ययन करें।
- ज्ञात करें कि क्या पौधों में उपस्थित जड़-तंत्र घास को बाँधे रखने में सहायक है?

***(iii)* चराई और अधिक चराई (Grazing and Overgrazing)**

ज्ञात करें कि घास-भूमि में चराई का स्तर क्या है?

यह सामान्य से अधिक न हो। सामान्य चराई कुल उत्पादकता बढ़ाने में सहायक है।

- अगर घास भूमि में घास उचित मात्रा में उपलब्ध है तो अर्थ है कि चराई का स्तर सामान्य है।
- यदि घास-भूमि में घास कहीं-कहीं है तो अर्थ है कि चराई का स्तर सामान्य से अधिक है।
- अगर यहाँ काँटों वाली वनस्पति है तो अर्थ है कि घास-भूमि का ह्रास हो रहा है।

(iv) घास-भूमि के उपयोगों का वर्णन करें।

(घ) पहाड़ी क्षेत्र का अध्ययन (Study of Mountain/ Hill Area)

(i) पहाड़ अथवा पर्वत-श्रृंखला का नाम व समुद्रतल से ऊँचाई, तापमान व वार्षिक वर्षन ज्ञात करें।

***(ii)* प्राकृतिक वनस्पति**–पहाड़ियों पर स्थित वनस्पति का अध्ययन करें। यहाँ उपलब्ध पेड़, उनकी उपयोगिता आदि को सूचीबद्ध करें।

***(iii)* भू-स्खलन**–भू-स्खलन का स्थान व संभावित कारणों का अध्ययन करें। स्थानीय लोगों से भी इसके विषय जानकारी एकत्रित करें। क्या आप पहाड़ पर कुछ मानवजनित कार्य देखते हैं। उनके क्या प्रभाव हो सकते हैं?

***(iv)* जलाशय**–पहाड़ों से निकलने वाले झरनों, नालों एवं नदियों का अध्ययन करें। क्षेत्र में उपस्थित जलाशयों व उनकी स्थिति की जानकारी एकत्र करें।

***(v)* कृषि**–पहाड़ी ढलानों पर होने वाली कृषि एवं वृक्षारोपण का अध्ययन? करें। इनके प्रभाव क्या हो सकते हैं?

- कृषि का प्रकार ज्ञात करें। क्या यह झूम कृषि, अस्थाई कृषि, परंपरागत कृषि अथवा आधुनिक कृषि है?
- क्या यहाँ सीढ़ीनुमा खेतों पर खेती की जाती है?
- कृषि का पर्यावरणीय प्रभाव ज्ञात करें। क्या यह कृषि मृदा एवं पोषक तत्वों के अनुकूल है? स्थानीय लोगों से जानकारी प्राप्त करें।

(*vi*) क्या इन पहाड़ों पर होने वाले पर्यटन, खनन, निर्माण आदि का प्रभाव पर्यावरण पर पड़ रहा है?

■ स्थानीय प्रदूषित क्षेत्र का दौरा (Visit to Some Local Polluted Area)

मानव गतिविधियों, शहरीकरण एवं औद्योगीकरण के कारण पर्यावरण प्रदूषित हो रहा है। कृषि के परंपरागत तरीकों के कारण लवणीकरण एक जलाक्राति की समस्या सामने आई है। किसी प्रदूषित क्षेत्र का दौरा ऐसे क्षेत्रों की स्थिति के बारे में जानकारी एकत्र करने का उपयोगी साधन है।

(क) औद्योगिकी से प्रदूषित क्षेत्र का अध्ययन (Study of an Industrially Polluted Area)

(*i*) कारखाने अथवा उद्योग का नाम, इसकी क्षमता, स्थापना का वर्ष व उत्पादन से संबंधित जानकारी एकत्र करें।

(*ii*) **प्रदूषण**–चिमनी से निकलने वाले प्रदूषकों एवं गैसों के विषय में जानकारी प्राप्त करें। क्या इन गैसों की बदबू हवा के साथ शहर की ओर आती है? क्या कारखानों से निकलने वाले कूड़े का उपचार किया जा रहा है? क्या इस क्षेत्र में पेड हैं? ज्ञात करें कि उद्योग का 'अवजल संशोधन संयंत्र' कार्य कर रहा है? उद्योग के वरिष्ठ अधिकारियों की अनुमति प्राप्त करके अवजल-संशोधन संयंत्र (ई०टी०पी०) तथा वायु-प्रदूषण रोकने वाले यंत्रों का अध्ययन करें।

(*iii*) क्या उद्योग परिसर में हरित पट्टी का विकास किया गया है? और ये क्या पेड़ प्रदूषकों को ग्रहणकर उनके प्रभाव को कम करते हैं?

(*iv*) **स्वास्थ्य**–उद्योग के आस-पास के क्षेत्र के लोगों के स्वास्थ्य-संबंधी आँकड़े ज्ञात करें।

- उद्योग से निकलने वाले अवजल भू-जल को प्रदूषित कर रहा है या नहीं?
- क्या चिमनी से निकलने वाले प्रदूषकों का प्रभाव स्वास्थ्य पर पड़ रहा है?

(ख) जलाक्रांत/लवणीय भूमि का अध्ययन
(Study of a Water-Logged/Saline Land)

(*i*) नजदीकी क्षेत्र की जलाक्रांत/लवणीय भूमि का दौरा करें। जिस कृषि भूमि पर पूरा वर्ष पानी खड़ा रहे, जलाक्रांत कहलाती है। लवणीय भूमि लवण से प्रभावति होती है और सामान्यत: लवण की सफेद परत भूमि के ऊपर दिखाई देती है।

स्थानीय लोगों से भूमि की उर्वरता, सिंचाई, उत्पादन व पहले के भूजल का स्तर, सिंचाई, बोई जाने वाली फसलों व लवण के प्रभाव के बारे में जानकारी एकत्र कर इन विभिन्न पहलुओं को जोड़ने का प्रयास करें।

(*ii*) **लवणता और फसलों का विकास**

लवणता का स्तर (इलैक्ट्रिकल कंडक्टिविटी, EC ज्ञात करें। 10 ग्राम मिट्टी को 20 मि.ली. जल में घोलकर इसकी EC ज्ञात करें। लवणीय मृदा की EC 4 dS/m से अधिक होगी। EC 20-40 dS/m तक हो सकती है। ऐसी भूमि पर वनस्पति नहीं होती है।

यहाँ उगने वाले पौधों के बारे में जानकारी एकत्र करें। लवण-प्रतिरोधी क्षमता वाले पौधों के बारे में अध्ययन करें।

उपचार–किसानों द्वारा ऐसी भूमि के उपचार के लिए अपनाए जाने वाले साधनों के बारे में जानकारी एकत्र करें। अपने विचार/सलाह भी प्रस्तुत करें।

■ वनस्पति, कीट एवं पक्षियों का अध्ययन
(Study of Common Plants, Insects and Birds)

किसी क्षेत्र विशेष की परिस्थितिक जटिलता, स्थिरता आदि के अध्ययन के लिए वहाँ उपस्थित जैव-विविधता का अध्ययन आवश्यक है।

(क) वनस्पति–किसी क्षेत्र विशेष में पाए जाने वाले विभिन्न पौधों का उनके उपयोग के आधार पर अध्ययन करें।

(*i*) **औषधीय पौधे**–स्थानीय लोगों को अपने क्षेत्र में पाए जाने वाले पौधों के औषधीय गुणों का ज्ञान होता है। अपने क्षेत्र में पाए जाने वाले औषधीय पौधों को सूचीबद्ध करें।

(*ii*) **लकड़ी देने वाले पेड़** की सूची भी बनाएँ।

(*iii*) गोंद, रेशा, रंग, रबड़ आदि की दृष्टि से महत्त्वपूर्ण पौधों का वर्णन करें।

(ख) कीट–अपने क्षेत्र के निम्नलिखित कीटों का अध्ययन करें-

(*i*) जो बीमारी फैलाने में सहायक हैं।

(*ii*) जो कृषि को नुकसान पहुँचाते हैं।

(*iii*) जो फूलों के पराग-कणों के स्थानांतरण में सहायक हैं।

(ग) पक्षी–अपने क्षेत्र में पाए जाने वाले पक्षियों को सूचीबद्ध करें। फसलों एवं फलों को नुकसान पहुँचाने वाले पक्षियों की पहचान करें। फूलों के पराग-कणों के स्थानांतरण में उपयोगी पक्षियों और हानिकारक कीटों को खाने वाले पक्षियों को सूचीबद्ध करें।

शब्दावली

Vocabulary

अजैविकः निर्जीव

आयु-संरचनाः किसी जनसंख्या की बाल्यावस्था, युवावस्था एवं वृद्धावस्था में महिलाओं और पुरुषों का प्रतिशत

अम्लीय वर्षा SO_2 और NO_x गैसें वर्षा जल में घुलकर सल्फ्यूरिक और नाइट्रिक अम्ल बनाती हैं, जो वर्षा के रूप में नीचे आता है।

ऑक्सीजनितः ऑक्सीजन के सहारे जीवित रहने वाले जीव

अनाक्सीजनितः ऑक्सीजन की अनुपस्थिति में जीवित रहने वाले जीव

वायु प्रदूषणः वायुमंडल में सामान्य से अधिक जहरीली गैस, उष्मा व शोर की उपस्थिति जो मनुष्य, पशु व पौधों के लिए हानिकारक है।

अल्फा कणः धन आवेशित पदार्थ जो दो प्रोटॉन और दो न्यूट्रॉन से मिलकर बना है।

वार्षिकः वर्ष में एक बार होने वाला

जलाशयः अवसादों अथवा चट्टानों की पारगम्य सतह जिस पर पानी एकत्रित हो।

शुष्कः सूखा

वायुमंडलः पृथ्वी के चारों ओर उपस्थित वायु का आवरण

स्वयंपोषीः जीव जो अपना भोजन स्वयं बनाते हैं।

धुंधः सूक्ष्म-कणों और बूंदों का मिश्रण जो वायु में निलंबित हों

मानवजनितः मानव-निर्मित

जैव-सांद्रणः शरीर में अपघटित न होने वाले पदार्थों का एकत्र होना

अपघटनीयः सूक्ष्म-जीवों द्वारा अपघटित होने वाले पदार्थ

जैव-विविधताः वनस्पति, प्राणी एवं सूक्ष्म जीवों की प्रजातियों की विविधता

जैव-भौमिक परिसंचरणः जीवों, वायु, जल एवं मृदा में पदार्थों का चक्रण

जैव-भौगोलिक क्षेत्रः विशेष जलवायु, जल एवं भूमि संसाधनों का क्षेत्र

बीटा-समृद्धताः विभिन्न आवासों में प्रजाति विविधता

जैव-भारः जीवों द्वारा उत्पादित जैविक पदार्थ

बायोमः विशाल एवं स्थानीय पारिस्थितिक-तंत्र जिसकी जलवायु, मृदा, जीव-जंतु एवं वनस्पति विशिष्ट हैं।

जैवमंडल: पृथ्वी का वह भाग जहाँ जीवन उपस्थित है।

जैव-संरक्षित क्षेत्र : विशेष पारिस्थितिक लक्षणों और जैव-विविधता से समृद्ध क्षेत्र जिन्हें संरक्षित घोषित किया गया है।

जैविक: जीवित अथवा कार्बनिक

मांसाहारी: भोजन के लिए दूसरे जीवों पर आश्रित जीव

वहन क्षमता: एक निश्चित समय में क्षेत्र विशेष पर आश्रित अधिकतम जनसंख्या

क्लोरोफ्लोरो कार्बन: कार्बन, क्लोरीन और फ्लोरीन के मिश्रण से बने रासायनिक पदार्थ जिनका उपयोग प्रशीतक, विलयक और आग बुझाने के लिए होता है।

रासायनिक संश्लेषण: सूर्य के प्रकाश की अनुपस्थिति में बैक्टीरिया द्वारा जैविक पदार्थों का उत्पादन

क्लोरोफिल: पौधों में पाया जाने वाला हरा पदार्थ

शिखर समुदाय: वंशक्रम का अंतिम स्थाई समुदाय। सामान्यतः वन

शकुंधारी: वे पेड़ जो शकुं के आकार के हों

उपभोक्तावाद: ससांधनों का उपभोग

कम्पोस्ट: जैविक पदार्थों के अपघटन से बना पोषक तत्वों से भरपूर खाद

समुदाय: विभिन्न प्रजातियाँ जो एक ही क्षेत्र में उपस्थित हैं

परपोषी: भोजन के लिए दूसरे पर आश्रित जीव

सीढ़ीनुमा खेती: पहाड़ी ढलानों पर सीढ़ीनुमा खेत बनाकर की जाने वाली खेती

गर्भ-निरोधक तरीके: परिवार नियोजन के लिए अपनाए जाने वाले विभिन्न तरीके

कोर: पृथ्वी का केन्द्रिय भाग

भूपर्पटी: पृथ्वी का सतही भाग

साइनोबैक्टरिया: नील-हरित काई

संकुचित जलाशय: पृथ्वी की दो अपारगम्य सतहों के बीच उपस्थित जल-झरना

अपघटक: जैविक पदार्थों को अजैविक रूप में परिवर्तित करने वाले सूक्ष्म जीव

डेल्टा: नदी-मुहाने पर नदी द्वारा लाई गई जलोढ़ और अवसादों द्वारा निर्मित भूभाग

मरुस्थल: बायोम जहाँ वर्षण की दर वाष्पीकरण की दर से कम

डाई-आक्सिन: क्लोरीनयुक्त हाइड्रोकार्बन जो रासायनिक अभिक्रियाओं के दौरान उच्च्व तापमान पर बनते हैं

भूकंप: पृथ्वी के अंदरूनी भाग में चट्टानों के टूटने और खिसकने के कारण ऊपर सतह पर होने वाला कंपन्न

पारिस्थितिकी-केन्द्रित: पृथ्वी एवं जीवों को समान महत्व और अधिकार देने वाली विचारधारा

पारिस्थितिक वंशक्रमः समय के साथ एक प्रजाति द्वारा दूसरी प्रजाति को विस्थापित करने की प्रक्रिया

पारिस्थितिक-तंत्रः जैव-समुदाय और भौतिक पर्यावरण के बीच भोजन एवं उर्जा का आदान-प्रदान

पर्यावरणः हमारे चारों ओर उपस्थित जीव एवं भौतिक पर्यावरण जो परस्पर क्रिया करते रहते हैं

पर्यावरणीय प्रभाव मूल्यांकन (EIA): मुख्य विकास परियोजनाओं द्वारा पर्यावरण पर पड़ने वाले प्रभाव का आकलन

नदी-मुहानाः आंशिक रूप से घिरा हुआ क्षेत्र जहाँ नदी का ताजा जल और समुद्र का खारा जल मिलते हैं

यूट्रोफिकेशनः जल के स्त्रोतों में नाइट्रेट और फॉस्फेट की अधिकता के कारण काई और शैवाल की अत्यधिक वृद्धि

विलुप्तः 50 वर्षों से अधिक समय से जंगल में न देखी गई प्रजाति

परिवार-नियोजन : बच्चों में अंतर रखने की योजना

उवर्रक : मृदा की उवर्रता बढ़ाने के लिए प्रयोग किए जाने वाले रसायन

बाढ़ के मैदानः नदियों के समांतर निचली भूमियाँ जहाँ अक्सर बाढ़ें आती हैं

खाद्य-शृंखलाः परिस्थितिक तंत्र में भोजन ग्रहण करने का क्रम

खाद्य-जालः विभिन्न खाद्य-शृंखलाओं का जाल

जीवाश्म-ईधनः पौधों एवं जीवों के जीवाश्मों से उत्पन्न पैट्रोलियम, कोयला एवं प्राकृतिक गैस

कवकः वनस्पति की प्रजाति जिनमें क्लोरोफिल नहीं होता फफूंद

कीटनाशकः फसलों पर कीटों के प्रभाव को रोकने के लिए छिड़के जाने वाले रसायन

गैसोहोलः गैसोलीन और एल्कोहोल के मिश्रण से प्राप्त ईंधन

हरितग्रह प्रभाव : हरितग्रह गैसों (कार्बन डाईऑक्साइड, मीथेन व जलवाष्प) द्वारा उष्मा का अवशोषण।

आवासः जीवों के रहने की जगह

गामा किरणेंः कम तरंगदैर्ध्य वाली उच्च उर्जा किरणें

हाईडोकार्बनः कार्बन एवं हाइड्रोजन के यौगिक

समुद्री तूफानः चक्रवातीय तूफान जिनकी गति 119 किमी०/घंटा से अधिक हो

अन्तःस्रवणः मृदा में जल का रिसना

शिशु मृत्यु दरः प्रति 1000 शिशुओं में एक वर्ष से कम आयु के शिशुओं की मृत्यु

आयनः धन अथवा ऋण आवेश वाले परमाणु अथवा अणु

जीवनकालः किसी शिशु के जन्म से मृत्यु तक का औसत समय

भू-स्खलन : मृदा अथवा चट्टानों का खिसकना

भूमंडलः पृथ्वी की ऊपरी सतह

मैग्माः पृथ्वी की सतह के नीचे पिघली हुई चट्टानें

अल्पपोषणः प्रोटीन की कमी वाली खुराक

प्राकृतिक गैसः मीथेन गैस जो भूमिगत स्त्रोतों में एकत्रित हैं

प्राकृतिक आपदाः प्राकृतिक दुर्घटनाएँ जिनमें जान और माल का नुकसान हो

शुद्ध प्राकृतिक उत्पादकताः पौधों द्वारा सूर्य के प्रकाश से भोजन बनाने की दर

नाइट्रोजन का यौगिकीकरणः वायुमंडलीय नाइट्रोजन का बैक्टीरिया द्वारा अमोनिया में रूपांतरण

न्यूट्रोनः शून्य आवेश का कण जो परमाणु के नाभिक में उपस्थित होता है।

नाभिकीय विखंडनः बड़े नाभिक का न्यूट्रॉन से टकराने पर दो छोटे नाभिकों और न्यूट्रॉनों में टूट जाना

नाभिकीय संलयनः दो हल्के परमाणुओं का एक बड़े परमाणु के रूप में संलयन

खुला समुद्रः भूमि से दूर का गहरा समुद्री भाग

जैविक खेतीः वह कृषि जिसमें रासायनिक कीटनाशकों और उवर्रकों के स्थान पर खाद का प्रयोग हो।

सर्वाहारीः जो वनस्पति एवं जीव, दोनों को भोजन के रूप में प्रयोग करे

कीटाणुः बीमारी पैदा करने वाले सूक्ष्म-जीव

प्रकाश-संश्लेषण : पौधों द्वारा सूर्य के प्रकाश की उपस्थिति में कार्बन डाईऑक्साईड व जल का प्रयोग करके भोजन बनाने की प्रक्रिया

पादप-प्लवकः पानी की सतह पर उपस्थित सूक्ष्म जलीय वनस्पति

प्राणि-प्लवकः पानी की सतह पर उपस्थित सूक्ष्म जलीय जीव

अग्रिम प्रजातिः बंजर भूमि पर सर्वप्रथम स्थापित होने वाले जीव

उत्पादन-संबंधी महत्वः वाणिज्यिक तौर पर महत्वपूर्ण पदार्थ अथवा उत्पाद

जनसंख्याः किसी प्रजाति के जीवों की कुल संख्या

जनसंख्या विस्फोटः वहन क्षमता से अधिक जनसंख्या

प्राथमिक प्रदूषकः हवा में सीधे निकलने वाले प्रदूषक

रेडियोधर्मी पदार्थः वह पदार्थ जो निरंतर अल्फा, गामा अथवा बीटा कण छोड़ता है

जलवाहः वह जल जो पृथ्वी की सतह पर ढलान की ओर गति करता है

पुनर्वासः विस्थापित लोगों को आवास देना अथवा बिगड़े हुए पारिस्थितिक तंत्र को दोबारा स्थापित करना

लवणताः जल अथवा मृदा में उपस्थित घुलनशील लवण

सैनेटरी लैंडफिलः अपशिष्ट पदार्थ के विसर्जन वाला क्षेत्र

द्वितीय प्रदूषकः दो या दो से अधिक प्राथमिक प्रदूषकों के मिलने से बने प्रदूषक

अवमलः अवजल से निकाला गया ठोस अपशिष्ट

धात्विकीः धातुओं के निष्कर्षण एवं शुद्धिकरण की विधि

प्रजातिः जीव जो अनुवांशिक रूप से समान हो और अपनी प्रजाति में प्रजनन करे

सतत विकासः संसाधनों का बुद्धिमता से उपयोग ताकि उनके स्रोत भविष्य की पीढ़ियों को भी उपलब्ध हों

उत्सर्जनः पौधों द्वारा जल का निकास

समतापमंडलः पृथ्वी की सतह के नजदीक उपस्थित वायुमंडल का क्षेत्र जिसमें ऊँचाई के साथ तापमान और दाब घटते हैं

टुंड्राः ध्रुवीय क्षेत्र जहाँ वृक्ष नहीं हैं

क्षोभमंडलः वायुमंडल की दूसरी सतह जिसमें ओजोन गैस उपस्थित है

शहरीकरणः शहरों में बढ़ती जनसंख्या

असंकुचित जलाशयः पारगम्य चट्टानों में एकत्रित जल

रीढ़धारीः जीव जिनमें रीढ़ की हड्डी पाई जाती है

ज्वालामुखी : पृथ्वी की सतह में हुए छेद द्वारा लावा, मैग्मा व गैसों का विस्फोट के साथ निकलना

जलाक्रांतिः किसी भूमि का वर्षभर उथले पानी से भरा रहना। यहाँ जल स्तर भूमि की सतह के नजदीक होता है

मौसमः वायुमंडल की भौतिक दशाएँ

प्रदूषणः वातावरण में अवांछनीय पदार्थों की सान्द्रता जो जीवों एवं संपत्ति के लिए हानिकारक हो

जल-भूमिः परिस्थितिक-तंत्र जिसमें स्थिर जल और जड़ों वाले पौधे हों

एक्स-रेः अति-सूक्ष्म तरंगदैर्ध्य किरणें

शून्य जनसंख्या वृद्धिः जब जन्म और आप्रवास की संख्या मृत्यु और उत्प्रवास की संख्या के बराबर हो

प्राणि-प्लवकः जल की सतह पर तैरने वाले सूक्ष्म जीव

आप्रवासः बाह्य क्षेत्र से प्रजातियों का आगमन

उत्प्रवासः प्रजातियों का बाह्य क्षेत्रों में पुनर्गमन